Hochschultext

John S. Gray

Ökologie mariner Sedimente

Eine Einführung

Übersetzt von Heye Rumohr

Mit 70 Abbildungen

Springer-Verlag
Berlin Heidelberg New York Tokyo 1984

Professor Dr. John S. Gray
Institut für Meeresbiologie und Limnologie, Universität Oslo,
N-Blindern Oslo 3, Norwegen

Übersetzer:
Dr. Heye Rumohr
Institut für Meereskunde an der Universität Kiel
Düsternbrooker Weg 20, 2300 Kiel 1

Titel der englischen Originalausgabe:
Gray, John S., The ecology of marine sediments
(Cambridge studies in modern biology ; 2)
Published by the Press Syndicate of the University of Cambridge
The Pitt Building, Trumpington Street, Cambridge CB2 1RP

ISBN-13:978-3-540-13037-6 e-ISBN-13:978-3-642-69464-6
DOI: 10.1007/978-3-642-69464-6

CIP-Kurztitelaufnahme der Deutschen Bibliothek
Gray, John S.:
Ökologie mariner Sedimente : e. Einf.
John S. Gray. Übers. von Heye Rumohr.
- Berlin ; Heidelberg ; New York ; Tokyo : Springer, 1984.
(Hochschultext)
Einheitssacht.: The ecology of marine sediments <dt.>
ISBN-13:978-3-540-13037-6

2131/3130-543210

Vorwort zur deutschen Auflage

Es war ein beklagenswerter Zustand, daß bislang kein zusammenfassendes Werk über die Benthos-Ökologie mariner Weichböden existierte. Gab doch die mittlerweile stark vorangeschrittene, selbständige Entwicklung dieses Wissenschaftszweiges genug Anlaß, eine Einführung für Studenten und jüngere Wissenschaftler zu schreiben. Es ist das Verdienst von JOHN S. GRAY, diese Lücke geschlossen zu haben. Natürlich muß ein Buch von begrenztem Umfang, wie das vorliegende, eine subjektive Auswahl von Schwerpunkten bleiben. Ich meine aber, daß bei der Betonung von strukturellen Aspekten auch der physiologische und funktionelle Ansatz deutlich zum Tragen kommt.

Bei der Übersetzung war ich bemüht, Text und Diktion der englischen Vorlage nach Möglichkeit nicht zu verändern. Wo es nötig war, wurden Fehler und Unklarheiten in enger Zusammenarbeit mit dem Autor berichtigt und Ergebnisse aus laufender Forschung neu eingearbeitet. Außerdem wurden neue Unterkapitel über Larventypen (10.3) und optimale Ernährung (10.4) eingefügt.

Ich bin dankbar für vielfältige Hilfe von Kollegen aus dem Institut für Meereskunde Kiel, sowie auch aus anderen Fachdisziplinen, die mir über einige Klippen bei der Übersetzung geholfen haben, insbesondere, wenn es um Fachausdrücke mir fremder Fachgebiete ging. Prof. S. GERLACH und Dr. W. LEHNBERG unterzogen sich der Mühe, das Manuskript kritisch durchzulesen, wofür ich sehr dankbar bin. Das entbindet mich aber nicht von der Verantwortung für etwaige Fehler. Danken möchte ich auch Frau H. BEUMELBURG, welche die Schreibarbeiten geduldig ausführte.

Nicht zuletzt geht mein Dank an den Springer-Verlag Heidelberg, der den Mut hat, ein modernes und anregendes Buch über Benthos-Ökologie in deutscher Sprache herauszubringen und so Studenten wie Wissenschaftlern den Einstieg in ein vielversprechendes Gebiet der Ökologie erleichtert.

Kiel, im Januar 1984 HEYE RUMOHR

Vorwort zur englischen Auflage

Es ist eine wohlbekannte Tatsache, daß 3/4 der Erdoberfläche vom Meer bedeckt sind. Der größte Teil des Meeresboden besteht aus Sedimenten, nur ein relativ geringer Teil ist felsig oder besteht aus Korallen. Zur Zeit liegt das Schwergewicht der ökologischen Forschung auf der Fauna und Flora von Hartböden. Dies ist nicht überraschend, kann man doch an einer Felsküste im Gezeitenbereich die Fauna und Flora direkt untersuchen, ohne den Lebensraum zu zerstören; außerdem sind hier die meisten Arten bekannt. Im Gegensatz dazu lebt die Fauna weicher Sedimente zumeist eingegraben, muß blind und destruktiv gesammelt werden, und in den meisten Fällen ergeben sich nur ungenaue Schätzungen der Individuendichte.

Darüberhinaus sind viele taxonomische Probleme insbesondere bei den sehr kleinen Arten der Mikrofauna und bei der Meiofauna nach wie vor ungelöst.

Durch Anwendung von Methoden und Theorien, die größtenteils im terrestrischen Bereich entstanden sind, hat in den letzten Jahren das Verständnis für Felsküstenökologie erhebliche Fortschritte gemacht. Tatsächlich ist die marine Forschung inzwischen soweit vorgeschritten, daß die terrestrischen Ökologen jetzt bei den Felsküstenökologen neue Einsichten gewinnen können. Um diese Entwicklung zu illustrieren, kann besonders die Theorie über den Einfluß von Räubern (predation) hervorgehoben werden - ausgehend von den Arbeiten von CONNELL und PAINE und ihren Mitarbeitern an der amerikanischen Westküste.

Wichtige Beiträge zur allgemeinen Ökologie-Theorie haben Sedimentökologen geleistet, wie z.B. die von HOWARD SANDERS angeregte Diskussion der Faktoren, die zu hoher Diversität in den Tropen und in der Tiefsee führen können (s. auch Kapitel 6). Im großen und ganzen haben Sedimentökologen aber Aspekte der terrestrischen Ökologie vernachlässigt. Diese überraschende und zugleich beklagenswerte Tatsache bewog

MILLS zu der Feststellung: "Trotz über hundertjähriger intensiver Bemühungen um die Sammlung und Klassifizierung von benthischen Flachwasserorganismen ist die Benthos-Ökologie zum großen Teil ein eher schäbiger und intellektuell suspekter Teilbereich der biologischen Meereskunde. Ihre Methoden sind zum größten Teil die des 19. Jahrhunderts; ihre Resultate sind leider nur zu oft lediglich von Interesse für andere Benthosforscher, und ihre Bedeutung für Teilbereiche der biologischen Meereskunde ist nach meiner (MILLS) Überzeugung relativ gering, trotz ihres Ursprungs als Teilbereich der Fischereibiologie." Leider muß ich MILLS zustimmen! Mit diesem Buch soll versucht werden, das Gleichgewicht wieder herzustellen, indem jungen Forschern andere Forschungsansätze für benthos-ökologische Untersuchungen als die bisher traditionell verwendeten nahegebracht werden sollen.

Dieses Buch soll kein umfassender Abriß der Ökologie benthischer Gemeinschaften sein, sondern mehr eine Einführung in das Thema. Wo es möglich war, wurde die Aufmerksamkeit auf neue, vielversprechende Forschungsgebiete gelenkt, wie z.B. auch die experimentelle Manipulation von Gemeinschaften, in denen die Bedeutung von Konkurrenz und Zehrung als formende Kräfte der Gemeinschaft erst kürzlich in ihrer vollen Bedeutung erkannt wurde (s. Kapitel 10). Diese Methoden stammen direkt von den Felsküstenarbeiten von CONNELL und PAINE in Amerika ab. In weiten Bereichen folgen amerikanische Untersucher bereits den hier beschriebenen Ansätzen. Dieses Buch ist daher für europäische Studenten geschrieben; folglich wurden auch europäische Beispiele bevorzugt.

Inhaltsverzeichnis

1 Die Fauna im Meeresboden

Läuft man durch ein Sandwatt, so ist einem meistens bewußt, daß in dem Sand Leben existiert, zeigen doch die Löcher, Gräben und Hügel die Aktivitäten der Sandbewohner an. Besteht nun das Watt aus Feinsand, und hat es ein leichtes Gefälle mit stehenden Wassertümpeln, so können die Spuren dieser Aktivitäten höchst aufregend sein mit ihrer Fülle von wechselnden Konturen, die durch die verschiedensten Organismen hervorgerufen werden. Abb. 1.1 zeigt ein typisches nordeuropäisches Watt, dessen topographische Vielfalt hauptsächlich vom Wattwurm (Sandpier) *Arenicola marina* gestaltet wird. Oft kann man Angler den Sand absuchen sehen mit scharfem Blick für zwei dicht zusammenliegende Löcher, die von den Siphonen der Scheidenmuschel *Ensis* gebildet werden. Diese Muschel wird von ihnen als Köder gesammelt. Oder aber sie durchkämmen das Watt nach den kleinen Vertiefungen, die von der Herzmuschel *Cerastoderma (Cardium) edule* gemacht werden. Das sind die gewöhnlich leicht zu beobachtenden Marken

Abb. 1.1. Löcher und Vertiefungen in einem Watt hervorgerufen durch die Aktivitäten von *Arenicola marina* (Foto: R.S.K. BARNES)

von Wattbewohnern. Bei näherer Untersuchung wird man auch winzige Löcher in jedem Watt finden, die von einer Unmenge an Flohkrebsen (Amphipoden) und kleinen Polychaeten gebaut werden, sehr oft auch Sandkringel, die von Tieren - meistens Polychaeten - geformt werden, wenn diese kopfüber im Sediment liegen und den gefressenen Sand zur Oberfläche hin ausscheiden. Mit Schnorchel und Brille kann ein Taucher sich vergewissern, daß dieses Muster auch unter der Gezeitengrenze besteht, und tatsächlich setzt es sich bis zur Tiefsee fort. Größere Tiere, die diese vielsagenden Muster hinterlassen, nennt man Makrofauna (macro-gr. = groß, lang). Diese kann man vom Sand trennen, indem man das Sediment durch feine Maschen siebt, durch die größere Tiere nicht hindurchkönnen. Teilt man den Sand vorher in verschiedene Tiefenlagen, kann man die Vertikalverteilung der Tiere erfassen. Damit kann man wiederum die Lebensweise einer bestimmten Art rekonstruieren. Abb. 1.2 zeigt, wie komplex die Verteilungsmuster sein können (obwohl zugegebenermaßen das hier gezeigte Beispiel von einem besonders reich besiedelten subtropischen Watt aus Georgia/USA stammt). Häufigste Tiere sind Polychaeten (vielborstige Würmer), gefolgt von Bivalviern (Muscheln), Amphipoden und decapoden Krebsen, grabenden Holothurien (Seegurken) und, gelegentlich, eingegrabenen Seeanemonen.

Nun ist aber die Makrofauna nur ein Teil der gesamten Fauna des Sediments. Zwischen den Sandkörnern oder im Schlick gibt es eine Vielzahl von kleinen Tieren, die durch die Maschen des Siebes schlüpfen. Diese kleinen Tiere nennt man interstitielle Fauna,

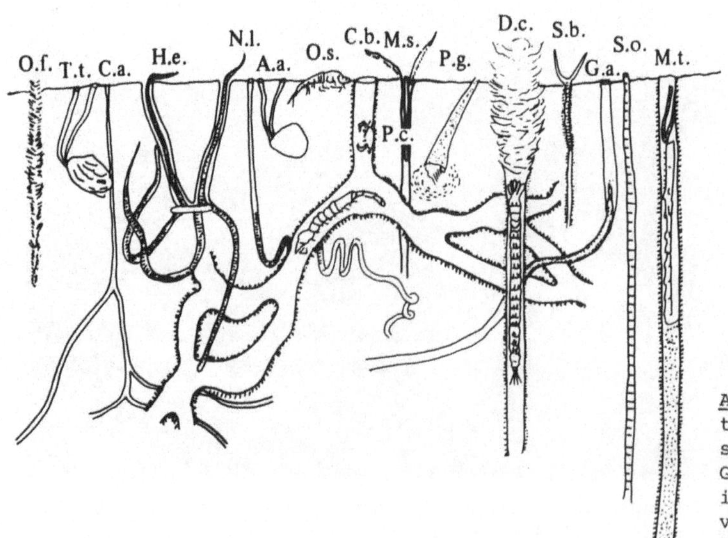

Abb. 1.2. Tiefenverteilung der wichtigsten Benthosorganismen, Gangbauten und Röhren in einem Küstengewässer von Georgia, USA. (Nach DÖRJES & HOWARD, 1975)

weil sie im interstitiellen Raum (Porenraum) zwischen Sandkörnern leben; der Oberbegriff für diese kleinen Tiere ist entweder Meio- oder Mikrofauna. Die Vorsilbe "Meio" stammt von dem griechischen Wort "meios", was "in der Mitte liegend" bedeutet. Und so liegt die Meiofauna größenmäßig zwischen Makro- und Mikrofauna. Exakte Definitionen von Makro-, Meio- und Mikrofauna waren Gegenstand langer Kontroversen in den letzten Jahren. Einige Untersucher benutzen ein Sieb mit einem Millimeter Maschenweite, um die Makrofauna abzutrennen, andere wiederum nehmen ein o,5 mm-Sieb. Natürlich hält ein feineres Sieb mehr Tiere zurück. Wie groß dieser Effekt ist, hängt von der Jahreszeit ab, weil in Zeiten mit starkem Larvenfall ein feineres Sieb weit mehr Juvenile zurückhält. Tab. 1.1 zeigt eine Probe, die in Kalifornien genommen wurde.

Nematoden können nicht mit einem o.5-mm-Sieb gewonnen werden, ebensowenig viele Crustaceen. Diese Gruppen stellen den Großteil der Meiofauna dar. Die untere Grenze der Meiofaunagröße wird durch ein Sieb mit 0,062 mm Maschenweite gesetzt (hier folgen die Biologen den Geologen, indem sie Siebe verwenden, deren Maschenweite einer absteigenden geometrischen Skala folgen: 1 mm, 0,5 mm, 0,25 mm, 0,125 mm, 0,062 mm usw.). Die Meiofauna besteht gewöhnlich aus Nematoden, Harpacticiden, Copepoden, Turbellarien und einem Tierstamm, der nur in der Meiofauna auftritt, den Gastrotrichen. Da die Meiofauna durch die verwendete Siebgröße definiert ist, können sich in ihr auch juvenile Mitglieder der Makrofauna finden, die für einen

Tabelle 1.1. Prozentanteile verschiedener zurückgehaltener Tiere auf unterschiedlichen Sieben

Taxon	Maschenweite 1.0 mm	Maschenweite 0.5 mm	Rest
Nematoda	0	1.5	98.5
Nemertea	69.2	30.8	0
Polychaeta			
Lumbrinereis	95.2	4.8	0
Dorvillea articulata	62.2	34.4	3.4
Prionospio cirrifera	42.8	57.0	0.2
Capitita ambiseta	45.8	53.6	0.6
Cossura candida	1.4	75.2	23.4
andere Polychaeten	58.3	35.1	6.6
Crustacea	17.6	35.3	47.1
Mollusca	87.5	12.5	0
Gesamt	37.0	30.7	32.3

Aus REISH (1959)

gewissen Zeitraum Meiofauna-Größe haben. Solche Tiere nennt man temporäre Meiofauna; diese enthält meist Jugendstadien von Polychaeten und Bivalviern, obwohl die meisten anderen Stämme auch vertreten sind. Dauernde Mitglieder der Meiofauna sind solche, die immer im Größenbereich der Meiofauna bleiben. Tatsächlich findet man außer Nematoden, Harpacticiden und den übrigen genannten Gruppen Vertreter fast aller Stämme der marinen Invertebraten in der permanenten Meiofauna: Kleine Schwämme, Ascidien, Gastropoden und sogar ein wanderndes Bryozoon *Monobryozoon ambulans*, kann man finden. SWEDMARK (1964) hat die strukturellen Anpassungen der Meiofauna zusammenfassend dargestellt, McINTYRE (1969) und FENCHEL (1978) die Ökologie der Meiofauna.

Die letzte Kategorie der Bodenfauna ist die Mikrofauna, definiert dadurch, daß sie ein 0,062-mm-Sieb passiert. In der Praxis wird die Mikrofauna nicht durch Sieben gewonnen, sondern es kommen besondere Extraktionsverfahren zur Anwendung (z.B. Elutriation). Die Mikrofauna besteht fast ausschließlich aus Ciliaten (Protozoen).

Wie häufig sind nun die verschiedenen Größenkategorien in einem typischen Sandwatt? Vergleichszahlen sind schwer zu finden, da die meisten Untersucher sich auf die Makrofauna konzentrieren; eine zunehmende Zahl interessiert sich für die Meiofauna, aber nur ganz wenige studieren die Mikrofauna. Abb. 1.3 zeigt Daten aus einem typischen Watt, wo die kleinsten Tiere, die Mikrofauna, zahlenmäßig dominiert, während die Makrofauna-Biomasse gewichtsmäßig dominiert. Die Verhältnisse hängen vom Sedimenttyp ab, z.B. ist die Mikrofauna relativ häufig in Sand und selten im Schlick

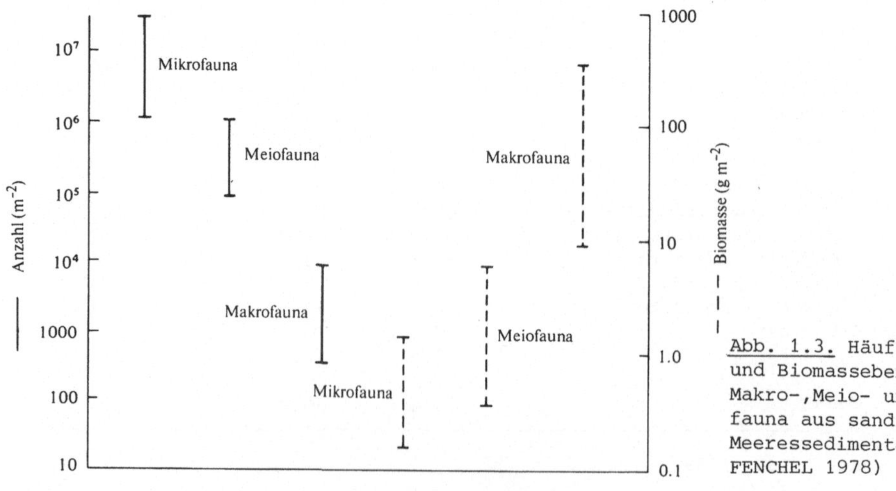

Abb. 1.3. Häufigkeits- und Biomassebereiche von Makro-,Meio- und Mikrofauna aus sandigen Meeressedimenten (aus FENCHEL 1978)

zu finden, wo wiederum Makro- und Meiofauna dominieren. Betrachtet man die gefundenen Arten, so enthält ein typisches boreales Sandwatt 20 bis 30 Makrofauna-Arten und 200 bis 300 Meiofauna-Arten; niemand hat bis jetzt die Artenzahl der Mikrofauna bestimmt. Die taxonomischen Probleme bei der Arbeit mit Meio- und Mikrofauna sind groß, und immer noch werden regelmäßig neue Arten in diesen Gruppen beschrieben. Hier wurden die Daten von Wattgebieten besonders hervorgehoben, nicht etwa, weil die Fauna hier besonders reich wäre, sondern weil solche Gebiete besser untersucht sind als das Sublitoral, wo man Schiffe und Greifer benötigt, um in Tiefen bis 100 m zu sammeln. Eine typische Probe aus dem Sublitoral enthält sehr viel mehr Arten als eine gleich große Probe aus dem Eulitoral. Bei einer durchschnittlichen Probennahme von 8 bis 10 Greifern, jeder mit einer Fläche von 0,1 m^2, wird man etwa 150 Makrofauna-Arten finden. Über die Artenzahl der Meio- und Mikrofauna im Sublitoral gibt es nur wenige Angaben.

1.1 Sammeln der Fauna

Da ein ausgezeichneter Abriß über die Statistik der Benthosprobennahme vorliegt (ELLIOTT, 1971), werde ich diese Probleme nicht behandeln, sondern neuere Entwicklungen beschreiben, die einen gewichtigen Einfluß auf die Strategie der Probennahme haben.

Die Grundsammelmethode im Watt ist einfach: Sediment wird entnommen, und die Tiere werden extrahiert, indem man sie aus dem Sand siebt. Quantitative Proben gewinnt man, indem man eine bestimmte Sedimentfläche entnimmt, gewöhnlich 0,1 m^2 für Makrofauna und 38,5 cm^2 (ein Stechrohr mit 7 cm Durchmesser) für Meiofauna. Die Probennahme im Sublitoral erfolgt blind durch herabgelassene Geräte von einem Schiff oder gezielt, wo es möglich ist, durch Taucher. Im letzten Fall werden die gleichen Methoden wie im Eulitoral angewandt.

Als die Untersuchung der sedimentbewohnenden Fauna begann, konzentrierte sich das Interesse auf die Taxonomie. Deshalb wurde großen Proben, die die größte Artenvielfalt versprachen, der Vorzug gegeben. Die Dreieckdredge (naturalist's dredge) ist nach wie vor eines der wirksamsten Geräte, um qualitative Proben zu gewinnen. Für Untersuchungen der Tiefseefauna, wo ein Hol infolge der langen Fier- und Hievzeiten einen ganzen Tag in Anspruch nehmen kann, wird eine modifizierte Form der Dredge, die Anker-Dredge (Abb. 1.4 b)

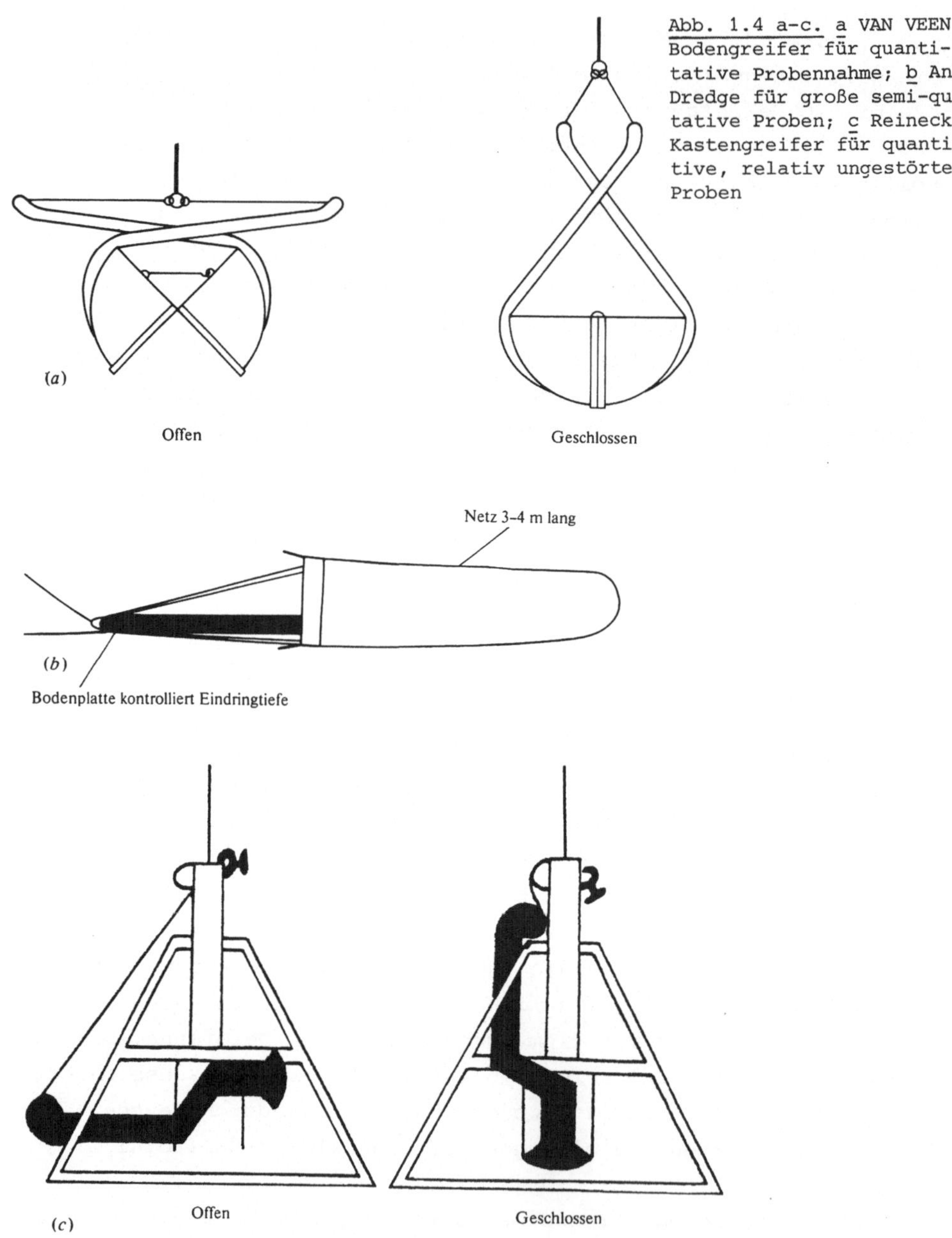

Abb. 1.4 a–c. a VAN VEEN Bodengreifer für quantitative Probennahme; b Anker-Dredge für große semi-quantitative Proben; c Reineck Kastengreifer für quantitative, relativ ungestörte Proben

noch heute vielfach eingesetzt. Die Anker-Dredge hat eine Grundplatte, welche die Eindringtiefe der Schneidekanten kontrolliert; das Netz ist gewöhnlich wesentlich länger (mehrere Meter) verglichen mit dem 1-m-Netz der Dreiecksdredgen. Als sich zu Beginn dieses Jahrhunderts die Aufmerksamkeit mehr quantitativen Untersuchungen zuwandte, wurden verschiedene Greifertypen gebaut (und werden immer noch verwendet), die eine bestimmte Fläche des Meeresbodens sammeln, gewöhnlich 0,1 m^2. Einer der am häufigsten benutzten Greifer ist der VAN VEEN-Greifer mit langen Armen, um die Beißkraft der Backen zu verstärken. Seit nicht allzu langer Zeit hat ein neues Gerät, der Kastengreifer, weite Verbreitung gefunden. Das Problem des traditionellen Greifers vom VAN VEEN-Typ ist, daß er oft unsymmetrisch eindringt, und daß die Eindringtiefe sich stark je nach dem Sedimenttyp verändert. Der Kastengreifer nach REINECK sticht eine rechteckige Probe bis zu einer Tiefe heraus, die durch die Menge der zusätzlichen Gewichte am Gerät bestimmt wird. Er hat einen Schwenkarm, der bei Auslösung durch Bodenberührung den Kasten mit einem Messer schließt, welches die Proben am Herausrutschen hindert. Kastengreifer werden heutzutage überall benutzt, sowohl bei Tiefsee-Untersuchungen als auch im flachen Wasser, und zwar für biologische und geologische Studien.

Erst in den 50er Jahren wurde der quantitativen Probennahme von Meio- und Mikrofauna Aufmerksamkeit geschenkt. Die Dichte der Meio- und Mikrofauna liegt gewöhnlich zwei Größenordnungen über der Makrofauna. Daher ist klar, daß besondere Sammeltechniken für diese Faunaelemente benötigt werden. 0,1 m^2-Greiferproben wären viel zu zeitaufwendig bei der Aufarbeitung, daher nimmt man kleinere Proben, gewöhnlich mit Stechrohren. Die Größe des Stechrohres hängt von der Fauna und ihrem Verteilungsmuster ab; es gibt dafür keine allgemeingültige Regel, das oben erwähnte 7-cm-Durchmesser-Stechrohr hat aber annähernd universelle Größe. Proben gewinnt man z.B., indem man Unterproben aus einem Greifer entnimmt. Allgemein kann diese Methode nicht empfohlen werden, weil die Sedimentoberfläche durch das Herablassen und Schließen des Greifers oft gestört wird, so daß ein Teil der Meio- und Mikrofauna, die ja hauptsächlich in den obersten Zentimetern lebt, verloren gehen kann. Man kann Kastengreifer verwenden, weil sie weniger Störungen des Sediments verursachen. Besser ist es, Stechrohrproben von Tauchern nehmen zu lassen; aber selbst hierbei können Probleme bei feinkörnigen Schlicksedimenten (welche häufig sind) auftreten. Der Taucher muß sehr vorsichtig sein, um nicht die Oberflächenschichten aufzurühren. Aus dem gleichen Grunde hält man Lotröhren mit schweren Gewichten für wenig effektiv, da die Bugwelle beim Herablassen einen großen Teil der Meiofauna wegbläst, bevor das Gerät in das Sediment eindringt. Bei allen genannten Geräten sollten mögliche Fehlerquellen bei der Probennahme vorher genau bedacht werden.

Die oben erwähnten Probengrößen sind Kompromisse zwischen einer Anzahl von konkurrierenden Anforderungen an statistische Genauigkeit, die Handhabbarkeit des oft schweren Geräts auf einem rollenden und stampfenden Schiff und dem Zeitaufwand beim Sortieren größerer Proben. Trotzdem sollte daran erinnert werden, daß keine Probengröße allen quantitativen ökologischen Fragestellungen genügt. Nur weil gerade ein 0,1 m^2-Greifer vorhanden ist, kann das nicht heißen, daß dies die richtige Probengröße für eine Benthosgemeinschaft oder eine zu untersuchende Art ist. Allgemein ist eine große Anzahl kleiner Proben einer kleinen Anzahl großer Proben vorzuziehen, da bei gleichem Sortieraufwand eine größere Fläche des Habitats abgedeckt werden kann, und weil die Anzahl der Freiheitsgrade für statistische Tests ansteigt und gleichzeitig die Varianz eingeengt wird. Wird die Probengröße zu klein, dann erlangt der Kanteneffekt des Gerätes zunehmende Bedeutung. Daher muß die Probengröße ein Kompromiß sein zwischen all diesen Faktoren. ELLIOTT's Buch gibt erschöpfende Auskunft, wie man seine Probengröße optimal festlegt.

Entsprechend ist auch die Anzahl der Proben oft ein Kompromiß. Das folgende Beispiel illustriert die Art der auftretenden praktischen Probleme. Ökologen streben oft nach einer Abschätzung der Artenzahl in einem gegebenen Areal, und sie möchsten wissen, wieviel Proben nötig sind, um eine Gemeinschaft angemessen zu besammeln. Abb. 1.5 zeigt eine typische Arten-Areal-Kurve, die man durch

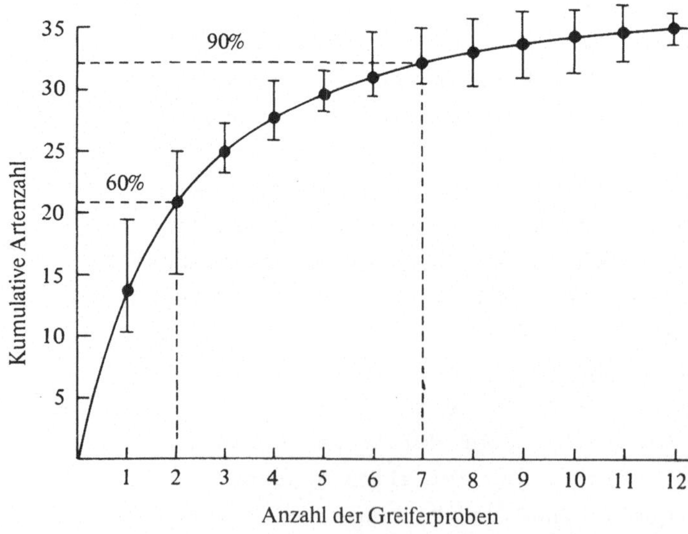

Abb. 1.5. Arten-Areal Kurve für die Makrofauna bei Helgoland, Deutsche Bucht. Jeder Punkt ist der Mittelwert aus fünf Proben, die Striche zeigen den Variationsbereich an (nach GERLACH, 1972)

sukzessive kumulative Addition von neuhinzukommenden Arten bei sukzessiver Zusammenfassung von Proben erhält. Die Abbildung zeigt, daß bei nur zwei Proben die Artenzahl zwischen 15 und 25 schwankt, und daß das Mittel aus zwei Probenpaaren eine Schätzung von nur 60% der Artenzahl ergibt. Sieben Greiferproben ergeben zwischen 29 und 34 Arten, die schon 90% des gesamten Artenbestandes repräsentieren. Die endgültige Anzahl der Proben wird ein Kompromiß zwischen der bestmöglichen Erfassung der Arten und dem Zeitaufwand beim Gewinnen und Aufarbeiten der Proben sein.

Die Sammelstrategie wird oft durch die Verteilungsmuster der Fauna bestimmt. Eine simple Methode zur Abschätzung des Verteilungsmusters ist die Darstellung des Quotienten aus Varianz und Mittelwert. Werte unter 1 zeigen eine gleichförmige (regular) Verteilung an, die bei manchen territorialen Arten gefunden wird. Werte um 1 bedeuten eine zufallsmäßige (random) Verteilung, welche offenbar bei Tiefseeformen unter dem Maßstab heutiger Probennahme vorherrscht und ebenso bei einer häufigen Art im Gezeitenbereich, *Tellina tenuis*. Werte größer als 1 deuten auf eine geklumpte Verteilung hin, das bei weitem am häufigsten anzutreffende Verteilungsmuster bei marinen Benthosarten. Die Erwähnung des Maßstabes bei den Tiefseedaten ist wichtig, weil Verteilungsmuster im Idealfall anhand von vielen verschiedenen Probengrößen untersucht werden sollten; das werden sie aber in den seltensten Fällen, da die Möglichkeiten meist durch das Vorhandensein bestimmter Geräte eingeschränkt werden. Quantitative Tiefseeproben mit einem großen Kastengreifer (0,25 m^2) ergaben eine zufallsmäßige Verteilung. Es können aber durchaus Aggregationsmuster in einem anderen Maßstab auftreten, da die Nahrung kaum fleckenartig in der Tiefsee verteilt ist. Dieser Punkt wird später noch einmal aufgegriffen.

Da dieses Buch nicht als praktischer Leitfaden gedacht ist, werden die Sortier- und Extraktionsmethoden nicht im Detail geschildert. Im allgemeinen verwendet man verschiedene Auswaschverfahren, bei der die Fauna auf Sieben mit verschiedener Maschenweite zurückgehalten wird. Nähere Angaben sind bei HOLME und McINTYRE (1971) und für Meio- und Makrofauna in HULINGS und GRAY (1971) zu finden.

2 Das Sediment und andere abiotische Umweltparameter

Wie kann man das Sediment als Lebensraum für Tiere beschreiben? Der veränderlichste Parameter ist die Korngröße. An einem typischen Strand liegen die groben Partikel hoch oben. Zur Wasserlinie hin wird die Korngröße langsam feiner. Hoch oben auf dem Strand ist trockener, windgeblasener Sand, da grober Sand schnell trocknet, während weiter unten an der Wasserlinie das Sediment immer feucht ist und bei Niedrigwasser ständig Wassertümpel stehenbleiben. Grobes Sediment liegt hoch am Strand, weil die schwersten Partikel als erste sedimentieren, wenn sich die Wellen am Strand brechen. Feinere Partikel bleiben länger in Suspension und werden mit den zurücklaufenden Wellen wieder seewärts getragen. Auch unterhalb der Gezeitenlinie sind Wellen wirksam bei der Verteilung der Sedimente bis zu einer Tiefe von 100 m, aber die wesentlichsten Einflüsse auf die Sedimentsverlagerung kommen hier durch Strömungen. Die Art der Ablagerungen hängt von vielen Faktoren ab, wie Stromgeschwindigkeit, Bodenrauhigkeit und Länge der Ruheperioden, in denen Partikel sedimentieren können. Abb. 2.1 zeigt die Abhängig-

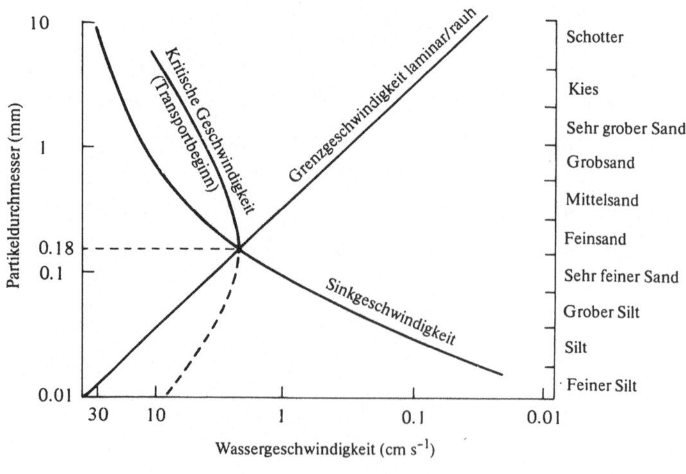

Abb. 2.1. Beziehungen zwischen Korngröße, Stromgeschwindigkeit für verschiedene Faktoren, die die Korngrößenverteilung beeinflussen. Grenzgeschwindigkeit kennzeichnet die Wassergeschwindigkeit, bei der laminare Strömung (hydraulisch glatt) in turbulente Strömung (hydraulisch rauh) übergeht. Die kritische Geschwindigkeit reicht gerade aus, um ein Sedimentpartikel zu bewegen. Die Linie für Sinkgeschwindigkeit kennzeichnet die Absetzrate von Partikeln nach dem Stoke'schen Gesetz (nach INMAN 1949)

keiten zwischen wichtigen Parametern, welche die Mobilität der Sedimentpartikel bestimmen. Eine merkwürdige Tatsache ist, daß sich Partikel mit 0,18 mm Durchmesser am leichtesten bewegen lassen. Größere Partikel sind schwer hochzunehmen und zu transportieren wegen ihres größeren Gewichtes, feinere Partikel als 0,18 mm bilden dichte Packungen an der Bodenoberfläche und sind schwer zu resuspendieren. Daher deutet ein Sediment, das zum größten Teil aus Partikeln von 0,18 mm Durchmesser zusammengesetzt ist, auf Verhältnisse hin, wo die Strom- und Wellenwirkung minimal sein muß. Daraus wird klar, daß der Median der Korngröße ein wichtiger zu messender Schlüsselparameter ist.

Allgemein sind Grobsedimente im Gezeitenbereich ungastliche Lebensräume, da sie schnell austrocknen und wenig Wasser und organische Substanz zurückhalten. Auf der anderen Seite sind Feinsedimente wie Schlick mit dichtgepackten Körnern von vornherein als Lebensraum für die interstitielle Fauna ungeeignet und haben eine schwache Wasserzirkulation und eine niedrige Sauerstoffspannung. Mittel- und Feinsande haben gewöhnlich eine reiche Meio- und Makrofauna; da aber Schlick mehr organische Substanz pro Flächeneinheit enthält, ist die Organismendichte hier oft am höchsten. Tab. 2.1 zeigt die Definitionen der Sedimenttypen basierend auf dem Median der Partikeldurchmesser. Sedimentproben bestehen aber nie aus einem homogenen Sedimenttyp. Mischungen von Korngrößen sind die Regel. Das Ausmaß der Mischung von verschiedenen Sedimenttypen

Tabelle 2.1. Korngrößen

Korngrößen (mm)	Phi (ø) Skala	Sedimenttyp
256	-8	Kies, grob
64	-6	
16	-4	Kies, mittel
4	-2	
2	-1	Kies, fein
1	0	Sand, sehr grob
0.5	1.0	Sand, grob
0.25	2.0	Sand, mittel
0.125	3.0	Sand, fein
0.0625	4.0	Sand, sehr fein
0.031	5.0	Grobsilt
0.0039	8.0	Silt
0.002	9.0	
0.00006	14	Ton

wird durch einen Sortierungskoeffizienten ausgedrückt. Gut sortierte Sedimente mit Tendenz zur Homogenität sind typisch für hohe Wellen- und Strömungsaktivität (Hochenergie-Gebiete), schlecht sortierte Sedimente dagegen sind heterogen und typisch für geringe Wellen- und Strömungsaktivität (Niedrig-Energie-Gebiete).

2.1 Messung der Korngröße und Sortierung

Korngröße und Sortierung können über Distanzen von wenigen Zentimetern variieren. Untersucht man Verteilungsmuster der Meiofauna, dann ist es oft notwendig, die Fauna und die Korngröße in derselben Probe zu untersuchen. Bei Makrofauna-Untersuchungen wird gewöhnlich eine Untersuchungsprobe von 50 bis 100 g aus einem Greifer zur Bestimmung der Korngröße verwandt.

Details der Korngrößenanalysen gehören nicht zum Ziel dieses Buches; es soll nur ein genereller Leitfaden gegeben werden. Der interessierte Leser sei an BUCHANAN (1971) verwiesen, oder an die Bücher über geologische Methoden von Robert L. FOLK (1968) und D. BRIGGS (1977).

Die Silt-Ton-Fraktion wird gewöhnlich durch Sieben mit einem 0,062-mm-Sieb vom Sand getrennt, weil es unterschiedliche Methoden für die weitere Analyse von Sand (gröber als 0,062 mm) und Silt und Ton (kleiner als 0,062 mm) gibt.

Sand wird gewöhnlich trocken durch eine Reihe von Sieben gesiebt, deren Maschenweiten einer geometrischen Skala folgen. Die linke Säule der Tabelle 2.1 enthält die Maschenweite (in mm) der normalerweise verwendeten Siebe. Gemäß einer Konvention werden sie auf einer Phi (φ)-Skala, in der $\varphi = \log_2$ der Partikelgröße in mm ist, dargestellt. Um aber genügend Punkte im Diagramm zu erhalten, wird aus praktischen Gründen eine 1/2-Phi-Skala empfohlen. Sedimente feiner als 0,062 mm werden gewöhnlich mit einer Methode analysiert, bei der die Sedimentationsraten in wassergefüllten Zylindern bei konstanter Temperatur gemessen werden. Unter Anwendung des Gesetzes von STOKE wird die Absetzrate als abnehmendes Maß der Partikelgrößen umgerechnet. Die Prozedur dauert über 16 Stunden, um auf 10 phi (= 1 µm) herabzukommen. Die Daten aus solchen Analysen werden als Gewichte pro Sieb dargestellt. Tatsächlich ist die Verteilung der Partikelgrößen aber kontinuierlich.

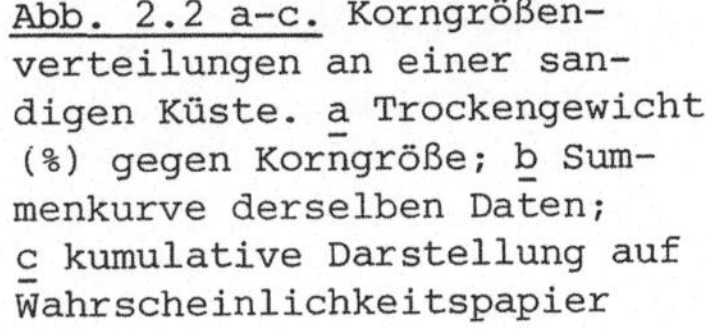

Abb. 2.2 a-c. Korngrößenverteilungen an einer sandigen Küste. a Trockengewicht (%) gegen Korngröße; b Summenkurve derselben Daten; c kumulative Darstellung auf Wahrscheinlichkeitspapier

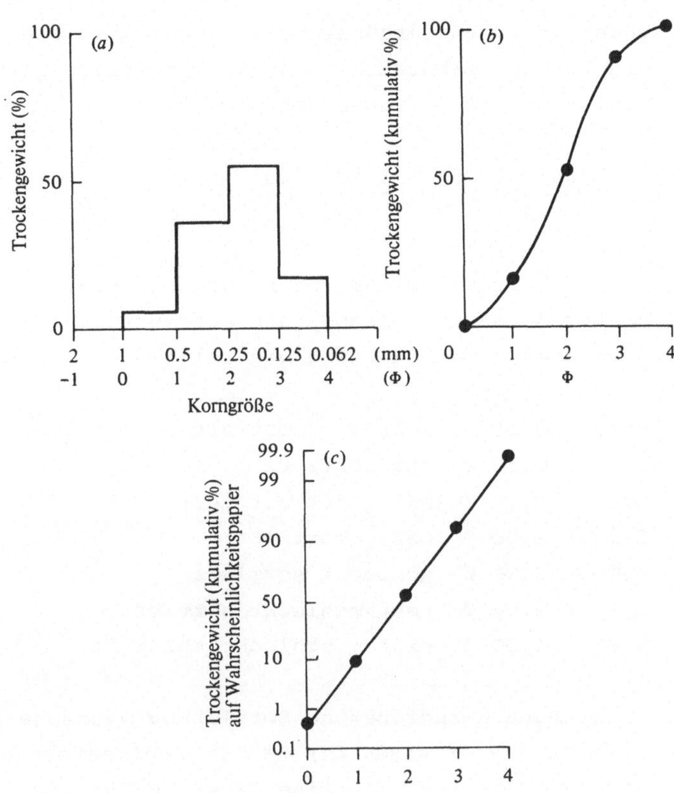

Abb. 2.2 stellt typische Siebsatzdaten für eine Sandprobe dar, die zunächst als prozentualer Trockengewichtsanteil jeder Fraktion dargestellt sind (Abb. 2.2 a). Trägt man diese Prozentanteile kumulativ auf, so ergibt sich eine S-förmige Kurve, sofern die Daten annähernd normal verteilt sind (Abb. 2.2 b). Hieraus kann der Median der Partikeldurchmesser bei 50% abgelesen werden. Es ist leicht, den 50%-Wert aus Abb. 2.2 b abzuschätzen, aber um den Sortierungskoeffizienten zu erhalten, benötigen wir die phi-Werte für 84% und 16%. Da die Kurve aber S-förmig ist, kann man diese Werte nur schwer exakt ablesen. Daher muß die Kurve in eine Gerade transformiert werden, indem man sie auf Wahrscheinlichkeitspapier aufträgt (Abb. 2.2 c). Ein gebräuchlicher Sortierungskoeffizient ist die graphische Standardabweichung (graphic standard deviation σ g).

Diese entspricht einfach $\frac{\phi\,84 - \phi\,16}{2}$, kann also von zwei Punkten auf der kumulativen Kurve genommen werden. Ein besserer

Index, den ich persönlich bevorzuge, ist die "einschließende graphische Standardabweichung" (Inclusive graphic standard deviation) (σ 1), nach der Formel

$$\frac{\phi\,84 - \phi\,16}{4} + \frac{\phi\,95 - \phi 5}{6.6} = \sigma 1$$

Diese Formel umfaßt über 90% der Verteilung und ist daher ein besseres Maß der allgemeinen Sortierung. Die Sortierungsklassen nach dieser Methode sind wie folgt:

unter 0,35 ∅	sehr gut sortiert
0,35 - 0,50 ∅	gut sortiert
0,50 - 0,71 ∅	mäßig gut sortiert
0,71 - 1,00 ∅	mäßig sortiert
1,00 - 2,00 ∅	schlecht sortiert
2,00 - 4,00 ∅	sehr schlecht sortiert
über 4,00 ∅	extrem schlecht sortiert

Während Korngröße und Sortierung wahrscheinlich die zwei wichtigsten Parameter sind, die man in Sedimentproben messen kann, sind andere biologisch wichtige Eigenschaften wie Porosität und Durchlässigkeit von besonderer Bedeutung für Meiofauna-Studien. Porosität mißt die Menge des vorhandenen Porenraumes, Permeabilität die Durchsickerrate von Wasser durch das Sediment (Methodenbeschreibung in HOLME und McINTYRE 1971).

Wellenwirkung und Strömungsgeschwindigkeit sind die zwei wichtigsten Parameter, die Korngrößenverteilung und Sortierungskoeffizienten von küstennahen Sedimenten bestimmen. Zum Ufer hin steigt der organische Gehalt von Sediment mit der Feinheit der Ablagerung an, weil sedimentierende partikuläre organische Substanz sich ähnlich verhält wie Sedimentpartikel (obwohl natürlich ihr spezifisches Gewicht geringer ist).

2.2 Die Bestimmung der organischen Substanz

Der größte Teil der organischen Substanz im Sediment (außer der Fauna) kommt durch Sedimentation aus dem darüberliegenden oder fließenden Wasser. In küstennahen Gewässern auf dem Kontinentalschelf, wo die Planktonproduktion am höchsten ist, ist auch der organische Gehalt des Sediments maximal (dieses Thema wird ausführlich im Kapitel 11 diskutiert werden, wo es um Energiefluß im Sediment geht). Die organische Substanz wird gewöhnlich als organischer Kohlenstoff oder Stickstoff bestimmt und das C:N-Verhältnis wird benutzt. Heutzutage ist es möglich, routinemäßig Sedimentproben durch einen C-H-N-Analysator zu schicken. In einigen Sedimenten können die organischen Kchlenstoff-Werte zu falschen Eindrücken führen bezüglich ihrer potentiellen Rolle für die Produktivität, weil Kohlenstoff auch in Kohlepartikeln vorliegen kann, die nicht direkt von Bakterien genutzt werden können (alte Dampferrouten in Küstengewässern, z.B. Kieler Bucht). Um dieses Problem zu lösen, gibt es eine Methode, den Gehalt an Proteinen in der organischen Substanz zu messen, indem man eine Reihe von Aminosäuren extrahiert (eine Methode wird von BUCHANAN und LONGBOTTOM 1970 beschrieben).

Organisches Material, das auf der Sedimentoberfläche ankommt, wird durch Bakterien aufgeschlossen. Im marinen Milieu gibt es ebenso wie in terrestrischen Systemen einen Kohlenstoff-, Stickstoff- und Phosphatzyklus. Da die Primärproduktion mehr durch das Vorhandensein von Stickstoff als von Phosphor limitiert wird, ist der Stickstoffzyklus von großer Bedeutung (FERGUSON-WOOD hat 1965 die marine Mikrobiologie zusammenfassend dargestellt). Eine besondere Stellung gerade in marinen Sedimenten hat der Schwefelzyklus. In schlecht entwässerten Sandböden und in fast allen Schlicksedimenten trifft man auf eine schwarze Lage reduzierten Sediments, das nach faulen Eiern riecht (Schwefelwasserstoff : H_2S). Abb. 2.3 illustriert den Schwefelzyklus im Sediment. Das Eiweiß aus toten Pflanzen und Tieren wird von Bakterien in Aminosäuren zerlegt und diese in Sulfide oder noch häufiger in Sulfate.

Die Sulfat-Sulfid-Reduktion ist in der Chemie der Sedimente sehr wichtig, da der pH und das Redoxpotential (Eh) von den gleichen Bakterien bestimmt wird, die für die Sulfat-Reduktion verantwortlich sind und die über diese Reaktion den Schwefelwasserstoff produzieren. Auf Schlickwatten findet man häufig das fadenförmige Bakterium *Beggiatoa* zusammen mit dem Purpurbakterium *Chromatium* oder dem grünen Schwefelbakterium *Chlorobium*. Diese Bakterien oxidieren Sulfide zu elementarem Schwefel, der in den Zellen von *Beggiatoa* und *Chromatium* bzw. außerhalb der Zellen von *Chlorobium* abgelagert wird.

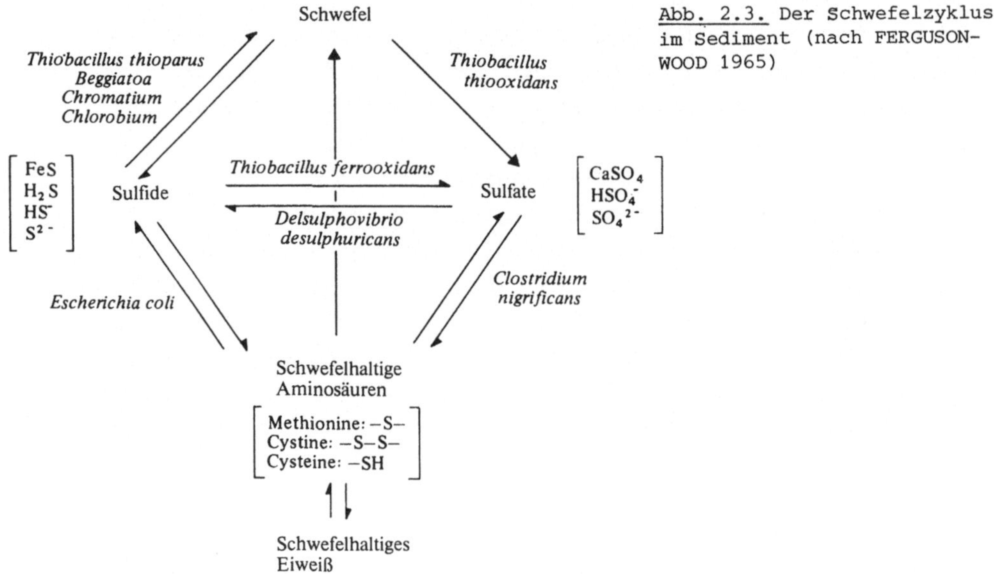

Abb. 2.3. Der Schwefelzyklus im Sediment (nach FERGUSON-WOOD 1965)

FENCHEL und BLACKBURN (1979) geben einen detaillierten Überblick über diese Themen. Bei näheren Untersuchungen des Sediments findet man eine oxidierte braune Schicht, die sich unmittelbar oberhalb der schwarzen Sulfidschicht grau färbt (s.o.). Diese graue Schicht zeigt die Übergangszone zwischen oxidierter und reduzierter Zone an. Der Grad der Oxidation bzw. Reduktion wird durch das Redoxpotential (Eh) des Sediments gemessen. Dies geschieht mit einer ungeschützten Platinelektrode anstelle der normalen Elektrode mit einem pH-Meter. In oxidierten Sedimenten erreichen die Eh-Werte bis +400 mV; in stark reduzierten Sedimenten gehen sie herunter bis auf -200 mV. Abb. 2.4 zeigt typische Redoxpotential-Profile für

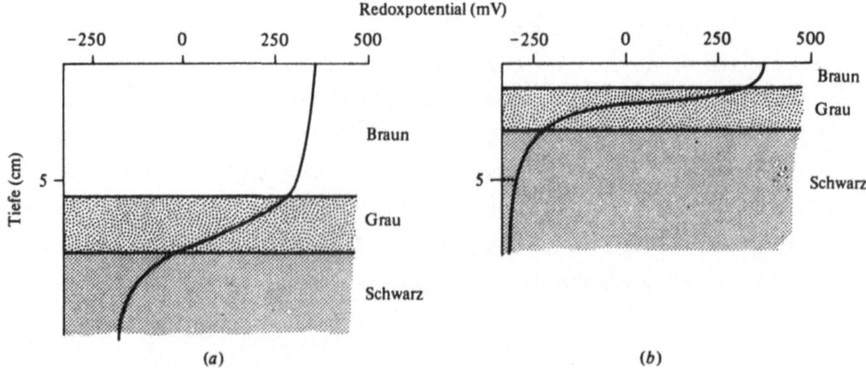

Abb. 2.4 a,b. Typische Redoxpotential-Profile in zwei Wattsedimenten. a Mittelsand; b Feinsand

einen Mittelsand und einen Feinsand. Die Schicht der starken Veränderung des Redoxpotentials mit der Tiefe entspricht der grauen Schicht. Sie wird auch Redox-Diskontinuitätsschicht genannt (RPD layer) und ist ein wichtiger Umweltfaktor, den man in Sedimenten messen sollte. In feinen Sedimenten (Abb. 2.4b) liegt diese Schicht dichter unter der Oberfläche als in gröberen Sedimenten. In sublitoralen Sedimenten kann man das Redoxpotential direkt durch Taucher oder in ungestörten Stechrohrproben vom Sediment messen.

Sulfidionen sind für fast alle aeroben Organismen toxisch. Daher ist die Redox-Diskontinuitätsschicht für viele Arten eine wichtige untere Grenze der Tiefenverteilung (es sei denn, daß die Tiere Röhren besitzen, durch die sie Zugang zu sauerstoffhaltigem Wasser von oben haben).

Obwohl die RPD-Schicht für die meisten Arten eine wirksame ökologische Barriere darstellt, ist die schwarze Schicht nicht frei von Organismen. Es wurde eine Gruppe von spezialisierten Meiofauna-Organismen gefunden, die ausschließlich in dieser Schicht vorkommt. Diese Gruppe wurde "Thiobios" genannt (FENCHEL und RIEDL, 1970). Neben anderen bemerkenswerten Merkmalen der Anpassung scheint diese Organismen-Gruppe keine Mitochondrien zu besitzen.

2.3 Andere Faktoren

Andere gewöhnlich gemessene Umweltparameter - Temperatur, Salzgehalt und Sauerstoff - stellen kaum Probleme dar. Es gibt viele Thermistoren-Sonden im Handel, mit denen man die Temperatur im Sediment messen kann. Es genügt heutzutage schon ein Wassertropfen, um den Salzgehalt mit annehmbarer Genauigkeit zu messen, wenn man ein Refraktometer verwendet. Für genaue Salzgehaltsmessungen nimmt man Wasserproben und mißt die Leitfähigkeit. Aber die hierfür benötigten größeren Volumina an Wasser sind schwer zu gewinnen, wenn man kleinskalige horizontale und vertikale Salzgehalts-Gradienten untersucht.

Erst kürzlich wurden große Fortschritte bei der Entwicklung unvergifteter Sedimentelektroden gemacht. Es konnte gezeigt werden, daß wenige Millimeter unter der Oberfläche von Wattsedimenten kein Sauerstoff vorkommt, obwohl keine graue oder schwarze Farbe des Sediments reduzierende Bedingungen anzeigt. Dies hat natürliche Konsequenzen für die Atmung von aeroben Formen. Wenn genügend Licht vorhanden ist, gibt es in eulitoralen und sublitoralen Sedimenten eine beachtliche *in situ* Primärproduktion. Die Biomasse wird gewöhnlich über extrahierte Chlorophyll-Pigmente abgeschätzt. Die Produktion kann mittels einer modifizierten ^{14}C-Phytoplankton-Methode bestimmt werden (HICKMANN und ROUND, 1970 beschreiben diese Methode). In Produktions- und Energiefluß-Studien (vgl. Kapitel 11) kam man zu der Erkenntnis, daß die Primärproduzenten auf dem Sediment eine äußerst wichtige Nahrungsquelle für das Benthos darstellen können. Es gibt aber wenige Studien, die sich mit diesem wichtigen Thema befaßt haben.

2.4 Jahreszeitliche Veränderungen der Umweltparameter

Nachdem wir eine Übersicht gegeben haben, wie verschiedene Umweltparameter gemessen werden können, sollen einige Hinweise gegeben werden, wie diese Parameter jahreszeitlich schwanken können.
Wenn im Winter die Wellen kräftiger sind und damit auch die Erosion, ist auch der Sand grobkörnig. Im Sommer sammelt sich allmählich das Feinmaterial an und erniedrigt den Median der Korngröße und die Sortierung. Im Gefolge davon steigt der organische Gehalt an, und die RPD-Schicht kommt näher zur Sedimentoberfläche. Die Temperaturen variieren im Jahr von -5°C bis +30°C, und ein Wolkenbruch kann den Salzgehalt an der Oberfläche in wenigen Minuten von 35°/oo auf 10°/oo erniedrigen; die Wirkungstiefe solcher Veränderungen ist aber erstaunlich gering. Es gibt Anzeichen, daß unterhalb 10 cm der Salzgehalt mehr oder weniger konstant ist. Veränderungen im Wattsediment sind wesentlich größer als solche im Sublitoral. Die zunehmende Feinheit der Ablagerungen im Sommer und der Anstieg der RPD-Schicht sind allgemeine Phänomene, aber Veränderungen der Temperatur und der Salinität sind im Sublitoral weit weniger ausgeprägt.

3 Die Verteilung der Individuen auf die Arten

Angenommen, wir haben eine Probe aus einer Gemeinschaft entnommen, haben die Umweltparameter gemessen, die Arten identifiziert und die Individuen gezählt. Mit welchen Ansätzen können wir nun die Daten analysieren?

Jeder Feldbiologe ist immer wieder erstaunt über die Komplexität der Natur und besonders über wunderbare Anpassungen der Arten an ihren Lebensraum und an andere Arten. Ein sehr ergiebiger Teil ökologischer Forschung ist es, in dieser verwirrenden Vielfalt nach wiederkehrenden Mustern zu suchen. In jeder Probe aus einer biologischen Gemeinschaft, sei sie nun marin, terrestrisch oder aus dem Süßwasser, kann man sofort sehen, daß einige Arten häufig sind, d.h. durch viele Individuen repräsentiert sind, während die meisten anderen Arten selten sind, d.h. nur durch ein oder wenige Individuen repräsentiert sind. Die naheliegende Frage ist, ob man irgendeine "Regel" auf diese Erscheinung anwenden kann.

Es gibt gewöhnlich zwei Wege, solche Muster darzustellen: einmal als Auflistung der Häufigkeiten von der häufigsten bis zur seltensten Art, oder als Häufigkeitsverteilung der Individuen pro Art gegen die Artenzahl.

3.1 Rang- Häufigkeitsmodelle

Das einfachste aller Muster erhält man, wenn man die relative Häufigkeit in Prozent in einer logarithmischen Skala gegen den Rang der einzelnen Art aufträgt. Abb. 3.1 (a) zeigt eine derartige Darstellung, in diesem Falle des Benthos aus dem stark verschmutzten Oslofjord. Diese Verteilung nennt man eine geometrische Reihe, bei der die dominierenden Arten einen großen Teil der gesamten Gemein-

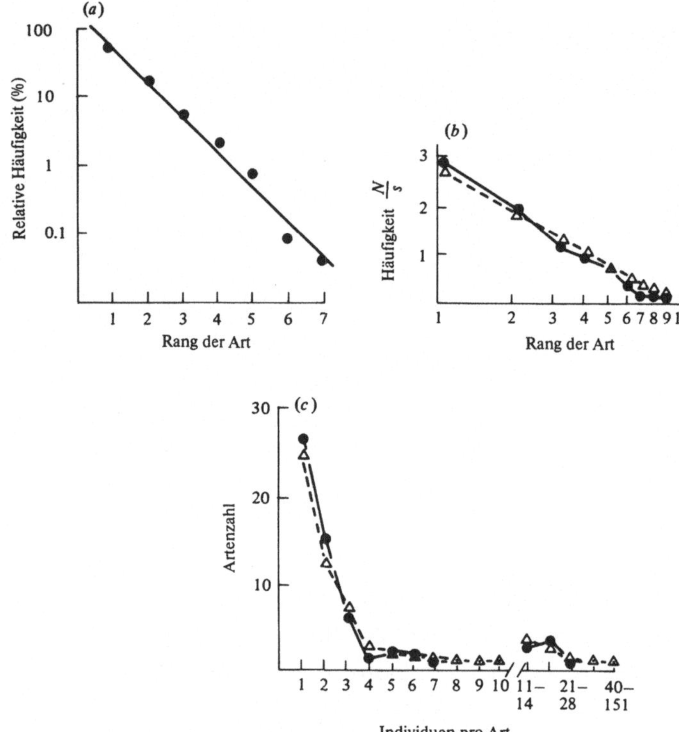

Abb. 3.1 a-c. Verteilungsmodelle von Individuen auf die Arten im marinen Benthos (o---o, beobachtet; Δ---Δ, erwartet). a Geometrische Reihen vom Benthos eines stark verschmutzten Teils des Oslofjords, Norwegen (Daten von F.B. MIRZA); b "broken-stick model" der Ophiuoriden von Eniwetok (Daten aus KING, 1964); c Log-Serien Verteilung von Meiofauna aus Haftorganen vom Kelp (Daten von MOORE, 1973)

schaft darstellen. Daten aus frühen Sukzessionsstadien und aus unwirtlichen Lebensräumen passen sich am besten dieser Reihe an. In beiden Fällen ergibt sich ein hoher Grad von Dominanz und die Verteilung der Individuen auf die Arten ist sehr ungleichmäßig. Aufgrund dieses Musters wurde ein Modell entworfen, das sogenannte Nischen-Erstbesetzungmodell (niche preemption model).

3.1.1 Das Modell der Nischen-Erstbesetzung (niche preemption model)

Dieses Modell ist anwendbar auf einfache Gemeinschaften, die nur aus wenigen Arten aus taxonomisch ähnlichen Gruppen bestehen und in einem relativ einförmigen Lebensraum leben. Man stellt sich vor, daß die am besten angepaßte Art den größten Teil (K) der limitierenden Ressourcen eines Lebensraumes beansprucht (bei Benthosgemeinschaften meistens Raum). Die am zweitbesten angepaßte Art besetzt dann den zweitgrößten Teil der Ressourcen usw.

Das Ergebnis der geordneten Häufigkeitsliste ist dann eine geometrische Reihe. In diesem Modell wird angenommen, daß die Häufigkeit jeder Art proportional ist zu dem Anteil an den Res-

sourcen, die sie beansprucht. Die geordnete Häufigkeitsliste sieht dann wie folgt aus:
wobei s die Gesamtartenzahl ist (PIELOU, 1975).

$$K, K(1-K), K(1-K)^2, \ldots\ldots, K(1-K)^{s-2}, K(1-K)^{s-1}.$$

Ein anderes Modell, welches nicht einfach auf gezeichneten Daten beruht, sondern auf einer Berechnung der erwarteten Verteilung, ist das sogenannte "broken - stick" Modell.

3.1.2 Das Modell vom zerbrochenen Stab (broken stick model)

Dieses Modell von geordneten Häufigkeiten wurde ursprünglich auch auf einfache Gemeinschaften angewendet mit wenigen Arten taxonomisch ähnlicher Gruppen in einem einförmigen Lebensraum. PIELOU (1975) konnte aber nachweisen, daß diese Einschränkung nicht nötig ist. Man nimmt an, daß Arten um eine limitierende Hauptressource konkurrieren, und daß diese Ressource zufallsmäßig unter den Arten aufgeteilt wird. Als dieses Modell zuerst beschrieben wurde, schlug MacARTHUR (1957) als passende Analogie das Bild eines Stabes vor, der zufallsgemäß in verschieden lange Stücke zerbrochen wird. In diesem "broken - stick" Modell ist die erwartete Abundanz einer Art yi:

$$E(yi) = \frac{1}{s}\sum_{x-1}^{s}\frac{1}{x},$$

wobei s die Gesamtartenzahl ist und die Werte für E(yi) bei i=1,2,...s die erwartenden Rangzahlen nach ihrer Häufigkeit sind (PIELOU, 1975).

Aus dem Bereich der meereskundlichen Daten wurde eine Übereinstimmung dieses Modells mit Arten der Schneckengattung *Conus* auf Hawaii und für Schlangensterne (Ophiuriden) aus einem stillgelegten Korallen-"Bruch" auf Eniwetok, Marshall Inseln festgestellt (Abb. 3.1 b zeigt die Ophiuridendaten).

Es gibt aber eine Reihe von Problemen mit diesen beiden Modellen. Beide basieren auf der Annahme, daß die Häufigkeiten der einzelnen Arten die Aufteilung einer gemeinsamen limitierenden Ressource durch diese Arten widerspiegeln. Die relativen Häufigkeiten sind daher voneinander abhängig, und man erhält keine echte Häufigkeitsverteilung, da ein einzelner Wert schon das Muster der übrigen Daten bestimmt. PIELOU(1975) machte klar, daß zwei biologische Annahmen diesen Modellen zugrunde liegen. Erstens: Infolge von

lokaler Konkurrenz ist die fragliche Ressource unter den Arten aufgeteilt worden und es ergibt sich das obige Modell. Die zweite Annahme besagt, daß sich die Arten in den Zeiträumen ihrer Stammesgeschichte an verschiedene Toleranzgrenzen angepaßt haben, und daß die relativen Grenzen dieser Toleranzräume das Modell bestimmen.
Im ersten Fall ergibt die Aufteilung der Ressourcen die realistische Nische einer Art, während im zweiten Fall das Ergebnis die fundamentale Nische einer Art ist (siehe auch Kapital 5 mit einer ausgiebigen Erklärung von realisierter und fundamentaler Nische).
Das Modell der Nischen-Erstbesetzung wird wahrscheinlich immer fundamentale Nischen vorhersagen, während beim "broken-stick" Modell nicht klar ist, welche Annahme zugrunde liegt. Das Modell der Nischen-Erstbesetzung wird in der Natur so selten angetroffen, daß es als allgemein gültiges Modell ökologisch unrealistisch erscheint. Die Probleme mit dem "broken-stick" Modell sind ebenfalls groß. Erstens kann es von einer einfachen mathematischen Verteilung abgeleitet werden (siehe PIELOU 1975), während MacARTHUR's ursprüngliche Idee bei der Aufstellung des Modells von einer biologischen Basis ausging. Weiterhin können im "broken-stick" Modell alle möglichen geordneten Häufigkeitslisten mit gleicher Wahrscheinlichkeit auftreten, so daß die relativen Häufigkeiten in einer gegebenen Gemeinschaft das Modell weder bestätigen noch widerlegen können. Dies mag schwer zu verstehen sein, aber PIELOU hat einen simplen Vergleich gebraucht: Eine zufällig aus einem Stapel von Spielkarten gezogene Karte kann jeden Wert zwischen 1 und 13 haben. Wiederholt man diese zufallsmäßige Prozedur unendlich viele Male, wird sich der Wert 7 einstellen, da dies der Mittelwert ist. Der sogenannte "erwartete" Wert des "broken-stick" Modells ist einfach der Mittelwert aus unzähligen Wiederholungen. Daher ist jede Arten-Häufigkeitsverteilung ebenso wahrscheinlich wie jede andere. MacARTHUR hat das "broken-stick" Modell schon 1966 als ökologisch nicht sinnvoll angesehen und ist davon abgegangen, es wird aber immer wieder in der Literatur erwähnt.

3.2 Häufigkeitsverteilungen

Ein anderer Weg, Verteilungsmuster von Individuen auf die einzelnen Arten zu verdeutlichen, ist die Darstellung von Individuenhäufigkeit pro Art gegen die Artenzahl. Als dies zuerst versucht wurde, schien die gewöhnlichste Klasse die mit einem Individuum pro Art zu sein, die nächsthäufige die Klasse mit zwei Individuen pro Art usw. Solche Muster wurden in vielen Benthos-Datensätzen gefunden (Abb. 3.1c). Der große englische Statistiker R.A. FISHER fand heraus, daß sich ein solches Muster in eine logarithmische Reihe einfügte.

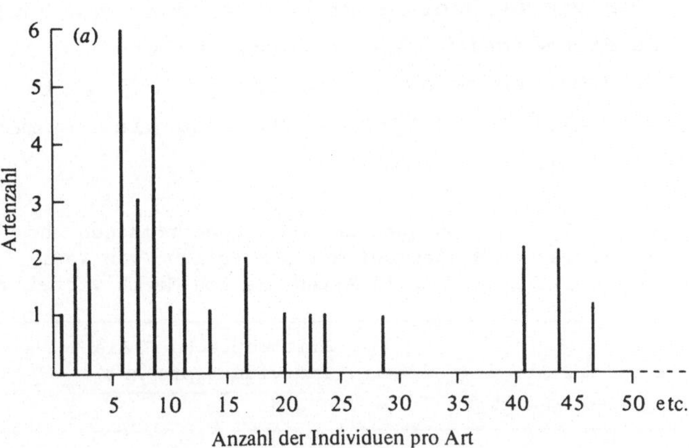

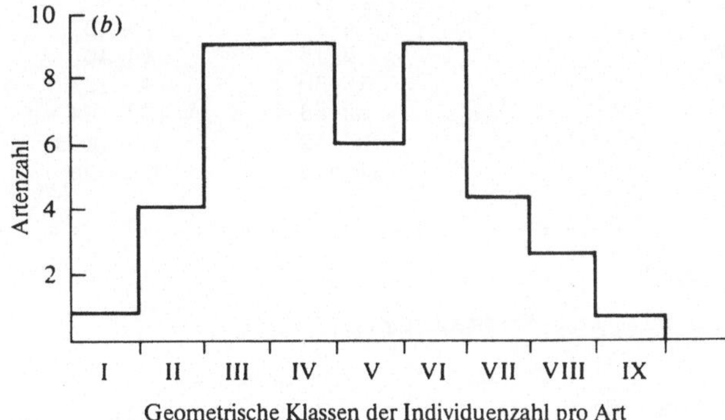

Abb. 3.2 a,b. Ableitung der log-Normalverteilung von Individuen auf die Arten für das Makrobenthos eines schottischen Fjords (Daten von PEARSON, 1975). a Rohdaten mit schiefer Verteilung; b annähernd Normalverteilung mit einer a x 2 geometrischen Reihe

3.2.1 Die logarithmische Reihe

Die Formel einer log-Serie kann man wie folgt schreiben:

$$\alpha x, \alpha \frac{x^2}{2}, \alpha \frac{x^3}{3}, \alpha \frac{x^4}{4}, \ldots,$$

wobei αx die Zahl der Arten mit einem Individuum ist, $\alpha \frac{x^2}{2}$ die Zahl der Arten mit 2 Individuen etc.

Kennt man die Gesamtartenzahl und die Gesamtindividuenzahl einer Gemeinschaft, dann kann man α berechnen (oder in einer Tabelle bei WILLIAMS 1964 nachschlagen). Die Güte der Anpassung der empirischen Daten an dieses Modell kann man mit dem Chi-Quadrat-Test berechnen. Es konnte nachgewiesen werden, daß die logarithmische Reihe nicht nur den Daten über den Kelpaufwuchs aus Abb. 3.1 entsprachen, sondern auch Benthos-Daten von der Küste Northumberlands und Meiofauna-Daten aus Yorkshire (GRAY, 1978).

In vielen Benthos-Proben ist aber die häufigste Klasse nicht die mit einem Individuum pro Art, sondern sie liegt zwischen den Klassen mit drei und sechs Individuen pro Art (Abb. 3.2). In einem solchen Fall ist die log-Normalverteilung die angemessene Häufigkeitsverteilung.

Tabelle 3.1. Beziehungen zwischen geometrischen und arithmetischen Reihen bei der Darstellung von Individuenverteilung auf die Arten als log-Normalverteilung

Geometrische Skala	Arithmetische Skala (Individuen pro Art)	
	x 2	x 3
I	1	1
II	2-3	2-4
III	4-7	5-13
IV	8-15	14-40
V	16-30	41-121
VI	32-63	122-364
VII	64-127	365-1093
VIII	128-255	1094-3280
etc.		

3.2.2 Die log-Normalverteilung

Wenn man die Individuenzahl pro Art gegen die Artenzahl aufträgt, so ist die Kurve, die man erhält, häufig sehr unsymmetrisch (Abb. 3.2a). Die Kurve kann nun in die gewöhnliche Normalkurvenform gebracht werden, indem man die Individuen pro Art in einer geometrischen Skala aufträgt. Die geometrische Skala wurde zuerst von PRESTON (1948) vorgeschlagen. Er war auch der erste, der die log-Normalverteilung auf ökologische Daten angewandt hat. Seine Skala hat den Faktor x2 (Tabelle 3.1). Oft wird auch eine Skala mit dem Faktor x3 verwendet.

Abb. 3.2 (b) zeigt die gleichen Daten wie in (a), es werden aber die Individuen pro Art in einer geometrischen Reihe dargestellt. Die Kurve ist jetzt eine Normalverteilung mit einer geometrischen Skala und daher eine log-Normalverteilung. Abbildungen der log-Normalkurve zeigen gewöhnlich nicht die ganze Kurve, sondern sind links meist abgeschnitten, da nicht alle Arten gefunden wurden. Hätte man eine größere Probe genommen, wäre mehr vom abgeschnittenen

Teil der Kurve sichtbar geworden. Dies ist eine Methode zur Abschätzung der nichtgefangenen Arten. Um die Anwendung zu erleichtern, geht man von der Tatsache aus, daß die Darstellung einer Normalkurve auf Wahrscheinlichkeitspapier eine gerade Linie ergibt, wenn man die Arten in Prozent kumulativ aufträgt. Daher wird auch eine log-Normalverteilung eine gerade Linie ergeben, wenn man die kumulativen Artenzahlprozente gegen eine geometrische Skala der Individuen pro Art aufträgt. Die Extrapolation der Linie durch die y-Achse gibt einen groben Hinweis, wieviel Prozent an Arten nicht gesammelt werden. Abb. 3.3 zeigt die Daten aus drei verschiedenen benthischen Gemeinschaften, die sehr gut an die log-Normalverteilung angepaßt sind. Man könnte noch viele ähnliche Beispiele darstellen. In jedem dieser Beispiele war die Probennahme ausnehmend gut, da die Extrapolation der Linie über die y-Achse hinaus nur einen Fehlbetrag von etwa 5% an nichterfaßten Arten ausweist. Dies ist oft nicht der Fall, und Zahlen von 30% und darüber sind keine Seltenheit.

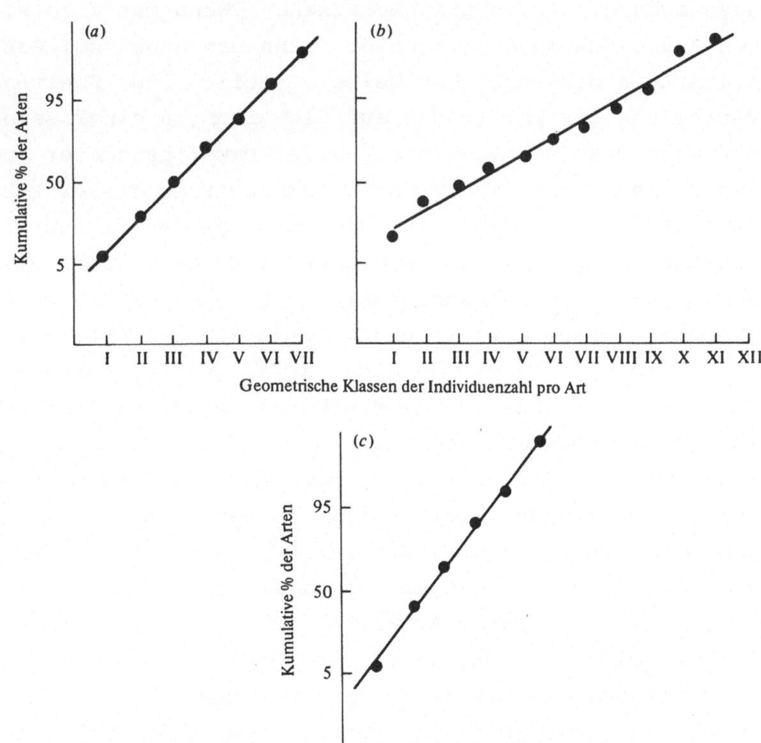

Abb. 3.3 a-c. Log-Normalverteilung der Individuen auf die Arten. Geometrische Klassen mit x 2 Skala (s.a. Tab. 3.1). a Meiofauna in Haftorganen vom Kelp (Daten von MOORE, 1973); b Makrofauna aus der Irischen See (Daten EAGLE & HARDIMAN 1977); c Makrofauna eines schottischen Fjords (Daten aus PEARSON, 1975)

Während das auf der Vorderseite Dargestellte nur eine schnelle und leichte Methode zur Prüfung der Anpassungsgenauigkeit an eine log-Normalverteilung ist, gibt es auch genauere statistische Prüfverfahren. Für eine genaue Untersuchung der Anpassung an die logarithmische Reihe und die log-Normalverteilung sollte man die maßgebende Arbeit von BLISS (1966) zu Rate ziehen.

Abb. 3.3 zeigt, daß die log-Normalverteilung eine genaue Beschreibung der Benthos-Proben ist. Es konnte darüberhinaus nachgewiesen werden, daß eine gute Anpassung an so verschiedene Gemeinschaften gewährleistet ist, wie Motten in England, Schlangen in Panama, Vögel im Staate New York und in Finnland und Phytoplankton im Nord-Atlantik - an jede Gemeinschaft also, die bislang untersucht worden ist. Voraussetzung ist allerdings, daß die Gemeinschaft heterogen ist und die Probe relativ groß. Warum ist nun die Verteilung so gut angepaßt?

Erstens tendieren Populationen mehr dazu, in geometrischen Skalen anzuwachsen, als in arithmetrischen. Wenn man also eine große Anzahl von Arten zusammen betrachtet, kann man annehmen, daß die Individuen pro Art in geometrischer Weise verteilt sind. Zweitens kann man die Verteilung der Individuen auf die Arten in einer Gemeinschaft als Ergebnis des Zusammenwirkens aller Umweltparameter ansehen, von denen jeder unabhängig wirkt. Das Zusammenwirken dieser Faktoren ist eher multiplikativ als additiv, und wenn man den sogenannten "zentralen Grenzwertsatz" auf dieses Produkt anwendet, kommt wieder eine log-Normalverteilung heraus (MAY, 1975). Darüberhinaus kann man eine log-Normalverteilung ableiten, wenn man annimmt, daß im "broken-stick" Modell die Brüche nicht zufallsmäßig, sondern aufeinanderfolgend geschehen, so daß die Wahrscheinlichkeit eines Bruches unabhängig von der Länge des betreffenden Teils ist (PIELOU, 1975). UGLAND und GRAY (1982) untersuchten das log-Normalmodell kritisch und fanden einige zwangsläufige mathematische Auswirkungen in Bezug zur Standardabweichung. Daher sind viele "biologische" Gesetze, wenn man sie auf die log-Normalverteilung anwendet, in Wahrheit mehr oder weniger mathematische Artefakte. Die Autoren haben ein einfaches Modell der log-Normalverteilung abgeleitet, welches besagt, daß jede log-Normalverteilung von Individuen auf Arten eine Verschmelzung von 3 oder mehr positiven Binomial-Verteilungen ist. Dieser Aspekt wird weiter unten im Kapitel über Verschmutzung noch einmal diskutiert (S. 90).

Die log-Normalverteilung kann man also für große und heterogene Vergesellschaftungen von Arten annehmen und sie stellt eine gute Beschreibung der Verteilung von Individuen auf die Arten dar, ohne notwendigerweise eine biologische Bedeutung zu haben. Für mich stellt die log-Normalverteilung eine Gemeinschaft im Gleichgewicht dar, wo Zuwanderung und Abwanderung im Gleichgewicht stehen und die Arten die vorhandenen Ressourcen unter sich aufgeteilt haben. So wie Mittelwert und Varianz nützliche Beschreibungen einer Population sind, können auch Mittelwert und Varianz einer log-Normalverteilung eine Gemeinschaft beschreiben und für vergleichende Zwecke nützlich sein. Eine weitere Anwendung der log-Normalverteilung wird in Kapitel 8 dargestellt. Abweichungen von der erwarteten Verteilung sind ein empfindliches Maß für Effekte einer gestörten Umwelt auf Gemeinschaften.

Ein interessantes und gewichtiges theoretisches Argument wurde kürzlich von NILS STENSETH (1979) entwickelt, welches eine fundierte Grundlage für das Auftreten von logarithmischen Serien und log-Normalverteilung bildet. STENSETH verwendet die "Red Queen"-Hypothese, die von VAN VALEN aufgestellt wurde. In LEWIS CAROLL's "Alice hinter den Spiegeln" erklärte die Rote Königin der Alice: "Hierzulande mußt du so schnell rennen wie du kannst, wenn du am gleichen Fleck bleiben willst." In der Analogie bedeutet dies, daß eine Art sich ständig und so schnell wie möglich weiterentwickeln muß, um nicht ausgelöscht zu werden. Ein Evolutions-Fortschritt einer Art hat negative Effekte auf die anderen Arten im gleichen Habitat. VAN VALEN postuliert, basierend auf der "Red Queen"-Hypothese, ein "Gesetz der ständigen Auslöschung" für jede Gruppe oder Art mit gemeinsamer Ökologie. Diese Auslöschung kann lokal oder über stammesgeschichtliche Zeiträume erfolgen. STENSETH's mathematisches Modell unterstützt die "Red Queen"-Hypothese und sagt eine konstante Diversität über ökologische und evolutionsgeschichtliche Zeiträume voraus. Desgleichen sind in seinem Modell Häufigkeitskurven log-normal in ungestörten Gemeinschaften, während in gestörten Gemeinschaften die logarithmische Reihe besser paßt. Er belegt seine Vorhersagen auch mit empirischen Daten. Obwohl STENSETH's Gedanken vielversprechend sind, kann man in der Praxis gewöhnlich nicht zwischen log-Serien und log-Normalverteilungen innerhalb der statistischen Grenzen der x^2-Verteilung unterscheiden, da beide Modelle anwendbar sind. Anpassungen an die log-Serie erhält man vornehmlich, wenn die Probe nicht groß genug ist, um die Verteilungsform deutlich zu machen. Es bedarf noch einiger Arbeit auf diesem Gebiet. Meiner Meinung nach ist aber das log-normal Modell in den meisten Fällen anwendbar.

4 Klassifizierung von Arten-Ansammlungen

In den vorausgegangenen Kapiteln wurden die Verteilungsmuster von Individuen einzelner Arten betrachtet, die genaue Identität der Art wurde aber nicht benötigt. Eine weitere Art von Muster, nach dem man suchen kann, ist die Verteilung von Arten-Gruppen an verschiedenen Orten. In diesem Fall ist man daran interessiert herauszufinden, wie Gruppen von Arten zusammen vorkommen und wie man lange Artenlisten in homogenere Untergruppen aufteilen kann. Gibt es tatsächlich Arten-Gemeinschaften, die in ähnlicher Zusammensetzung auf großen Flächen des Meeresbodens auftreten? Ein traditioneller Ansatz, Artengemeinschaften von Felsküsten zu klassifizieren, ist die Verwendung von dominanten Arten. Ein ähnlicher Ansatz von JOHANNES PETERSEN (1914, 1915, 1918, 1924) für Weichboden-Gemeinschaften, legte die Grundlage für ein noch heutzutage oft verwendetes Schema.

4.1 Traditionelle Methoden: das PETERSEN-THORSON System

PETERSEN besammelte quantitativ das Benthos im Kattegat und um die dänischen Inseln Fünen und Seeland herum, weitete seine Untersuchungen aber auch ins Skagerrak und die Nordsee aus, indem er Artenzahl, Individuenzahl und Gewichte feststellte (Abb. 4.1 zeigt seine Sammelstationen). Insgesamt arbeitete er an 193 Orten und fand 294 taxonomische Einheiten. Nicht alle waren auf dem Arten-Niveau (davon gab es etwa 260). PETERSEN entwarf eine Reihe von Gemeinschaften, gekennzeichnet durch sog. "Charakterarten". Eine solche Charakterart durfte nicht nur zu besonderen Jahrenzeiten auftreten, sondern sollte, entweder zahlenmäßig oder biomassemäßig dominant, als typisch für eine gegebene Gemeinschaft angesehen werden können. Konstanz und Dominanz waren daher die zwei Kennzeichen.

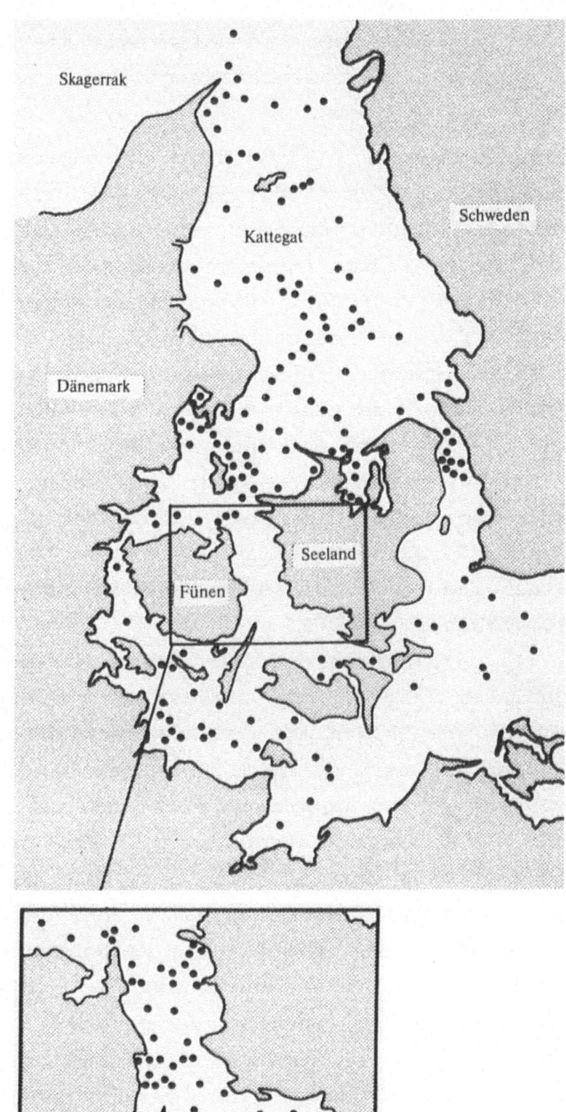

Abb. 4.1. PETERSENS Sammelstationen in dänischen Gewässern. (Nicht gezeigt sind zusätzliche Stationen an der schwedischen Küste und im Oslofjord.)

Insgesamt erkannte PETERSEN sieben Hauptgemeinschaften, charakterisiert durch folgende Arten 1) die Muschel *Macoma balthica*; 2) den grabenden Herzseeigel *Brissopsis*; 3) den grabenden Seeigel *Echinocardium*; 4) die Muscheln *Astarte, Abra* und *Macoma calcarea*; 5) die Muschel *Venus*; 6) die Muschel *Macoma calcarea*; und 7) den Amphipoden *Haploops*.

Viele Untersucher folgten PETERSEN's Schema und erkannten, daß ähnliche Gemeinschaften in vielen verschiedenen Gebieten der Welt existieren. THORSON (1957), auch ein Däne, erweiterte PETERSEN's ursprüngliche Ideen und definierte die Gemeinschaften präziser. Insgesamt fand er sieben Haupttypen:

1. *Macoma*-Gemeinschaften: Typisch für flache Gewässer und Ästuare zwischen 10 und 60 m. Charakterisiert durch *Macoma, Mya* und *Cardium* (Cerastoderma) und den Polychaeten *Arenicola*. Kommt auf allen Bodentypen vor, auf Böden mit größerem Feinanteil dominieren die Sedimentfresser *Macoma* und *Arenicola*, während auf sandigerem Boden der Suspensionsfresser *Cerastoderma* dominiert.

2. *Tellina*-Gemeinschaften: Flachwassergemeinschaften die hauptsächlich exponierte Sandküsten besiedeln vom Eulitoral bis 10 m Tiefe. Gekennzeichnet durch die Muscheln *Tellina, Donax* und *Dosinia* und den Seestern *Astropecten*. Typisch für dichtgepackten Sand.

3. *Venus*-Gemeinschaften: zu finden auf Sandböden im offenen Meer von 7 bis 40 m Tiefe. Charakterisiert durch die Muscheln *Venus, Spisula, Tellina* und *Thracia*, die Schnecke *Natica*, die Stachelhäuter *Astropecten, Echinocardium* und *Spatangus* und den Polychaeten *Ophelia*.

4. *Abra*-Gemeinschaften: Treten in geschützten Flußmündungsgebieten auf, oft mit erniedrigtem Salzgehalt auf gemischten bis schlickigen Böden mit organischer Substanz, von 5 bis 30 m Tiefe. Charakterisiert durch die Muscheln *Abra, Cultellus (Phaxas), Corbula (Aloidis)*, und *Nucula*, die Polychaeten *Pectinaria* und *Nephtys* und den Seeigel *Echinocardium*. Diese Gemeinschaft geht allmählich in die *Venus*-Gemeinschaft über, wenn der Sandanteil ansteigt oder in eine *Amphiura*-Gemeinschaft, wenn der Schlickanteil zunimmt.

5. *Amphiura*-Gemeinschaft: Weichboden-Gemeinschaft von 15 bis 100 m Tiefe. Charaktisiert durch *Amphiura, Turritella, Thyasira, Nucula, Nephtys, Terebellides, Lumbriconereis, Dentalium* und *Echinocardium, Brissopsis* oder *Schizaster*. Auf sandigen Substraten dominieren *Echinocardium* und *Turritella*, während Schlick zu einem Anstieg von *Brissopsis, Thyasira* und sedentären Polychaeten wie *Maldane* führt.

6. *Maldane-Ophiura sarsi*-Gemeinschaft: Findet sich auf weichem, feinem Schlick in flachen Ästuaren bis hinunter auf 100 bis 300 m Tiefe in der offenen See. Charakterisiert durch die Polychaeten *Maldane* und *Terebellides*, den Schlangenstern *Ophiura sarsi*, die Muscheln *Nucula, Abra* und *Thyasira*, den Gastropoden *Philine*, die Polychaeten *Aricia, Melinna, Praxilella, Clymenella, Clycera* und *Pectinaria*, den Amphipoden *Ampelisca* und die Echinodermen *Brissopsis* und *Echinocardium*.

7. *Amphipoden*-Gemeinschaften: Ästuar- und Brackwassergemeinschaften, gewöhnlich auf Weichböden. Charakterisiert durch verschiedene Amphipoden, von denen jeder typisch für seine Gemeinschaft ist: z.B. *Pontoporeia* in der Ostsee, *Haploops tubicola* in einigen Gebieten von Dänemark, *Ampelisca* in Japan und Massachusetts, USA.

THORSON hat Benthos-Gemeinschaften in vielen Teilen der Welt untersucht und war von der Tatsache fasziniert, daß gleiche Gattungen oftmals auf gleichartigem Boden in verschiedenen Gebieten auftraten, während die Arten unterschiedlich waren. Er nannte diese Gemeinschaften "Parallele Gemeinschaften" (parallel communities). Z.B. konnte die *Macoma*-Gemeinschaft aufgeteilt werden in folgende parallele Gemeinschaften: *M. calcarea*, *M. balthica*, *M. nasuta-M. secta* und *M. incongrua* Gemeinschaften. Die ersten beiden werden im Nordatlantik, an der Ostküste Grönlands und den Küsten Nordeuropas gefunden, während die *M. nasuta-M. secta* Gemeinschaft typisch für das San Juan Archipel im Staat Washington, an der Pazifikküste der USA ist.

Die *M. incongrua* Gemeinschaft ist die typische Pazifik-Gemeinschaft vor Japan. Ähnliche parallele Gemeinschaften wurden von THORSON für *Tellina* und *Venus* Gemeinschaften erkannt.

In den späten 50gern konzentrierte sich die Forschung mehr auf die Bodenfauna warmer Gewässer, und es wurde berichtet, daß Gemeinschaften im Sinne von PETERSEN-THORSON nicht identifiziert werden konnten. Dies wurde dadurch erklärt, daß anhand der sehr viel größeren Artenspektren kein so klares Dominanz-Muster wie in kälteren Gebieten zu erwarten sei. Dann erschienen in den 60gern zunehmend Berichte, demzufolge auch in kälteren Meeresgebieten Gemeinschaften nicht adäquat definiert werden konnten. Es wurde schließlich das ganze Community-Konzept in Frage gestellt.

4.2 Festumrissene Gemeinschaften oder Kontinua?

Der gleiche Streit wurde unter terrestrischen Pflanzenökologen zwei Dekaden vorher mit Leidenschaft ausgefochten! Die Botaniker zerfielen in zwei Lager. Die einen glaubten, Artensammlungen in Gemeinschaften klassifizieren zu können und daß scharfe Grenzen zwischen den Gemeinschaften beständen, die mit Diskontinuitäten im Lebensraum übereinstimmen. Diese Betrachtungsweise entspricht etwa der PETERSEN-THORSON-Idee von der Einteilung in Gemeinschaften. Das andere Lager der Botaniker glaubte, daß Pflanzenarten nicht in

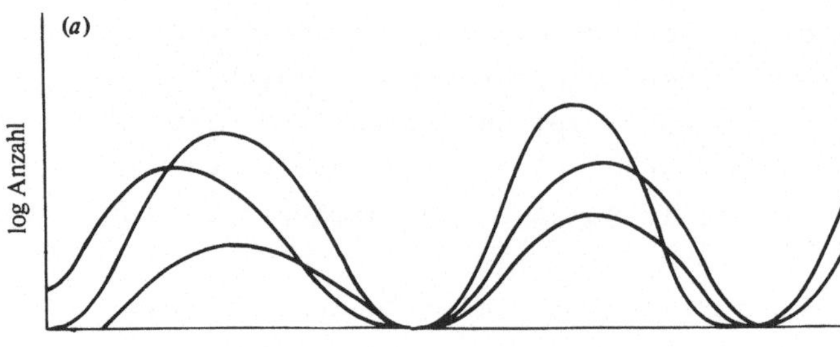

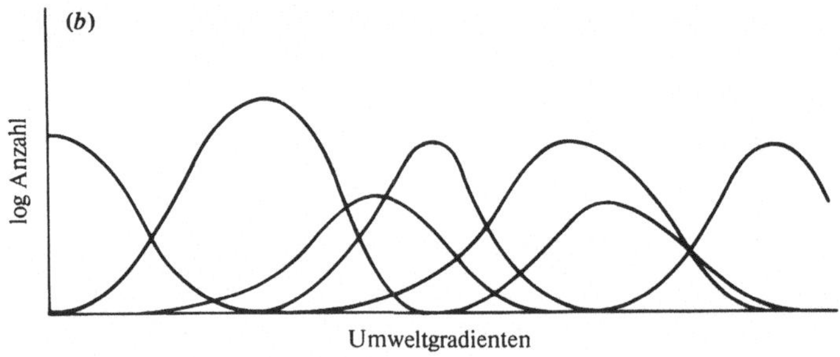

Abb. 4.2 a,b. Das Gemeinschaftskonzept. a Artenverteilungen haben scharfe Grenzen, die oft mit Diskontinuitäten in der Umwelt übereinstimmen; b die Arten bilden Kontinua entlang von Umweltgradienten und treten log-normalverteilt auf

diskreten Gruppen mit scharfen Grenzen auftreten, sondern daß die Arten entsprechend ökologischer Gradienten verteilt wären, wobei jede Art ihr Optimum an einem anderen Ort des Gradienten hätte. Die Verteilung der Arten würde überlappen und es gäbe keine scharfen Grenzen; eine Gemeinschaft würde allmählich in eine andere übergehen. Abb. 4.2 verdeutlicht diese zwei Ideen in Form von Diagrammen. Welche der beiden ist nun die angemessenere für Benthos-Gemeinschaften?

Es gibt wohl wenig Zweifel, daß neuere Daten die zweite Idee unterstützen, daß also die Arten kontinuierlich verteilt sind. Ein gutes Beispiel dafür ist die Studie von HUGHES & THOMAS (1971) vor einer Gezeitenküste in Kanada: Abb. 4.3 zeigt, daß die Arten in der Horizontalen annähernd normal verteilt sind, (was vielleicht einen Korngrößen-Gradienten widerspiegelt). Der Gradient könnte aber ebensogut die Salinität sein, was ein anderes Verteilungsmuster der Arten zur Folge hätte. Wählt man die Einteilung der y-Achse (Anzahl) logarithmisch, so ist die Normalverteilung noch typischer. Arten sind offensichtlich log-normal mit ihren Anzahlen auf Umweltgradienten verteilt, sie bilden also keine abgeschlossenen Gemeinschaften. Auf diesen Ideen gründet sich eine moderne Definition von Gemeinschaften (MILLS, 1969) die weitverbreitete Anerkennung gefunden hat: Als "Gemeinschaft (community) wird eine Gruppe von Organismen bezeichnet,

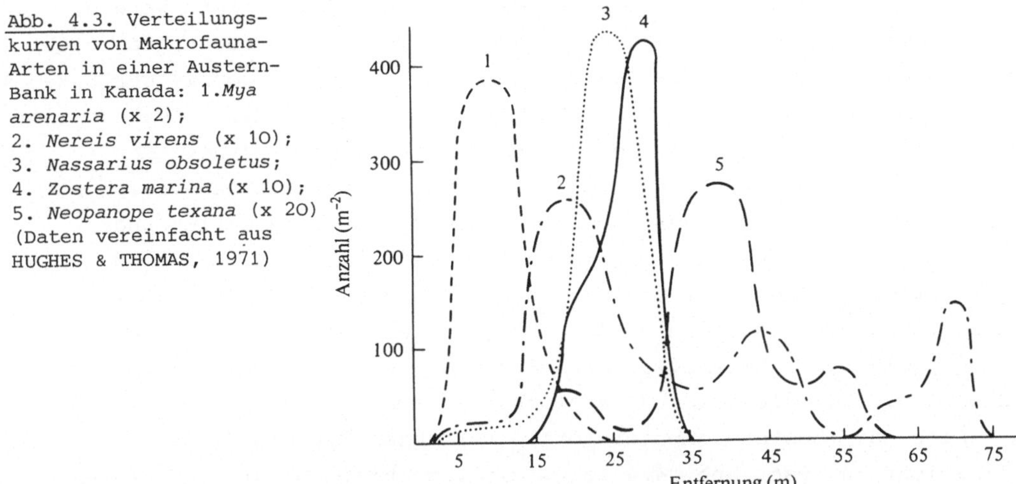

Abb. 4.3. Verteilungskurven von Makrofauna-Arten in einer Austern-Bank in Kanada: 1. *Mya arenaria* (x 2); 2. *Nereis virens* (x 10); 3. *Nassarius obsoletus*; 4. *Zostera marina* (x 10); 5. *Neopanope texana* (x 20) (Daten vereinfacht aus HUGHES & THOMAS, 1971)

die in einer bestimmten Umgebung lebt, sich wahrscheinlich gegenseitig beeinflußt und mit ihrer Umgebung in Wechselwirkung steht und sich von anderen Gruppen aufgrund von ökologischen Untersuchungen trennen läßt".

Natürlich wird die Fauna bei abruptem Wechsel des Sedimenttyps auch scharfe Grenzen zeigen. Die gewöhnliche Diskontinuität die untersucht wurde, ist der Wechsel der Korngrößenverteilung. Diese spiegelt aber wiederum nur die Strömungsverhältnisse wieder. Erst kürzlich haben WARWICK und UNCLES (1982) Sedimenttypen im Bristol Channel (England) mit dem Gezeitenstreß verglichen. Es zeigt sich eine gute Übereinstimmung zwischen der strömungsbedingten Bodentopographie und der Zusammensetzung der Makrofauna. Da viele Arten des Benthos direkt auf die Nahrungszufuhr durch Gezeitenströme angewiesen sind, kann man trotz obiger Korrelation nicht von direkter physikalischer Kontrolle durch Gezeitenströme oder indirekt durch den Sedimenttyp sprechen. Daher lassen die Ergebnisse von WARWICK und UNCLES den Schluß zu, daß scharfe Grenzen in der Fauna nur da auftreten, wo auch die physikalischen Gesetze abrupt sind. Dennoch treten in Küstensituationen eher Gradienten als scharfe Grenzen auf, denen die Fauna dann graduell folgt.

Sowohl PETERSEN als auch THORSON wählten Arten aus, von denen sie intuitiv glaubten, daß sie am geeignetesten wären, eine bestimmte Gemeinschaft zu kennzeichnen, und ihre Wahl war oft höchst subjektiv. Ein Computer andererseits kann Daten nur nach Kriterien sortieren, die ihm vorher vom Programmierer eingegeben wurden. Computerisierte Sortiertechniken werden oft objektiv genannt, bei genauerem Hinsehen verschwindet aber ein großer Teil dieser

Objektivität, weil Arten schon vorher subjektiv eliminiert werden, z.B. bevor sie in den Computer gehen. Für Leute, die gewöhnlich nicht mit Computern umgehen, ist es erstaunlich, daß ein gewöhnlicher Datensatz von 150 bis 200 Arten aus 200 Proben "zu groß" für einen Computer ist. Ein weiteres Problem bei computerisierten Sortierverfahren erwächst aus der Tatsache, daß die meisten Daten-Matrizen viele Nullen enthalten, und daß in Übereinstimmung mit log-Serien und log-Normalverteilungen viele Arten "selten" sind, d.h. sie sind nur durch ein oder zwei Individuen repräsentiert. Zu viele Nullen und Einsen verfälschen die Verteilungsmuster und machen eine Interpretation schwierig. Daher läßt man gewöhnlich alle Arten weg, die in weniger als 5 von 70 Stationen auftreten.

Eines der besten Computer-Sortierverfahren ist die Klassifikations-Analyse. Abb. 4.4 zeigt die verschiedenen Stadien dieses Verfahrens. Zuerst wird die Rohdaten-Tabelle von n Proben bzw. Stationen und s Arten, die die Abundanz enthalten, transformiert in die Form log (x + 1). Von diesen transformierten Daten wird eine Ähnlichkeitsmatrix abgeleitet. Der am häufigsten verwendete Ähnlichkeitsindex ist der BRAY-CURTIS-Index:

$$D = \frac{\sum_{j=1}^{s} |x_{1j} - x_{2j}|}{\sum_{j=1}^{s} (x_{1j} + x_{2j})}$$

wo x_{1j}, x_{2j} die Abundanz der Art j in Probe 1 und 2 bzw. Station 1 und 2 ist und s die Artenzahl.

Von dieser Ähnlichkeitsmatrix wird ein Dendrogramm abgeleitet, welches die Beziehungen zwischen verschiedenen Proben/Stationen-Gruppen verdeutlicht. Die "group average sorting strategy" wird

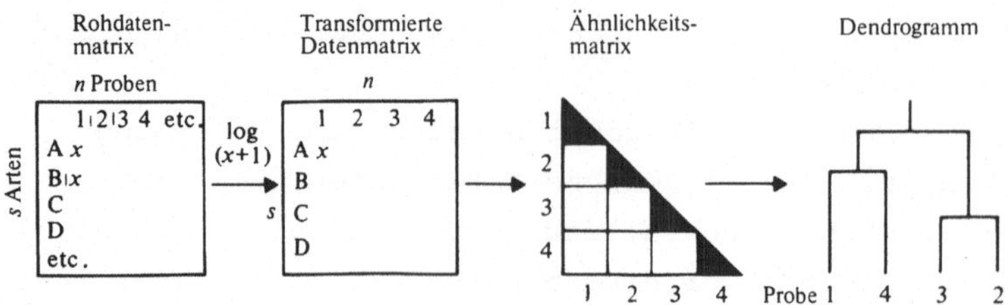

Abb. 4.4. Diagramm der Einzelschritte bei der Klassifikationsanalyse von ökologischen Daten

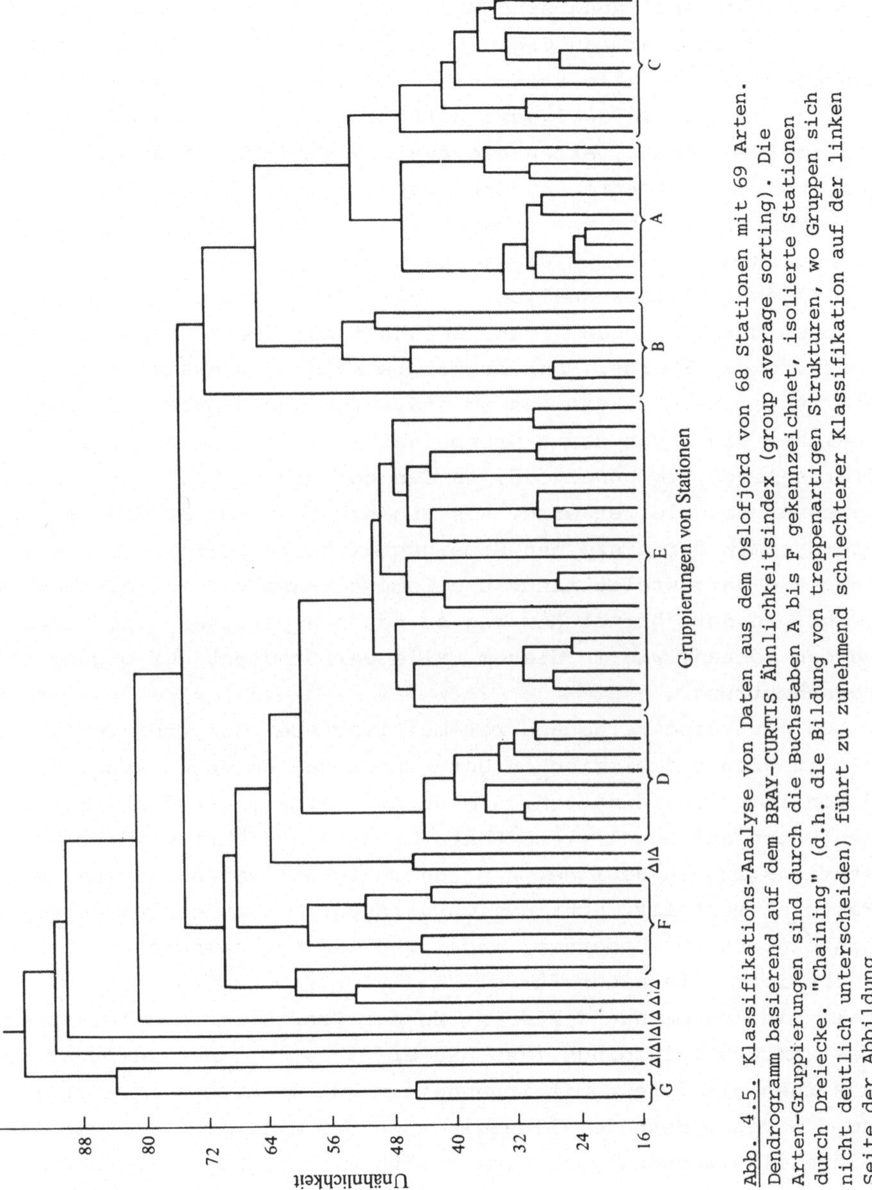

Abb. 4.5. Klassifikations-Analyse von Daten aus dem Oslofjord von 68 Stationen mit 69 Arten. Dendrogramm basierend auf dem BRAY-CURTIS Ähnlichkeitsindex (group average sorting). Die Arten-Gruppierungen sind durch die Buchstaben A bis F gekennzeichnet, isolierte Stationen durch Dreiecke. "Chaining" (d.h. die Bildung von treppenartigen Strukturen, wo Gruppen sich nicht deutlich unterscheiden) führt zu zunehmend schlechterer Klassifikation auf der linken Seite der Abbildung

hierfür vielfach verwandt. Abb. 4.5 zeigt ein Dendrogramm, welches die Klassifikation von 68 Sammelstationen enthält von F.B. MIRZA'S (1980) Untersuchung der Makrofauna des Oslofjords. Insgesamt wurden 146 Arten gefunden, davon allerdings nur 69 für die Matrix verwendet.

Links in der Abbildung sind Gruppen der untypischen Proben, die gewöhnlich auch arm an Organismen waren. Rechts von der Mitte liegt Gruppe A, welche alle Stationen enthält, in denen Zahlen von *Capitella capitata, Polydora ciliata* und *Heteromastus filiformis* angetroffen werden, Arten die typisch sind für organisch stark angereicherte Sedimente. Andere Stationsgruppen (B, C und D) zeigen eine Fauna, die für nur schwach verschmutzte Gebiete typisch ist (siehe auch Kap. 8, wo diese Aspekte ausführlich diskutiert werden). Die Klassifikations-Analyse hat also die Stationen aufgeteilt auf Gruppen mit ähnlichen Arten. Zeichnet man diese Gruppe auf eine Seekarte des Fjords, dann erhält man Muster von ähnlichen Stationen. Die Muster zeigen, daß das am stärksten verschmutzte Gebiet (welches die Arten der A-Gruppe enthält) im inneren Teil des Oslofjords liegt, im Bunefjord, in den der größte Teil der städtischen Abwässer eingeleitet wird. Als Ergänzung dieser Studie ist geplant, die Dynamik der einzelnen Gemeinschaften zu verfolgen, wie sie in Abb. 4.6 dargestellt sind. Die Computer-Analyse ist also kein Selbstzweck, sondern öffnet den Weg zu neuen Hypothesen, die untersucht werden können, wie in diesem Falle der Gradient der organischen Verschmutzung.

Es gibt eine Reihe anderer multivariater Computer-Verfahren, die man in großen ökologischen Untersuchungen anwenden kann. Eine davon ist die Ordination, die darauf beruht, daß die Varianz in den Daten auf abgeleitete Faktoren zurückgeführt wird. Dann werden Stationsgruppen gebildet und rangmäßig auf den Achsen der einzelnen Faktoren verteilt. Schließlich versucht man zu erklären, was der einzelne Faktor bedeutet, indem man ihn mit solchen Umweltsmessungen korreliert, die nicht für die Analyse verwendet wurden, aber dennoch damit in Zusammenhang stehen. In der Praxis war die Interpretation des Faktors allerdings fast nie erfolgreich, und Umweltparameter scheinen nie direkt mit irgendeinem Faktor allein zu korrelieren, so daß diese Methode allgemein nicht so nützlich ist, wie die Klassifikationsanalyse. Eine ausführliche Darstellung sowohl der Klassifikations-Methode wie auch der Ordinations-Techniken findet sich in dem Buch von CLIFFORD und STEPHENSON (1975).

Vor kurzem wurden PETERSEN's Daten, auf welchen er sein Gemeinschafts-Konzept gegründet hatte, mit dem Computer noch einmal untersucht (STEPHENSON, WILLIAM und COOK, 1971). Dabei wurden die ursprünglich 193 Stationen mit 264 Taxa auf eine Artenliste von 88 Taxa reduziert; 57 Arten, die nur an einer Station auftraten, wurden entfernt, ebenso 83 Arten, die keine interspezifischen

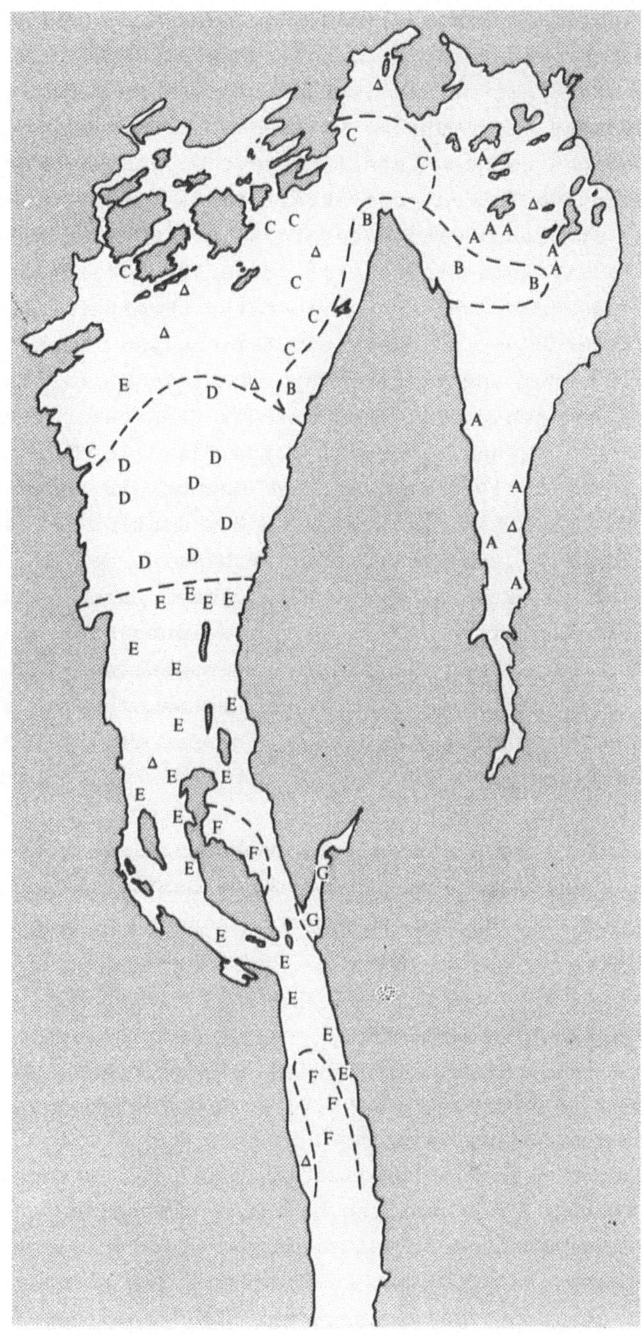

Abb. 4.6. Darstellung der Arten-Gruppierungen aus Abb. 4.5 (A-F) in einer Karte des Oslofjords

Assoziationen zeigten. Außerdem waren 22 Taxa ungenügend bestimmt und 13 kamen an weniger als 5 Stationen vor. Dieser Reduktion der Artenliste fiel sogar eine von PETERSEN's Charakterarten, *Haploops tubicola* zum Opfer!

Die Reduktion der Arten wurde durchgeführt, um quantitative Daten verwenden zu können, denn PETERSEN verwendete Anzahlen und Gewichte in seinen Systemen. In ihrer Analyse versuchten STEPHENSON, WILLIAM und COOK die PETERSEN-Daten sowohl nach Anzahl, als auch nach Gewicht neu zu klassifizieren. 41 von PETERSEN's Stationen waren durch *Macoma balthica* charakterisiert. In der neuen Analyse waren dies 57 Stationen, was allerdings nur an 23 Stationen durch eine Gewichtsklassifikation bestätigt wurde. Es scheint daher, daß PETERSEN voreingenommen war und gern weit verbreitete Arten als Charakterarten verwendete. In ihrer Computer-Analyse konnten STEPHENSON et al. 88 Arten zur Identifizierung von Mustern, also als Charakterarten gebrauchen, verglichen mit nur 12 Arten bei PETERSEN. Weil mehr Arten verwendet wurden, wurde das Bild aber unschärfer. Der wichtigste Schluß ist, daß das Konzept der abgegrenzten Gemeinschaften abzuschwächen ist zugunsten der Kontinuum-Idee, die hier angebrachter erscheint. Es könnte aber auch sein, daß die Verwendung von reduzierten Artenzahlen auch in dieser Untersuchung zu nicht diskreten Gemeinschaften führt. Meiner Meinung nach sind aber Kontinua die Regel und fest umrissene Gemeinschaften eine Ausnahme.

In früheren Diskussionen des Gemeinschafts-Konzeptes in der Benthos-Ökologie zielte ein großer Teil der Debatte auf die Frage, ob Tiergemeinschaften auf der Basis des Substrates, das sie bewohnen, beschrieben werden sollten, d.h, nach dem Biotop. Oft gibt es einen engen Zusammenhang zwischen Sedimenttyp und Fauna, insbesondere, weil ansiedelnde Larven in der Lage sind, Korngrößen zu unterscheiden und entsprechend zu wählen. Die Korngröße ist aber nur einer von vielen Nischen-Parametern, und die Nischentheorie erlaubt es nicht, eine Klassifizierung nur auf der Grundlage des Biotops vorzunehmen.

Ein anderer Streitpunkt ist die Frage, ob Gemeinschaften nur statistische Einheiten sind (was PETERSEN glaubte), oder ob Arten, die zusammen auftreten, klare biologische Wechselwirkungen haben. Die zweite Idee impliziert, daß eine Gruppe von Arten ähnliche ökologische Ansprüche hat und entsprechend als eine zusammenhängende Einheit auftritt; diese wurde Biozönose genannt. Neuerdings kommt man auf PETERSEN's Idee von der Gemeinschaft zurück und gebraucht die Bezeichnung als nützliche beschriebene Einheit, ohne aber die gefundenen Muster als etwas Festgefügtes zu betrachten.

Hat man einmal die Arten zu Gruppen zusammengefaßt, dann ist der nächste Schritt zu prüfen, ob diese Gruppierungen ähnliche Präferenzen für einen gegebenen Satz von Umweltvariablen haben oder aber ob sie Folge von komplizierten biologischen Wechselwirkungen zwischen den einzelnen Arten sind. Das nächste Kapitel wird sich mit diesen Problemen befassen.

5 Das Nischenkonzept in der Benthos-Ökologie

Eine Möglichkeit, die Faktoren zu entwirren, welche die Arten in einer Gemeinschaft beeinflussen, ist die Untersuchung jeweils einer einzelnen Tierart. Dieser autökologische Ansatz muß sowohl Feldarbeit enthalten, mit der die räumliche Verteilung der Art in Relation zu den meßbaren Umweltvariablen analysiert wird, als auch Laborexperimente, um die Reaktion dieser Tiere auf die gemessenen Variablen herauszufinden. Der traditionelle Ansatz der Benthos-Ökologie konzentriert sich auf physikochemische Merkmale der Umgebung und gewöhnlich auf Toleranzreaktionen, die die Organismen auf diese Charaktere haben. Gleichwohl geben Präferenzexperimente ein genaueres Bild der möglichen Reaktion der Organismen auf Umweltfaktoren. Die Beschränkung auf vorzugsweise physikalisch/chemische Faktoren hat in der Benthos-Ökologie zu einer Trennung von anderen Zweigen der Ökologie geführt, wo klar gezeigt wurde, daß biologische Interaktion der Grund für viele Verteilungsmuster der Arten sein können. Zur Illustration des Ansatzes, wie er von Benthos-Ökologen zur Aufklärung von Verteilungsmustern und der sie kontrollierenden Faktoren verwendet wird, werde ich meine Studie über einen Meiofauna-Polychaeten *Protodrilus symbioticus* (GIARD) heranziehen (GRAY, 1965, 1966 a, b, c, d). Ich will nicht versuchen, auch andere Studien zusammenzufassen, sondern gebrauche diese als ein Beispiel für einen Forschungsansatz.

5.1 Die Definition der Nische für eine Art

Protodrilus symbioticus ist 2 mm lang und lebt in großer Anzahl zwischen den Sandkörnern an europäischen Gezeitenküsten. Die von mir untersuchte Population in Wales lebte in dichten Flecken auf einem im übrigen dem Augenschein nach gleichförmigen Strand. Das Problem war, die Ursachen für dieses fleckenhafte Verteilungsmuster zu entdecken. Im Laborexperiment tolerierte *P. symbioticus* extreme Salinitätsunterschiede von 18-55°/oo über 12 Stunden und Temperaturen von -4°C bis +34°C. Zweijährige Feldbeobachtungen zeigten, daß die natürlichen Variationen von Salzgehalt und Temperatur gut innerhalb dieser Grenzen liegen. Bot man *P. symbioticus* einen Temperaturgradienten von 5 bis 25°C an, so wählte er stets 15°C. Folglich würden Individuen auch immer als Reaktion auf zu kalte oder warme Temperaturen im Sand in ihren bevorzugten Temperaturbereich wandern.

Als Gegengewicht zu dieser Reaktion sind die Reaktionen des Wurmes auf Licht und Sauerstoff zu betrachten. Von Laboruntersuchungen wußte man, daß *P. symbioticus* einen Beleuchtungsbereich bevorzugte, der das Tier unter natürlichen Bedingungen 4 bis 5 mm unterhalb der Sedimentoberfläche halten würde. In experimentellen Sauerstoffgradienten suchte der Wurm immer den Bereich mit maximaler Sättigung auf, welcher am Strand an der Oberfläche liegt. Diese Sauerstoffreaktion ist stärker als die Reaktion auf Temperatur. Eine Kombination dieser Reaktionen erklärt daher die vertikale Verteilung der

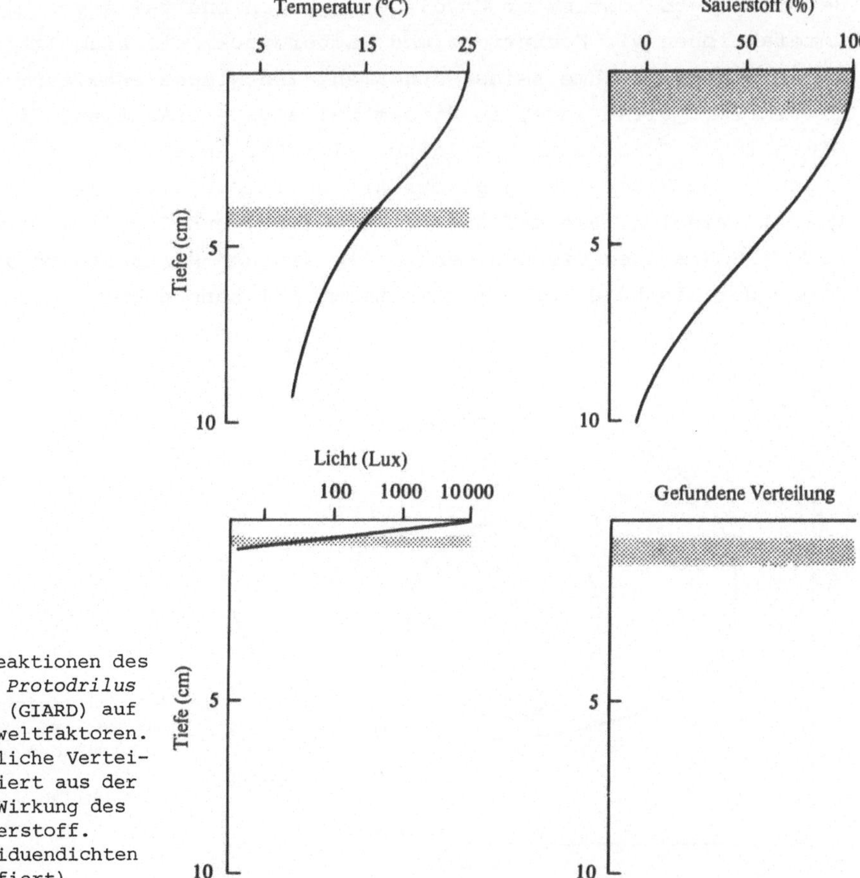

Abb. 5.1. Reaktionen des Polychaeten *Protodrilus symbioticus* (GIARD) auf einzelne Umweltfaktoren. Die tatsächliche Verteilung resultiert aus der dominanten Wirkung des Faktors Sauerstoff. (Hohe Individuendichten sind schraffiert)

Individuen im Sediment. Abb. 5.1 erläutert diese Reaktion schematisch für sommerliche Bedingungen. Ähnliche Verhältnisse wird man bei allen Tieren finden. Die meisten Arten werden aber sicherlich verschiedene Vorzugsbereiche haben. Die Allgemeingültigkeit solcher Reaktionen wurde vor vielen Jahren von der terrestrischen Ökologie erkannt und führte zur Aufstellung der Nischentheorie.

Ich habe nicht vor, die historische Debatte über die Nischenverhältnisse zu diskutieren, der interessierte Leser sei auf eine Zusammenfassung von VANDERMEER (1972) verwiesen. Weitgehend akzeptiert ist die Auffassung von HUTCHINSON. Er teilte die Nische in zwei Teile. Der erste ist die fundamentale Nische, die den ganzen Bereich der Umweltbedingungen enthält, unter denen eine Art existieren kann. Keine Art existiert aber tatsächlich über den vollen Bereich der fundamentalen Nische, sondern sie ist auf einen Teilbereich beschränkt. Dieser wird die realisierte Nische genannt und ist definiert als der Bereich, in welchem eine Art wirklich existiert.

Die Einengung der fundamentalen Nische ist teils abhängig von Bevorzugungen bestimmter Umweltbedingungen und teils von biologischen Interaktionen wie Konkurrenz und Räuberdruck, die eine Art von der vollen Inbesitznahme seiner fundamentalen Nische abhalten. Abb. 5.2 illustriert diese Idee, in diesem Falle vereinfacht auf die zwei Dimensionen Temperatur und Salzgehalt. Die Anzahl der Dimensionen, welche eine Nische für jegliche Art definiert, ist die Anzahl der Umweltvariablen, die auf die Art einwirkt, und demzufolge wurde HUTCHINSON's Idee die n-dimensionale Nischen-Hypothese genannt. Die Größe der Nische einer Art (Nischenweite) kann niemals genau

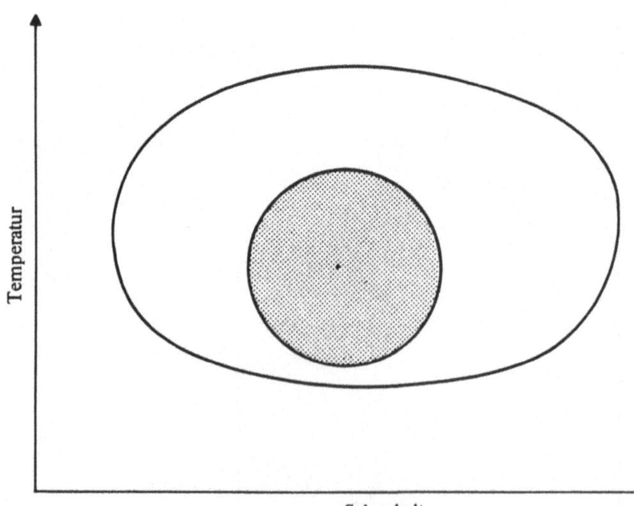

Abb. 5.2. HUTCHINSON's Nischenkonzept. Die fundamentale Nische (weiß) ist der Bereich, in dem eine Art existieren kann, während die realisierte Nische (dunkel) den Bereich beschreibt, in dem die Art tatsächlich vorkommt, es werden nur zwei Dimensionen gezeigt

bestimmt werden, da man nie sicher ist, ob man wirklich alle Dimensionen gemessen hat. Nichtsdestoweniger hat sich diese Hypothese als äußerst nützlich beim Studium der Faktoren, welche die Verteilung von Arten beeinflussen, erwiesen.

Im Falle von *P. symbioticus* sind die fundamentalen Nischen für Temperatur und Salzgehalt -4°C bis 34°C bzw. 18°/oo bis 55°/oo. Aber die Vorzugstemperatur dieses Tieres von 15°C sowie die Reakti-

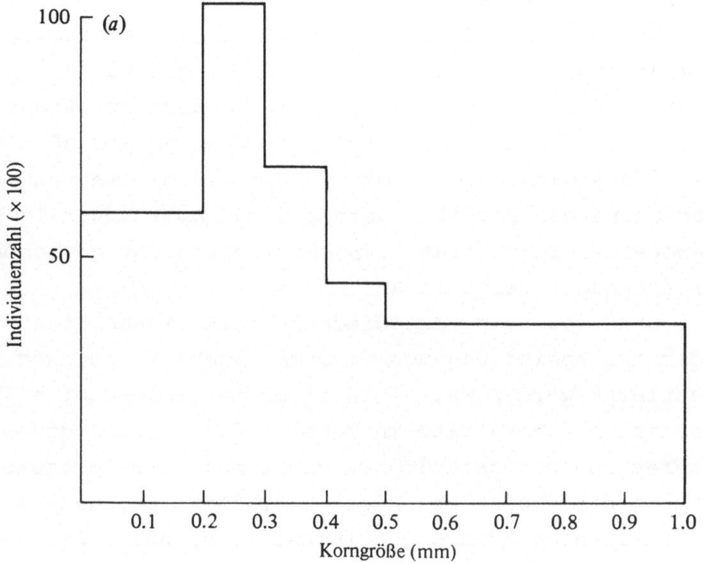

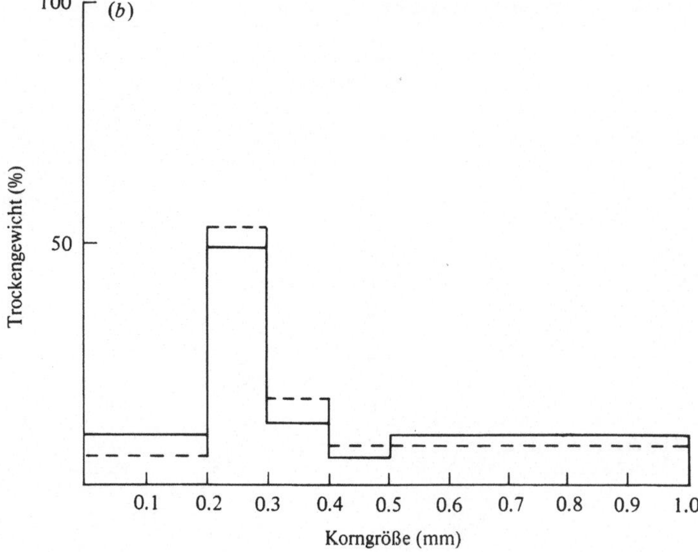

Abb 5.3 a,b. Korngrößen-Bevorzugung von *Protodrilus symbioticus*. a im Laborexperiment; b im Feld, von zwei Habitaten in Anglesey, Wales (durchgehende Linie) und Roscoff, Frankreich (gestrichelt)

onen auf Licht und Sauerstoff reduzieren die Größe der fundamentalen Nische beträchtlich. Die letztendlich realisierte Nische ist ein noch kleinerer Teil der bisher beschriebenen potentiellen fundamentalen Nische.

Im Feld wurde die Population von *Protodrilus* in Flecken entlang einem schmalen Bereich an der mittleren Tidenlinie gefunden. Es schien wahrscheinlich, daß Unterschiede in der Korngröße das Tier beeinflussen könnten, falls es wirklich zwischen verschiedenen Korngrößen wählen kann.

Abb. 5.3 zeigt die Resultate eines Präferenzexperimentes. Es zeigt sich, daß die fundamentale Nische von *P. symbioticus* nicht nur die Dimensionen Salzgehalt, Temperatur, Licht und Sauerstoff hat, sondern auch Körngröße, da oben am Strand die Partikel gröber sind als das Optimum von 0,2 bis 0,3 mm, während am unteren Ende des Strandes die Partikel feiner sind. Aber sogar in bevorzugten Korngrößenbereichen trat *P. symbioticus* nicht gleichmäßig, sondern fleckenhaft verteilt auf.

Sand von zehn verschiedenen natürlichen Standorten mit verschieden dichter Besiedlung von *P. symbioticus* wurde, nachdem die Tiere entfernt worden waren, in einem multiple-choice Experiment eingesetzt. Die Resultate in Tabelle 5.1 zeigen, daß eine Präferenz entsprechend dem natürlichen Vorkommen im Feld besteht. Bestimmte Sande haben daher eine besondere Attraktivität. Nach einer Serie von Experimenten konnte ich feststellen, daß diese Eigenschaft auf einer

Tabelle 5.1. Bevorzugung von *P. symbioticus* für 10 verschiedene Sande in einem multiple-choice Experiment im Labor

Häufigkeitsrang in der Natur	Häufigkeitsrang in drei verschiedenen Experimenten A	B	C	Zusammengefaßter Rang aus den Experimenten A+B+C A + B + C
1	1	1	7	1
2	7	2	1	2.5
3	3	9	5	5.5
4	10	5	3	7
5	5	8	9	8
6	2	4	4	2.5
7	4	7	2	4
8	9	6	10	10
9	8	10	6	9
10	6	3	8	5.5
Signifikanz der Korrelation	*P* = 0.15	0.15	0.15	0.04

besonderen Bakterienart beruht. *P. symbioticus* konnte zwischen verschiedenen Bakterienarten unterscheiden und wurde in Flecken gefunden, die auf diese Bakterien zurückzuführen waren. Untersuchungen an einer anderen Makrofaunaart, die ich mit einem Bakteriologen zusammen durchführte, ließen vermuten, daß die Erkennung der bevorzugten Bakterienart auf einer taktilen chemischen Reaktion auf die Bakterienzellwände beruht. *P. symbioticus* gibt keine chemischen Stoffe ab, die andere Organismen anlocken könnten. Im Anschluß an diese Arbeiten fand ein Kollege heraus, daß *P. symbioticus* keinen Sand besiedelt, in dem Gastrotrichen *Turbanella hyalina* gelebt haben. Diese Vermeidungsreaktion beruht auf einer von *T. hyalina* produzierten chemischen Substanz, welche so die potentielle Nische von *P. symbioticus* weiter durch störende Interferenz einengt.

Die obigen Experimente haben gezeigt, daß die realistische Nische von *P. symbioticus* nur ein sehr kleiner Teil der ursprünglichen fundamentalen Nische ist, wie sie durch Toleranzreaktionen beschrieben wird; sie illustrieren die Wichtigkeit von Präferenzversuchen und des experimentellen Ansatzes generell als Werkzeug zur Aufklärung von Nischendimensionen. Auch wenn diese Untersuchungen ziemlich umfassend waren, wurde der Einfluß von biologischen Interaktionen nicht studiert, obwohl gerade der Einfluß von Räubern wichtig sein kann.

In Kapitel 10 werde ich neue Erkenntnisse zum Einfluß von Konkurrenz und Räuberdruck auf Benthos-Arten diskutieren. Untersuchungen solcher Faktoren mit Meiofauna-Arten sind sehr schwierig wegen der geringen Größe; außerdem hinterlassen Meiofauna-Tiere oft keinerlei erkennbare Reste in den Därmen ihrer Räuber, weil viele Formen ausschließlich Weichkörper besitzen.

Ein Weg, diesem Problem zu begegnen, stammt aus der terrestrischen Biologie und wurde bei Nahrungsuntersuchungen an tricladen Turbellarien des Süßwassers angewandt. Der Benthos-Organismus wird gefriergetrocknet und als konzentrierte Suspension in den Hinterlaufmuskel eines Kaninchens injiziert: Nach einer Serie von wiederholten Injektionen bildet das Kaninchen Antikörper gegen den Benthos-Organismus aus. Eine Blutprobe wird dann aus dem Ohr des Kaninchens entnommen und das Serum mit den Antikörpern nach Entfernung der roten Blutkörperchen zur Aufbewahrung tiefgefroren. Die aufgetaute Antikörperlösung wird in ein zentrales Loch einer Agar-Gelplatte plaziert und drumherum Darminhalte von möglichen Räuberorganismen in Löchern an der Peripherie dieser Platte. Hat nun ein Räuber diese Beutetiere gefressen, werden Antigene der Beute im Darminhalt vorhanden sein. Diese Antigene diffundieren durch das Gel und bilden mit den aus dem mittleren Loch diffundierenden Antikörper einen weißen Niederschlag. Das Auftreten von Präzipitat zeigt an, daß ein bestimmter Räuber diese Beute gefressen hat. In einer Nahrungsuntersuchung an zwölf Meiofauna-Arten eines Strandes von England habe ich diese Methode benutzt, um herauszufinden, welche dieser Arten ein bestimmtes Bakterium (das Besondere aus der *P. symbioticus* Untersuchung s.o.) als Nahrungsquelle nutzt. Höchstens 5 Arten aus dem gleichen Areal haben danach dieses Bakterium gefressen. Die oben beschriebenen Untersuchungen an Süßwassertricladen haben eine Menge neuer Informationen über Ernährungstypen ergeben, und diese Technik dürfte ein großer Segen für das Verständnis von Ernährungsweisen vieler Benhtosarten sein. Erst kürzlich erschien ein wichtiger Aufsatz, wo diese Methode auf eine marine Benthos-Gemeinschaft angewendet wurde, und wo ihre Effektivität bei der Aufklärung von Räuber-Beute-Beziehungen bewiesen wurde (FELLER et al. 1979). Allgemein gesehen gibt es trotzdem nur sehr wenige Daten über Nischendimensionen (Nischenweite), und wenige Untersuchungen wurden über Nischen-Überlappungen und Konkurrenz-Interaktionen in der Benthos-Ökologie angestellt. Eine bemerkenswerte Ausnahme sind die faszinierenden Untersuchungen von FENCHEL (1975) und seinen Mitarbeitern über Hydrobiiden an Sandstränden und schlammigen Küsten von Dänemark.

5.2 Die Einmaligkeit von Nischen und die Merkmalverschiebung

Die Nische einer Art ist vermutlich einmalig für diese Art. So ist das gewöhnlich anzutreffende Verteilungsmuster von Arten in der Natur dergestalt, daß eng verwandte Arten getrennt vorkommen entlang einer Nischendimension, die wichtig für diese Arten ist. Im Limfjord in Nord-Jütland sind drei Arten der Gattung *Hydrobia* sehr häufig anzutreffen, und ihre Verteilung im Feld läßt vermuten, daß die Salinität eine wichtige Nischendimension ist. Resultate von Präferenzexperimenten

Tabelle 5.2. Salinitätspräferenzen aus Laboruntersuchungen und verschiedenen Standorten im Limfjord, Dänemark und drei *Hydrobia*-Arten

	H. ventrosa	*H. neglecta*	*H. ulvae*
Bevorzugter Salzgehalt			
a) im Labor (o/oo)	20	25	30
b) im Feld (o/oo)	6-20	10-24	10-33

Daten von FENCHEL (1975)

im Labor und Felduntersuchungen sind in Tabelle 5.2 zusammengefaßt. Es gibt eine deutliche Überlappung in den Salinitätsbereichen, in denen diese Arten im Feld gefunden werden, und ihre Verteilungsmuster können nicht ausschließlich auf Salzgehaltspräferenzen bezogen werden. *H. neglecta* müßte aufgrund ihrer Salzgehaltspräferenz die häufigste Art sein, da der größte Teil des Untersuchungsgebietes die von dieser Art bevorzugte Salinität aufweist. *Hydrobia ulvae* trat besonders in tieferen, salzreicheren Gebieten auf, dehnte aber ihre Verbreitung auch bis in die Fjorde aus, wo sie *H. neglecta* verdrängte. FENCHEL nimmt an, daß *H. ulvae* ein überlegener Konkurrent gegenüber *H. neglecta* ist. Im Falle reduzierter Salinität ist aber *H. ventrosa* wiederum ein überlegener Konkurrent für *H. ulvae*. *Hydrobia neglecta* ist also auf Gebiete mit niedrigen Populationsdichten der beiden anderen Arten beschränkt. Der Wechsel von Dominanz der einen Art zur Dominanz der anderen Art hängt ab von der Intensität der intraspezifischen Konkurrenz, von ihren Fähigkeiten bei verschiedenen Salzgehalten zu konkurrieren und von den Verbreitungsraten.

Bei seinen Untersuchungen hat sich FENCHEL auf die Konkurrenz zwischen *H. ventrosa* und *H. ulvae* konzentriert. Die Nischentheorie besagt, daß zwei Arten nicht von der gleichen begrenzenden Ressource abhängen können; entweder die eine oder die andere Art muß die Kontrolle dieser Ressource gewinnen, wobei der Verlierer entweder ausgelöscht wird oder sich aber in stammesgeschichtlichen Zeitskalen spezialisiert, so daß die zwei Arten nicht länger konkurrieren. Die *Hydrobia*-Populationen des Limfjords haben sehr hohe Dichten und

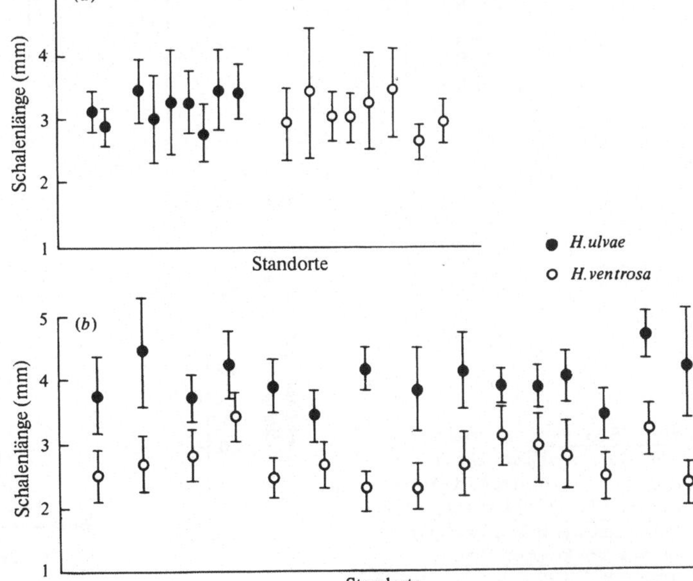

Abb. 5.4 a,b. Merkmalsverschiebung von zwei *Hydrobia*-Arten aus Dänemark. a Schalenlängen von Standorten wo jeweils eine Art auftritt (d.h. allopatrisch); Schalenlängen von Standorten, wo beide Arten zusammen vorkommen (d.h. sympatrisch) (aus FENCHEL 1975)

sind sicherlich nahrungslimitiert. Untersuchungen ihrer Ernährungsweisen zeigen, daß alle drei Arten unspezifisch fressen, indem sie Sediment verschlingen und die Mikroorganismen nutzen. Alle drei scheinen von der gleichen Nahrung zu leben. Der Größenbereich der aufgenommenen Partikel ist aber abhängig von ihrer Schalenlänge. Daher können zwei Arten mit verschieden langen Schalen koexistieren, da sie nicht die gleiche Nahrungsquelle ausbeuten. Wenn *H. ventrosa* und *H. ulvae* allopatrisch leben (getrenntes Vorkommen), haben sie fast den gleichen Größenbereich (Abb. 5.4 a), leben sie aber sympatrisch (gemeinsames Vorkommen), so fällt auf, daß ihre Größenbereiche unterschiedlich sind (Abb. 5.4 b). Diese Art von Mechanismus, wodurch zwei Arten vermeiden, daß sie um eine limitierende Ressource konkurrieren, nennt man Merkmalverschiebung (character displacement). HUTCHINSON sagte voraus, daß bei Nahrungskonkurrenz zweier verwandter Arten die wichtigsten Dimensionen der Mundwerkzeuge sich um 1,3 Einheiten unterscheiden, um Konkurrenz zu vermeiden. FENCHEL's Daten belegen auf einer $\log_2$-Skala, der diesem Problem angemessenen Skala, die Richtigkeit von HUTCHINSON's These (Abb. 5.5). Diese eleganten Untersuchungen zeigen, welche großen Möglichkeiten auf Forscher warten, die willens sind, einfache ökologische Theorien auf marine benthische Arten anzuwenden.

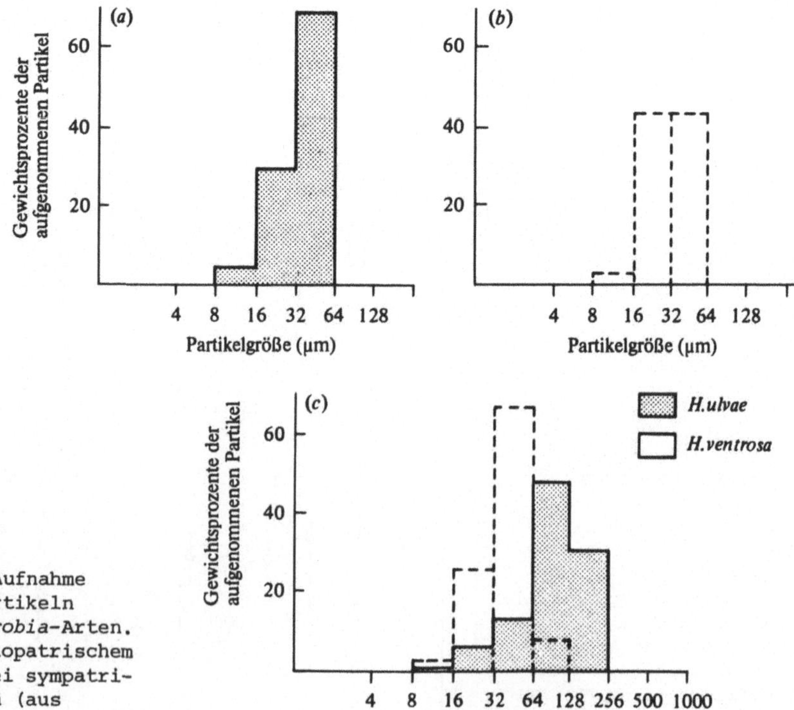

Abb. 5.5 a-c. Aufnahme von Nahrungspartikeln durch zwei *Hydrobia*-Arten. a und b bei allopatrischem Vorkommen; c bei sympatrischem Vorkommen (aus FENCHEL, 1975)

6 Diversität

Einer der angesehensten Naturforscher des 19. Jahrhunderts in England, EDWARD FORBES, postulierte 1843, daß unterhalb von 550 m kein tierisches Leben zu finden sei, da kein Licht mehr vorhanden und der Druck zu groß wäre. FORBES übersah dabei das Werk von Sir JOHN und Sir JAMES CLARK ROSS, die schon 1817 in der Baffin Bay, Kanada, viele lebende Tiere aus 1800 m Tiefe gewonnen hatten. 1869 dredgten M. SARS und G.O. SARS vor den norwegischen Lofoten eine Vielzahl marinen Lebens aus Tiefen unterhalb 550 m. FORBES Ansichten waren aber dennoch so bestimmend in der damaligen Zeit, daß allgemein die Existenz von tierischem Leben in großen Tiefen nicht angenommen wurde. Daher war bei der Planung der Challenger-Expedition durch die Royal Society ein wichtiges Ziel die Untersuchung der Verteilung tierischen Lebens in allen Tiefen und am Meeresboden. Diese Expedition, die von 1872 bis 1876 dauerte, war die erste eigentliche wissenschaftliche ozeanographische Expedition. Sie erbrachte insgesamt 133 Dredgeproben aus der Tiefsee, die schlüssig den Beweis für die Existenz von Leben in großen Tiefen erbrachten. Die Anzahl der so gewonnenen Tiere war relativ klein, aber die meisten waren neu für die Wissenschaft. Im Laufe der dann folgenden fast 100 Jahre wurde dieses Verfahren eigentlich ständig wiederholt, indem man von Expeditionen viele neue Tiefseearten mitbrachte, wobei aber jede Art nur durch wenige Individuen repräsentiert war. Ursprünglich dachte man, daß dieses Ergebnis ein Artefakt sei, weil Trawls bzw. Dredgen nicht voll geschlossen waren und die Tiere auf dem langen Weg aus der Tiefe ausgewaschen worden sein könnten. In den 50ger und 60ger Jahren dieses Jahrhunderts wurden die Geräte besser und es wurde klar, daß auf den früheren Expeditionen natürlich viel Material verloren gegangen war und die Individuendichte höher war, als die vorher gefundene; dennoch blieb die Vorstellung, "viele Arten mit wenig Individuen" für alle taxonomischen Gruppen bestehen. Der Grund für die geringe Individuendichte am Tiefseeboden war offensichtlich die geringe Menge an vorhandener Nahrung, sei es nun abgesunkenes oder vor Ort produziertes organisches Material.

Absinkendes organisches Material wird auf seinem Weg in die Tiefe abgebaut, und wenn es den Boden erreicht, sind nur noch relativ wenig Nährstoffe in ihm enthalten. Da kein Licht in diese Tiefe dringt, findet auch keine Primärproduktion statt, und die bakterielle Produktion muß begrenzt sein, da organisches Substrat nur begrenzt vorhanden ist.

Diese Tatsache wurde auf merkwürdige Art und Weise bestätigt. Das Ozeanographische Institut von Woods Hole, USA, verlor sein Tiefseetauchboot "ALVIN" von einem Forschungsschiff. "ALVIN" war zu der Zeit gerade fertig für einen Taucheinsatz. Die Butterbrote der Besatzung waren auf dem Tisch und der Lukendeckel stand offen. Als zehn Monate später "ALVIN" aus 1540 m Tiefe geborgen wurde, waren die Butterbrote in bestem Zustand, was auf sehr geringe bakterielle Aktivität am Tiefseeboden schließen läßt! In der Folge zeigten etwas ausgefeiltere Experimente, daß bakterielle Prozesse in 4000 m Tiefe etwa 10 bis 100 mal langsamer ablaufen als in Kontrollversuchen bei 3°C und totaler Dunkelheit im Labor.

Typisch für Tiefsee-Benthosdaten ist - verglichen mit Proben aus flachen Gebieten - die bemerkenswert hohe Artenzahl verglichen mit der gefundenen Individuenzahl. Ein ähnliches Muster wird in terrestrischen Habitaten gefunden, wenn man tropische mit borealen Faunen vergleicht. Will man diese Muster wissenschaftlich untersuchen, muß man den Artenreichtum der Tiefsee und der Tropen quantifizieren. Dies tut man gewöhnlich durch Berechnung eines Diversitätsindexes.

Für einen Ökologen beinhaltet Diversität mehr als nur die reine Artenzahl. Wenn z.B. eine Gemeinschaft je 50 Individuen der zwei Arten A und B hat und eine andere 99 Individuen der Art A und 1 Individuum der Art B, so ist die erste Gemeinschaft vielfältiger, diverser. Daher muß ein Diversitätsindex nicht nur die Artenzahl, sondern auch die Individuenzahl pro Art berücksichtigen. In der Tat gibt es eine ganze Anzahl von Diversitätsindices, und ich will sie keineswegs alle hier behandeln. HURLBERT (1971) hat darüber einen kritischen und umfassenden Artikel geschrieben. Stattdessen will ich nur die zwei Indices beschreiben, die am häufigsten auf die marine Weichbodenfauna angewendet werden, nämlich den informatorischen Shannon-Wiener Index und die Rarefaction-Methode.

6.1 Wie mißt man Diversität?

6.1.1 Der SHANNON-WIENER-Index

Der Shannon-Wiener-Index verbindet die kybernetische Theorie mit der Ökologie. Die Organisation einer Gemeinschaft kann durch die Artenzahl und durch die Zahl der Individuen pro Art dargestellt werden. Auf diese Organisation wirken Umweltfaktoren ein, die möglicherweise in der Zukunft eine andere Organisation hervorbringen. Die kybernetische Analogie besteht nun darin, die Gemeinschaftsorganisation mit einem Informationskanal gleichzusetzen, der von der Gegenwart in die Zukunft läuft, wobei die Weite dieses Kanals ein Maß der Organisation ist (MARGALEF, 1968). Konkret lautet die Formel zur Berechnung der Diversität:

$$H' = -\sum_{i=1}^{s} pi \log_2 pi,$$

wobei pi = ni/N ist und s die Gesamtartenzahl. (ni sei die Individuenzahl der i-ten Art und N die Gesamtindividuenzahl).

Für einen Biologen ist es schwer und mag ein wenig kompliziert sein, sich zu verdeutlichen, was der Index wirklich mißt. Dafür nehmen wir ein einfaches Beispiel. Wenn wir vier Arten A, B, C und D mit der gleichen Individuenzahl haben (sagen wir zwei), dann mißt der Index, wieviel binäre Entscheidungen ($\log_2$) notwendig sind, um zu entscheiden, ob ein neues Individuum zu den obigen vier Arten gehört. Dieses kann man folgendermaßen verdeutlichen:

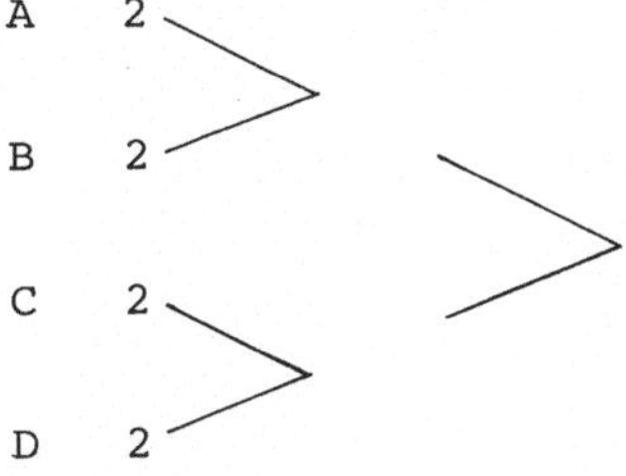

Erst entscheiden wir zwischen A-B und C-D und dann zwischen A und B bzw. C und D; es sind also zwei binäre Entscheidungen notwendig, und bei Anwendung der obigen Gleichung ergibt sich ein Wert von 2. Fügen wir die Arten E, F, G und H wiederum mit je zwei Individuen pro Art hinzu, so benötigen wir drei binäre Entscheidungen und der Index wird 3. Sicher sind natürliche Gemeinschaften komplexer, mit mehr Arten und ungleichen Proportionen der Individuen pro Art. Allgemein steigt der Diversitätsindex mit zunehmender Artenzahl an. Der Index steigt aber auch an, wenn die Proportionen der Individuen pro Art konstanter werden. Tabelle 6.1 zeigt einige hypothetische Beispiele.

Der Diversitätsindex mißt daher zwei Dinge: Artenreichtum und Äquität (evenness). Die Äquität wird berechnet, indem man die beobachtende Diversität durch die maximale Diversität teilt, die man erhalten würde, wenn jedes Individuum zu einer anderen Art gehörte. Die Äquität (PIELOU) ist daher definiert als:

$$J = H'/H\ max$$

mit H'=Diversität und H'max = $\log_2 S$.

Leider wird meistens nur der Wert von H' angegeben und nicht der Äquitätswert. Man ist dann nicht sicher, ob eine Veränderung der Diversität Folge eines Anstiegs der Artenzahl oder aber einer gleichmäßigen Verteilung der Individuen auf die Art ist. Tabelle 6.1 enthält auch die Äquitätswerte J.

Trägt man die Diversität (H') einer typischen Benthos-Gemeinschaft einmal gegen $\log_2 S$, und zum anderen gegen die Äquität (J) auf, so kann man feststellen, ob der Index empfindlicher auf eine Zunahme der Artenzahl ($\log_2 S$) oder auf eine zunehmende Gleichförmigkeit der Individuenverteilung auf einzelne Arten reagiert.

Tabelle 6.1. Theoretische Beispiele für Diversität (H) und Äquität (evenness, J) und Effekte von zunehmender Dominanz und hinzukommenden seltenen Arten auf diese Parameter

Art	Individuen-zahl	Art	Individuen-zahl	Art	Individuen-zahl
A	2	A	2	A	2
B	3	B	3	B	3
C	4	C	4	C	4
D	1	D	1	D	1
E	1	E	1	E	1
F	6	F	6	F	6
G	10	G	10	G	50
7	27	H	1	7	67
		I	1		
		9	29		
H' = 2.4036		*H' = 2.6688*		*H' = 1.4025*	
J = 0.8562		*J = 0.8419*		*J = 0.4996*	

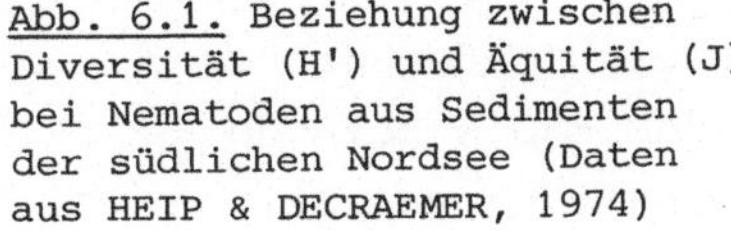
Abb. 6.1. Beziehung zwischen Diversität (H') und Äquität (J) bei Nematoden aus Sedimenten der südlichen Nordsee (Daten aus HEIP & DECRAEMER, 1974)

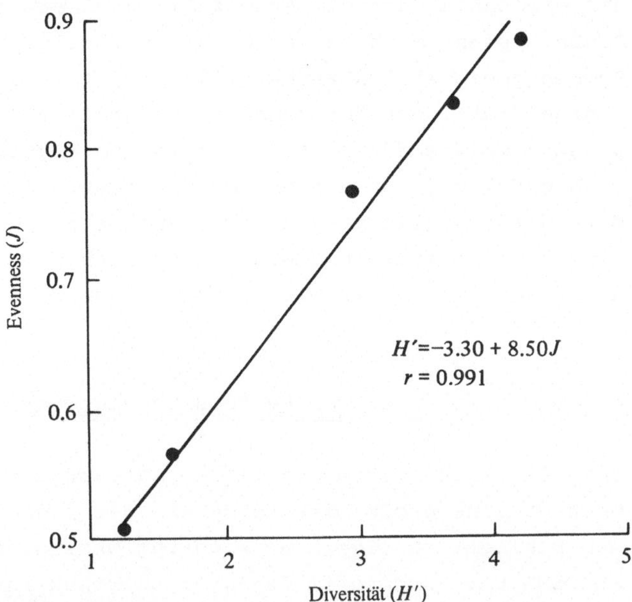

In Abb. 6.1 werden hierfür Ergebnisse aus einer benthischen Nematodengemeinschaft in der Nordsee dargestellt. Die Diversität ist gewöhnlich nur schwach mit $\log_2 S$ korreliert, besser mit J. Daher hat das Hinzukommen von seltenen Arten zu einer Gemeinschaft kaum einen Effekt auf die Diversität, während eine Veränderung der Dominanz größere Wirkung zeitigt. Ähnliche Diagramme der Dominanz kann man für fast alle sublitoralen Makro- und Meio-Benthos-Gemeinschaften herstellen. Die Tendenz wird aber nicht in allen Gemeinschaften die gleiche sein. Vogelgemeinschaften zeigen allgemein eine höhere Korrelation zwischen H' und $\log_2 S$, was besagt, daß in diesem Falle das Hinzukommen von seltenen Arten für die Diversität wichtiger ist, als eine Veränderung der Dominanzverhältnisse. Man kann dies mit der Tatsache erklären, daß die meisten Vogelarten territoriales Verhalten und daher annähernd gleiche Dominanzmuster zeigen.

6.1.2 Die "Rarefaction"-Methode

Eine andere weitverbreitete Methode, die Diversität zu messen, ist die Rarefaction-Methode von SANDERS (1968). Es ist eine graphische Methode, bei der steile Kurven hohe Diversität anzeigen, während flachere Kurven für niedrigere Diversität stehen. Man beginnt die Rechnungen mit der ursprünglichen Anzahl von Arten und Individuen und errechnet dann die Artenzahl in einer reduzierten, kleineren Probe. (Diese Methode ist auch zum Vergleich verschieden großer Proben geeignet.) HURLBERT (1971) meint, daß SANDERS's Methode einige Fraktionen überschätzt und brachte Korrekturen an. Sein Aufsatz sollte für weitere Details herangezogen werden.

Nachdem wir nun die Methoden diskutiert haben, mit denen man die Diversität bestimmt, gehen wir zurück zur wichtigen Frage der Diversitätsmuster in Benthos-Gemeinschaften und insbesondere zu der Frage, warum die Diversität in der Tiefsee so hoch ist.

6.2 Die Diversität von Benthos-Gemeinschaften

SANDERS (1968) regte mit seinem Aufsatz über die Rarefaction-Methode eine große Diskussion an, die viele Forscher beeinflußte und schließlich eine neue Richtung ökologischer Forschung bestimmte. SANDERS untersuchte im Ozeanographischen Institut von Woods Hole über viele Jahre das Benthos der Tiefsee. Er sammelte im Laufe der Jahre große Datenmengen aus allen Tiefenbereichen und geographischen Regionen an und beschäftigte sich insbesondere mit zwei Fragenkomplexen:

Erstens: Die Tiefsee hat tatsächlich eine erstaunliche Vielzahl von Arten, obwohl die Individuendichte gering ist. Entsprechend ist auch die Diversität hoch, wie immer man sie mißt.

Zweitens: SANDERS zeigte, daß in tropischen Regionen eine höhere Diversität vorherrscht als in borealen Meeresgebieten, ebenso wie in terrestrischen Systemen. Eine mögliche Erklärung hierfür ist, daß die natürliche Selektion in den Tropen länger wirken konnte, als in den von Eiszeiten bedrohten polaren und borealen Regionen. Die Prozesse, die zu einer hohen Diversität in den Tropen führen, sind aber nach wie vor umstritten. Eine andere Theorie besagt, daß die Konkurrenz dort sehr intensiv ist, d.h. daß die Nischen schmaler sind und deshalb mehr Arten pro Fläche existieren können. Eine dritte Theorie geht davon aus, daß in den Tropen viele Räuber die Zahl der Beuteorganismen niedrig halten, die Konkurrenz ausschließen und einer größeren Zahl von Arten die Koexistenz ermöglichen. Die Konkurrenztheorie und die Räubertheorie scheinen sich gegenseitig auszuschließen, und darin liegt, wie später dargelegt wird, die Wurzel des Streites um die Tiefsee-Diversität.

SANDERS' Rarefaction-Kurven zeigen (Abb. 6.2), daß die Diversität in der Tiefsee wesentlich höher als in Flachwassergebieten ist. SANDERS erklärt dieses Phänomen in seiner Hypothese von der Zeit-

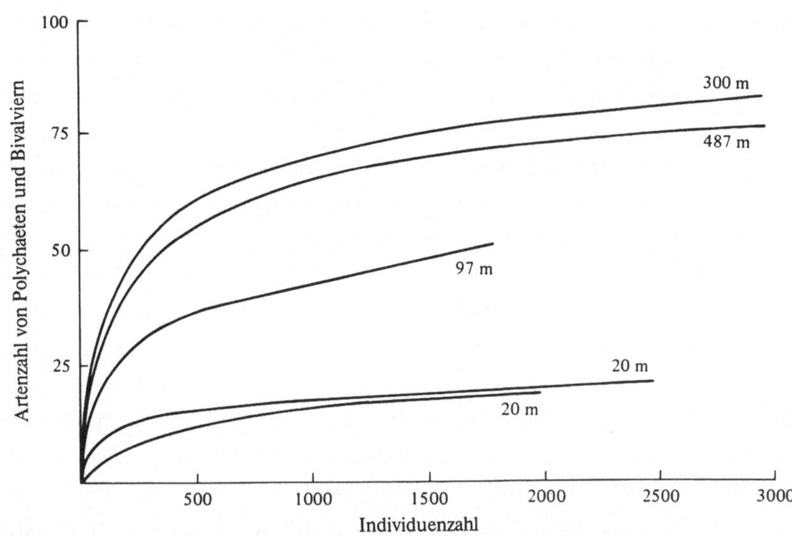

Abb. 6.2. Rarefaction-Diversitätskurven für ausgewählte Benthosgemeinschaften (aus SANDERS, 1968)

stabilität (stability-time hypothesis). Er postuliert, daß in einer extremen Umwelt, wie in flachen Wattgebieten, die Fauna unvorhersagbar extrem schwankenden Umweltfaktoren ausgesetzt ist. Schwankungen, welche viele Arten nicht ertragen können, daher ist das Artenspektrum gering. Zu irgend einem Zeitpunkt ist die Art "A" dominant, bevor sie aber andere Arten durch Konkurrenz ausschalten kann, liegt der Konkurrenzvorteil aufgrund der veränderten Umwelt bei der Art "B". Nach SANDERS führt dieses dazu, daß weit überlappende Nischen von Arten in Gezeitengebieten existieren. Trotzdem sind Konkurrenz- wie Räuberdruck wirksam und führen zu starken Populationsschwankungen und zu niedriger Diversität. Dieser Teil von SANDERS' Argumentation wurde oft falsch verstanden und mißbräuchlich zitiert. SANDERS meint, daß die Arten an die Umgebung angepaßt sind und nicht aneinander - daher nennt er diesen Lebensraum auch physikalisch kontrolliert. Er sagt aber nicht, was man ihm häufig unterstellte, daß keine biologischen Interaktionen stattfinden. In der Tat können gerade hier Konkurrenz und Räuberdruck sehr stark sein. Der springende Punkt ist, daß Nischenspezialisationen wegen der ständig flukturierenden Umwelt nicht auftreten. Im Gegensatz hierzu ist die Tiefsee eine außerordentlich konstante Umwelt, ohne Licht und fast ohne Änderung der Temperatur, des Salzgehaltes oder Sauerstoffgehaltes von Monat zu Monat und von Jahr zu Jahr. Darüberhinaus war die Tiefsee schon über eine sehr lange Zeitdauer (möglicherweise Millionen von Jahren) konstant verglichen mit den zeitweilig vereisten polaren und borealen Regionen. Dieses konstante Milieu ermöglichte den Tieren, sich eher aneinander anzupassen, als an die Unbilden der Umwelt, wie in Gezeitengebieten. Die Tiefseeorganismen konkurrierten zu jeder Zeit um eine begrenzte Ressource: die Nahrung. Da die von der Meeresoberfläche kommende verfügbare Nahrung gering ist, sind auch die Anzahlen pro Quadratmeter gering. In stammesgeschichtlichen Zeiträumen kam es zu einer gegenseitigen "biologischen Anpassung", wie SANDERS es nennt, und zu schmalen, sich nicht überlappenden Nischen. Der Hauptpunkt in SANDERS Argumentation ist, daß Konkurrenz als kausaler Mechanismus zu der hohen Diversität in der Tiefsee geführt hat. Das Problem ist aber, daß dieses eine Hypothese bleiben muß, weil man sie nicht richtig testen kann. In der Nachfolge von SANDERS' stimulierendem Aufsatz kamen DAYTON und HESSLER (1972) vom Scripps Institute of Oceanography in Californien zu dem Schluß, daß nicht Konkurrenz der kausale Mechanismus für hohe Diversität in der Tiefsee ist, sondern der Räuberdruck (predation). Sie argumentieren, daß es keine Hinweise auf eine besondere Spezialisation in der Tiefsee gäbe, verglichen mit der Flachwasserfauna, wie sie nötig wäre in einer Konkurrenzsituation.

DAYTON und HESSLER waren in der Lage, in situ Experimente am Tiefseeboden durchzuführen. Sie versenkten Köder (tote Fische) und installierten eine Kamera so, daß über verschiedene Zeitperioden jedes Tier, welches zum Köder kam, fotographisch festgehalten wurde. Erstaunlicherweise fanden sie viele Fische, Amphipoden, Isopoden und Ophiuriden, die innerhalb weniger Stunden von dem Köder angelockt wurden und dies in einem Gebiet, wo man von Nahrungsknappheit ausgehen muß. DAYTON und HESSLER nannten diese Tiere "cropper" (Sammler) und nicht Räuber (predator), da sie vermuteten, daß die Reaktion auf abgesunkene Organismen keine direkte Räuber-Beute-Reaktion sei, sondern mehr ein unselektives Fressen, verbunden mit zufälligem Zerstören von Dingen, die nicht einmal aufgenommen werden. Diese Allesfresser, so vermuten sie, sind der Grund für die hohe Diversität in der Tiefsee, weil sie die benthische Populationsdichte auf einem so niedrigen Niveau halten, daß ein Ausschluß durch Konkurrenz nicht stattfindet. (Dies ist ein analoges Argument zu der These, daß Räuber für hohe Diversität in den Tropen verantwortlich sind.) Wenn man annimmt, daß Nahrung die limitierende Ressource ist, um die in der Tiefsee konkurriert wird, müßten alle Tiefsee-Arten mit nicht-überlappenden Nischen besondere Wege der Nahrungsausnutzung entwickelt haben, um eine gegenseitige Konkurrenz zu vermeiden. DAYTON und HESSLER unterzogen alle vorhandenen Angaben über Nahrungsspezialisierung von Infauna-Arten der Tiefsee einer erneuten Prüfung und kamen zu der Überzeugung, daß es sich weniger um Spezialisten handelt, als um Generalisten, die alles fressen, was vorhanden ist. Dies ist in Übereinstimmung mit den Schlußfolgerungen aus der "cropping"-These.

Diese Auseinandersetzung setzte sich fort mit einer Gegenthese von GRASSLE und SANDERS (1973). Sie zeigten anhand von Größenverteilungen bekannter Tiefseeorganismen, daß es einen hohen Anteil von großen Organismen gab. Sollte "cropping" wirklich das generelle Prinzip in der Tiefsee sein, könnte man eine Vielzahl von Jugendstadien erwarten, weil sich Beute-Arten in terrestrischen Systemen an hohen Räuberdruck anpassen, indem sie viele Junge produzieren, um so sicherzustellen, daß genügend Individuen bis zur Fortpflanzung überleben. Längenhäufigkeitsverteilungen aus der Tiefsee zeigen hingegen nur wenige Individuen in den kleinsten Klassen. Darüberhinaus argumentieren GRASSLE und SANDERS, daß Nahrungsspezialisation nicht unbedingt auf der Basis von verschiedenen Nahrungspartikeln erfolgen müßte (als Mechanismus zur Bewältigung verschiedener Partikelgrößen), sondern auch biochemischer Natur sein könnte; z.B. ist es vier verschiedenen Polychaeten-Arten möglich, aufgrund enzymatischer Spezialisation ein und dieselbe Nahrungsquelle auszubeuten. Tiefseeorganismen könnten diese Spezialisation besitzen, aber bisher hat niemand diese Vermutung geprüft. Bis hier stehen sich Argumente in Form zweiter unvereinbarer Hypothesen gegenüber. JUMARS (1975), ein Student von HESSLER, machte einen neuen Schritt: Er versuchte, einen anderen möglichen Grund für Nischenspezialisation zu messen, nämlich die räumliche Verteilung die herauskommen würde, wenn es Konkurrenz um Raum unter Tiefseeorganismen theoretisch gäbe. Seine These war, daß Tiefseeorganismen eine fleckenhaftere Verteilung als Flachwasserformen zeigen müssen, weil Tiefseearten möglicherweise stärker spezialisiert sind. Er nahm große Kastengreiferproben von Tiefseesedimenten und teilte sie in viele kleine Unterproben. Dabei fand er, daß die meisten Arten zufällig verteilt waren und daß die fleckenhafte Verteilung (patchiness) bei Tiefseearten keineswegs größer als bei Flachwasserarten ist. Das kann daran liegen, daß Tiefseearten aufgrund der geringen Nahrungszufuhr auch nur eine geringe Individuendichte haben, bei welcher man wesentlich größere Proben als in Flachwassergebieten brauchen würde, um Verteilungsmuster herauszufinden. Direkte Vergleiche sind sehr schwierig, und man kann nicht erwarten, die gleichen Muster in der Tiefsee und im Flachwasser zu finden.

Die neueste Entwicklung auf diesem faszinierenden Gebiet ging von HUSTON (1979) aus, der Diversitätsmuster ganz allgemein und nicht mit besonderem Blick auf Tiefseeprobleme behandelt. HUSTON bemerkte einige Unstimmigkeiten in der Argumentation darüber, daß die Diversität in einigen Gebieten hoch sein sollte und in anderen niedrig. Zum Beispiel kann keine der gängigen Theorien die niedrige Diversität in so stabilen und vorhersagbaren Gebieten wie den küstennahen Redwoodwäldern und den Süßwassermarschen erklären, auch nicht die hohe Diversität von Gemeinschaften in einigen Gegenden mit unvorhersagbaren Umweltbedingungen (Sonoran-Wüste und einige marine Gemeinschaften).

Nach HUSTON gibt es ein bestimmtes Populationsniveau, von wo Arten mit anderen konkurrieren. Er nennt dies das Konkurrenz-Gleichgewicht (competitive equilibrium), welches von Artenpaar zu Artenpaar verschieden ist. Sind viele Arten mit niedriger individueller Wachstumsrate in einer Gemeinschaft, so dauert es sehr lange, bis dieses Konkurrenz-Gleichgewicht erreicht ist und so lange ist auch die Diversität hoch.

Wächst eine Art aber schnell, so ist dieses Konkurrenz-Gleichgewicht auch schnell erreicht, und sie beginnt eine andere Art zu verdrängen. In diesem Falle sinkt die Diversität ab. Die relative Wachstumsrate von Arten einer Gemeinschaft ist also ein wichtiger Faktor für die Diversität.

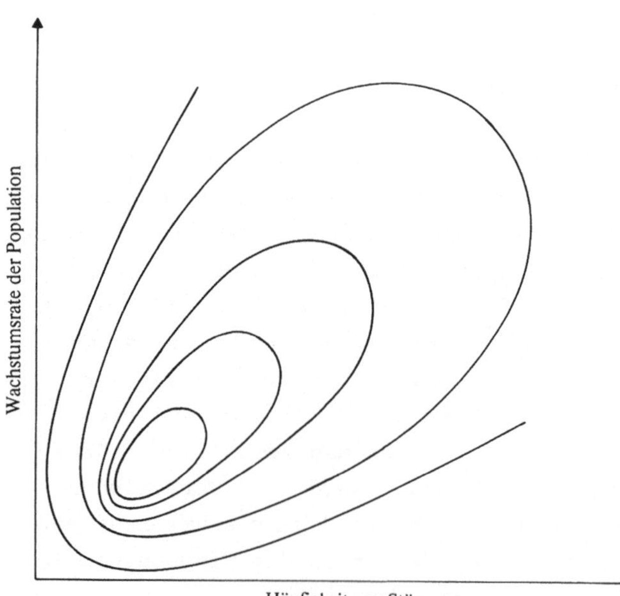

Abb. 6.3. HUSTONS Modell der Beziehungen zwischen Störungen, Wachstumsraten und Diversität einer Gemeinschaft. Linien gleicher Diversitätswerte, die von außen nach innen zunehmen (aus HUSTON, 1979)

Wird nun eine Art, die im auf Seite 58 beschriebenen Fall eine andere Art herausdrängen kann, selbst durch Räuber oder Umwelteinflüsse entfernt, bleibt die Diversität hoch, weil ein Ausschluß durch Konkurrenz nicht eintritt. So ist also auch die Häufigkeit von Populationsreduktionen eine wichtige Variable für die Ausbildung der Diversität. Abb. 6.3 verdeutlicht diese Vorstellungen. Die Diversität wird maximal, wenn die Frequenz der Störungen gerade eben die Ausbildung eines Konkurrenzgleichgewichtes verhindert. Sind die Wachstumsraten aller Konkurrenten hoch, so ist die Diversität niedrig, weil bei seltener Populationsreduktion das Konkurrenzgleichgewicht schnell erreicht wird. Entlang der anderen Achse, bei niedrigen Störungsfrequenzen steigt die Diversität auch schon bei geringem Anstieg der Wachstumsrate schnell an. Steigt aber die Häufigkeit von Störungen an bei gleichzeitig geringen Wachstumsraten, dann wird die Diversität niedrig, weil einige Arten eliminiert werden. Häufige Störungen und schnelles Wachstum resultieren in höherer Diversität, weil sich die Populationen schneller von Störungen erholen können. Mir erscheinen HUSTON's Argumente sehr überzeugend. Die Annahme, daß der Raubdruck nur ein Störfaktor unter vielen ist, und daß seine Wirkung nicht vorhersagbar ist, scheint mir sehr wichtig zu sein. Die sogenannte "Raubdruck-Theorie" (predation-theory) wird also zu revidieren sein. In einem Vortrag, den ich sechs Monate vor dem Erscheinen von HUSTON's Artikel zu halten hatte, kam ich zu ähnlichen Schlüssen bei der Erklärung, wie sich benthische Arten an Verschmutzung anpassen (GRAY 1979 b, s.a. Kap. 8). Ich glaube, daß die Störung (disturbance) schlechthin der Schlüsselfaktor bei Umweltproblemen ist, und daß Anpassungsstrategien auf Toleranz gegen Störungen und nicht gegen Chemikalien zielen. HUSTON's Ideen sind elegant in ihrer Einfachheit und weit umfassender als meine eigenen! Bei Anwendung von HUSTON's Thesen auf den Tiefsee-Streit, ergibt sich folgendes: Wachstumsraten in der Tiefsee sind wahrscheinlich äußerst niedrig. Lebende Exemplare der Muschel *Tindaria callistiformis* von 8,4 mm Länge wurden aus 3800 m Tiefe gewonnen und ihr Alter wurde mit Radium (^{228}Ra) datiert. *Tindaria* pflanzt sich nicht vor dem 50.-60. Lebensjahr fort und kann über 100 Jahre alt werden! Bei solchen Eigenschaften sind die Wachstumsraten gering. Der wichtigere Punkt in HUSTON's Argumentation ist aber die relative Wachstumsrate und die Rate, mit welcher Arten ein Konkurrenzgleichgewicht erreichen. Hierüber gibt es keine Informationen. Die Häufigkeit von Störungen ist wahrscheinlich auch sehr gering. Die Wahrscheinlichkeit von absinkenden Tierleichen, wie sie von DAYTON und HESSLER mit ihrer beköderten Kamera verwendet wurden, wird über das ganze Gebiet der Tiefsee sehr niedrig sein. Aufgrund dieser Überlegungen müßte der Optimumpunkt der Abb. 6.3, wo die Diversität am größten ist, der Tiefseesituation entsprechen. Es gibt allerdings eine mögliche Störungsquelle in der Tiefsee, die bislang nicht untersucht wurde; das sind Detritusfresser, die das Sediment durchwühlen und so möglicherweise konkurrierende Arten beeinflussen. Dieses Thema wird in Kap. 10 abgehandelt.

In Flachwassergebieten sind Störungen, sowohl durch Umweltfaktoren als auch durch Räuber häufig. Demzufolge ist hier auch die Diversität niedrig. Desgleichen führen höhere Wachstumsraten verbunden mit einem höheren Nahrungsangebot schneller zum Konkurrenzgleichgewicht. Wie in der Tiefsee könnte daher auch hier die Durchwühlung des Sedimentes als Störung den Wachstumsrateneffekt aufheben. Das Gleichgewicht zwischen den beiden Faktoren ist daher von entscheidender Bedeutung für das Verständnis von Diversitäten.

Interessanterweise gibt HUSTON's Modell für eine gut voraussagbare Umgebung niedrigere Diversität, während die "stability-time"-Hypothese maximale Diversität voraussagt. Dieser Punkt wurde schon früher von dem Genetiker CAMPELL aufgegriffen, der nicht akzeptieren konnte, daß die Artentstehung (Speziation) in störungsfreien Habitaten am höchsten sein sollte. Dies würde HUSTON's Thesen unterstützen. HUSTON's Modell sagt ebenso die niedrige Diversität voraus, die in stabilen Gebieten mit hohem Nährstoffgehalt gefunden wird (eutrophierte Gebiete), weil sowohl die Wachstumsraten hoch sind, wie auch die Häufigkeit der Störung durch das andauernde Herabregnen von organischer Substanz.

Bevor wir die Tiefsee-Diversität verlassen, soll noch ein Punkt, der bisher vernachlässigt wurde, behandelt werden: daß sie mit der Tiefe tatsächlich nicht ansteigt. Es scheint eine Zone höchster Diversität zwischen 2000 und 3000 m Tiefe zu geben. Die tiefsten Gebiete der Tiefsee gehen aber herunter bis über 10 000 m, und hier ist die Diversität wieder niedriger. Die tiefsten Stellen liegen aber in Rinnen und man könnte argumentieren, daß hier gelegentlich Trübungsströme die Hänge herabrauschen und für eine weniger stabile Umwelt als in der Tiefsee-Ebene sorgen, die dann wiederum zu niedrigerer Diversität führt. Aber viele der Tiefseegebiete liegen bei 5000 bis 6000 m, und hier ist die Diversität geringer als auf den Schelfhängen. Eine mögliche Erklärung dafür wäre, daß die Diversität nicht nur mit Zeit, Vorhersagbarkeit der Umweltbedingungen, Konkurrenz und Raubdruck variiert, sondern auch mit der strukturellen Vielfalt des

Habitats. In Sedimenthabitaten kann man die strukturelle Vielfalt anhand der Partikelgröße und des Sortierungskoeffizienten messen. Treten in der Natur grobe Sedimente auf, dann sind auch Wellen- und Strömungswirkung hoch, und man findet eine unwirtliche Umgebung mit niedriger Diversität. Feiner Schlick und Ton zeigen ein stabiles Wellen- und Strömungsregime an, sind aber gleichzeitig strukturell sehr homogen. Von einem heterogenen Sediment mit unterschiedlichen Korngrößen (schlecht sortiert) kann man mehr strukturelle Heterogenität erwarten und damit auch eine höhere Diversität. Der Abfall der Diversität in der Tiefsee unterhalb von 2000-3000 m ist möglicherweise zurückzuführen auf eine verringerte strukturelle Heterogenität mit fortschreitender Tiefe, die sich in feineren Sedimenten zeigt (Tabelle 6.2). Eine andere mögliche Erklärung könnte man in der Plattentektonik finden. Die Ablagerungen nahe den Plattengrenzen bestehen aus geologisch jüngeren Sedimenten, während abseits von solchen Grenzen geologisch ältere Sedimente anzutreffen sind. Daher ist der Zeitraum für Selektionsprozesse in Tiefen von 2000-3000 m größer als in tieferen Gebieten. Diversität ist - wie dieses Kapitel gezeigt hat - letztendlich ein Maß für ökologische Eigenschaften und sollte für Vergleiche benutzt werden. Ein Diversitätswert allein hat wenig Aussagekraft. Versuche, Diversitätswerte in Verbindung mit der Umweltverschmutzung in die Gesetzgebung einzuführen, erscheinen mir fehlgeleitet. Ich werde auf dieses Thema im Kapitel 8 zurückkommen, wenn es um Verschmutzungseffekte auf benthische Gemeinschaften geht.

Tabelle 6.2. Eigenschaften ausgewählter Tiefsee-Sedimente und zugehörige Diversität.
Daten aus SANDERS, HESSLER & HAMPSON (1965). Diversitätsdaten aus SANDERS (1968) aufgrund von Rarefaction-Kurven mit Artenzahlen von 500 Individuen.
Auf 500 Individuen extrapolierte Rarefaction-Kurve (52[a])

Station	Tiefen (m)	Mittlere Korngröße (phi)	S	Diversität
S13	300	3.50	1.51	61
D1	487	4.08	1.62	56
F1	1500	6.81	2.09	58
G1	2086	6.67	2.94	55
GH	2500	8.32	2.36	52[a]

7 Stabilität

Betrachtet man die Stabilität von Benthos-Gemeinschaften, so denkt man gewöhnlich an die Stabilität der Zahlendominanz oder Biomassedominanz über die Zeit. Welche Art von Zeitskala ist aber in diesem Zusammenhang von besonderer Bedeutung? Wiederholen sich die Muster in Perioden, die kürzer als ein Jahr sind, oder laufen sie in längeren Zeiträumen ab? Es ist erstaunlich, daß es nur wenig langfristige Datensätze gibt, die man zur Beantwortung heranziehen könnte. Die meisten Benthos-Untersuchungen wurden über drei Jahre im Rahmen von Doktorarbeiten durchgeführt oder sie standen im Zusammenhang mit Untersuchungen vor und nach der Einbringung von Abwässern und zielten somit nicht auf langfristige Veränderungen. Da Zeitskalen ein wesentlicher Punkt bei der Betrachtung der Stabilität sind, wollen wir jetzt auf Muster von Veränderungen schauen, die man in verschiedenen Zeiträumen erhält.

7.1 Veränderungen innerhalb eines Jahres

In seinen klassischen Benthos-Untersuchungen im Long Island Sound, New York, fand SANDERS (1956), daß im Zeitraum von zwei Jahren nur zwei Arten mehr als 10% der gesamten Individuen stellten (mit der Ausnahme eines Monats, wo die Cephalocaride *Hutchinsoniella* 12% erreichte), obwohl 98 Arten insgesamt gefunden wurden. Abb. 7.1 zeigt die Daten. Es zeigte sich ein klares Variationsmuster innerhalb eines Jahres: In Zeiten wo *Nucula* dominierte, war *Nephtys* nicht dominant und umgekehrt. Dieses Muster abwechselnder Dominanz ist offenbar sehr weit verbreitet. Eines der interessantesten Beispiele solcher zyklischer Variation ist in Barnstaple Harbor, Maine (USA) von ERIC MILLS (1969) gefunden worden. Das Variationsmuster ist

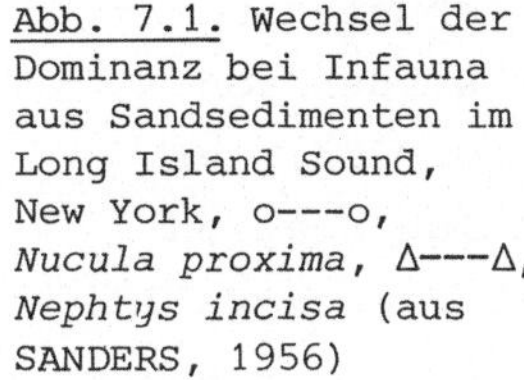

Abb. 7.1. Wechsel der Dominanz bei Infauna aus Sandsedimenten im Long Island Sound, New York, o---o, *Nucula proxima*, Δ---Δ, *Nephtys incisa* (aus SANDERS, 1956)

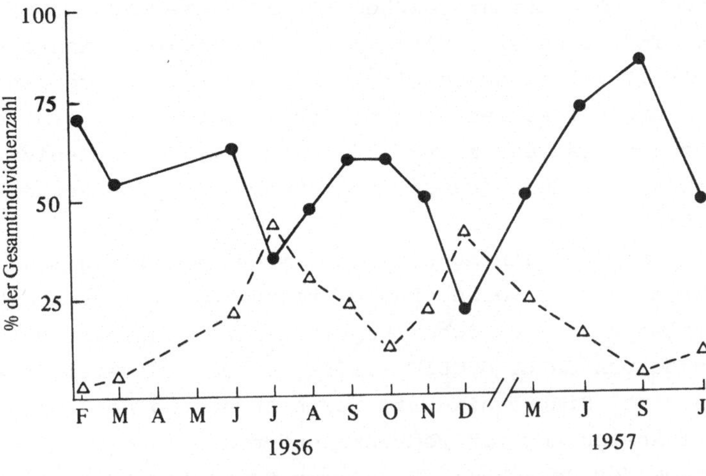

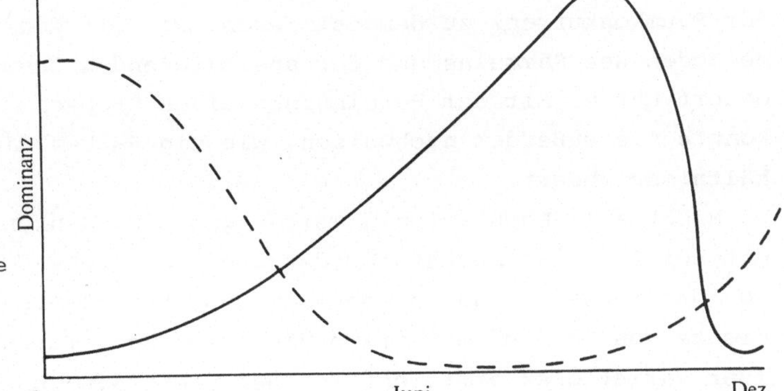

Abb. 7.2. Schematische Darstellung wechselnder Dominanzmuster in einem Schlickwatt in Barnstaple Harbor, USA. Durchgezogene Linie, *Ampelisca*; gestrichelte Linie, *Nassarius* (Daten aus MILLS, 1969)

in Abb. 7.2 dargestellt. Im Winter wird die Fauna im Sediment von der in großer Anzahl auftretenden Schlammschnecke *Nassarius obsoletus* dominiert, die sich vom Detritus im Sediment ernährt. Im Frühling können sich einige Exemplare des röhrenbauenden Amphipoden *Ampelisca abdita* ansiedeln, die aufgrund ihres Brutpflegeverhaltens schnell eine ganze Population aufbauen. Die Röhren von *Ampelisca* behindern die Nahrungsaufnahme von *Nassarius* und bewirken so mittels Raumkonkurrenz deren zahlenmäßige Abnahme.

Die Röhren erhöhen die räumliche Vielfalt des Habitats und geben anderen Arten die Möglichkeit, hier auch zu leben, was eine Erhöhung des Artenreichtums zur Folge hat. Im Herbst werden durch Stürme die *Ampelisca*-Röhren wie ein Teppich vom Boden abgerollt, und ein schneller Populationszusammenbruch ist die Folge. Das Sediment kann dann wieder von *Nassarius* besiedelt werden. Auf diese Weise gehen die zyklischen Veränderungen voran. Daß eine Art den Lebensraum unbewohnbar macht für eine andere Art, ist eine interessante Eigenschaft von sedimentbewohnenden Arten; solches ist in diesem Ausmaß an Felsküsten nicht zu finden. Es sind viele derartige Fälle bekannt; sie wurden von GRAY (1979) zusammengefaßt. Es sollte nicht vergessen werden, daß die Ergebnisse des ersten Beispiels sich auf eine einzige Station bezogen, während MILLS's Daten ein größeres Gebiet, in diesem Fall mehrere hundert Quadratmeter betreffen. Ich werde diesen Punkt später wieder aufgreifen.

Einer der einfachsten und wirkungsvollsten Beweise, daß Konkurrenz für derartige Veränderungen verantwortlich sein kann, ist die Manipulation von natürlichen Populationen. Pionierarbeit auf diesem Gebiet wurde von SALLY WOODIN (1974) von der Universität Washington geleistet. Sie verhinderte durch Abdeckung des Sediments mit Netzkäfigen die Ansiedlung von röhrenbauenden Polychaeten und fand, daß ein grabender Polychaet zu enormer Populationsdichte gelangte (Tab. 7.1). Mit diesen Mitteln gelang es ihr, in nur vier Monaten die Bedeutung der Raumkonkurrenz zu demonstrieren, was mit den traditionellen Methoden des Sammelns und der anschließenden Auswertung Dekaden gedauert hätte. Mit der Hereinnahme eines Krebses unter diese Käfige konnte sie außerdem nachweisen, wie ein Räuber die Dominanzverhältnisse ändert.

Nicht alle Populationen zeigen große Schwankungen ihrer Anzahlen mit der Zeit. So hatte z.B. der decapode Krebs *Calocaris macandrae* vor der Küste von Northumberland über zehn Jahre eine Populationsdichte von 13,7 m^2 mit einem Variationskoeffizienten von nur 5% (der Variationskoeffizient ist definiert als Quotient aus Standardabweichung und Mittel $\frac{s}{\bar{x}}$ x 100%).

Calocaris ist eine territoriale Art, und wenn ein Tier stirbt, wird sein Platz wahrscheinlich sehr schnell besetzt, und so wird die Anzahl pro Fläche erhalten. Ähnliche Effekte kann man bei anderen

Tabelle 7.1. Wechsel der Dominanz der Fauna eines Schlickwatts in Washington, USA, hervorgerufen durch Ausschluß der Larven von röhrenbauenden Polychaeten mit Netzkäfigabdeckungen über einen Zeitraum von vier Monaten

Experiment	Prozent Abundanz	
	Röhrenbewohner (*Platynereis bicaniculata*)	Wühler (*Armandia brevis*)
Kein Käfig	51.17	7.60
Käfig	8.62	33.40

Daten von WOODIN (1974)

standorttreuen Arten erwarten. In der Gemeinschaft, die mit *Calocaris* vergesellschaftet ist, zeigen die anderen Arten merkliche Fluktuationen.

Über weite Teile des Kontinentalschelfs von Nordamerika dominieren Holothurien wie *Molpadia oolitica*. *Molpadia* lebt auf einer Fläche von 440 km^2 in der Bucht von Cape Cod mit einer Dichte von 6 Ind m^{-2}. *Molpadia* frißt das Sediment und eliminiert so die meisten Infauna-Arten. Die einzigen Mitbewohner sind röhrenbildende Polychaeten und ein caprellider Amphipode, der sich mit seinen Klammerbeinen an den Polychaetenröhren festhalten kann.

Polychaeten und Amphipoden können nur auf den Kothügeln von *Molpadia* leben, da diese relativ stabil sind und von der Holothurie nicht wieder aufgenommen werden. Auf diese Weise kontrolliert *Molpadia* seine eigene Umgebung und überdauert mit ziemlich konstanten Zahlen von Jahr zur Jahr, weil die Tiere ihre eigene Umwelt strukturieren. Solche Arten kann man als "Schlüssel-Arten" (key species) bezeichnen, analog zur Terminologie, die man für Felsküsten verwendet (wo z.B. Echinodermen wie *Asterias* in Europa oder *Pisaster* an der nordamerikanischen Westküste die Gemeinschaftsstruktur kontrollieren, indem sie den potentiellen Raumkonkurrenten, die Muscheln *Mytilus edulis* bzw. *M. californianus* fressen).

Beide beschriebenen Muster - die oszillierende Dominanz und die zeitliche Persistenz - kommen höchst wahrscheinlich durch biologische Interaktionen zustande. Im ersten Falle scheint es, daß Wechsel im Konkurrenzverhältnis, hervorgerufen durch den kurzen Lebenszyklus der betroffenen Arten und durch saisonale Effekte wie Herbststürme, diese Frequenzmuster von weniger als einem Jahr bewirken. Im zweiten Fall sorgt die Standorttreue bei *Calocaris* bzw. die Aufarbeitung des Sediments durch *Molpadia* bei den beteiligten Arten durch Raumkonkurrenz für konstante Zahlen. Dieses Muster tritt meistens über einen Zeitraum von mehreren Jahren auf. Andere Arten in der gleichen Gemeinschaft müssen nicht unbedingt die gleichen Variationsmuster haben. Das wahrscheinlich am häufigsten bei Benthos-Gemeinschaften auftretende Muster ist ein Wechsel von Jahr zu Jahr, verbunden mit saisonalen Schwankungen.

7.2 Jährliche Variationsmuster

Jahreszeitliche Zyklen beeinflussen Tiere bis hinunter in die Tiefsee. Erst kürzlich konnte gezeigt werden, daß einige Schlangenstern-Arten selbst in 5000 m Tiefe noch einen jährlichen Fortpflanzungs-

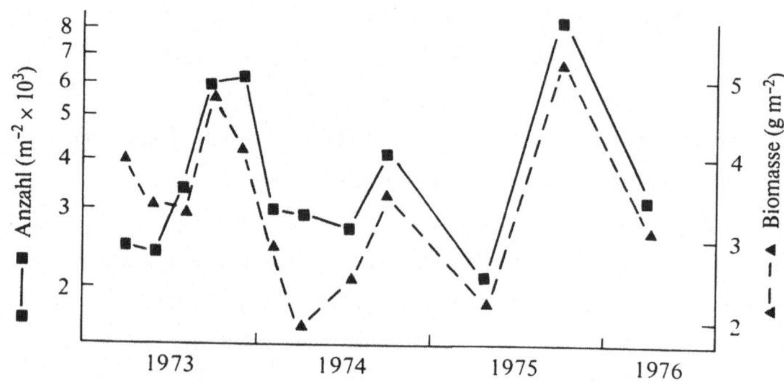

Abb. 7.3. Jährliche Variationen des Benthos vor Northumberland (aus BUCHANAN et al., 1978)

zyklus besitzen, obwohl betont werden muß, daß andere Tiefseearten derartige Muster nicht zeigen. Man kann aber generell sagen, daß jährliche Schwankungen von Temperatur, Licht, Primärproduktion usw., einen gewichtigen Einfluß auf Tiere im Flachwasser haben; je geringer die Wassertiefe ist, umso größer sind die jährlichen Fluktuationen in einer Benthos-Gemeinschaft.

Abb. 7.3 zeigt Angaben über eine Benthos-Gemeinschaft aus 50 bis 80 m Tiefe mit Sand/Silt Sediment vor der Küste von Northumberland (BUCHANAN, SHEADER, KINGSTON, 1978). Es zeigt sich ein klarer Jahresgang, mit einem Anstieg der Individuenzahlen und der Biomasse im Sommer, und eine starke Wintermortalität. Die durchschnittliche Dichte und Biomasse bleiben über die vier Jahresperioden annähernd gleich. Man könnte viele Beispiele von derartigen Jahreszyklen zeigen. Der Hauptgrund für große jährliche Schwankungen ist die Rekrutierung von Larven im Sommer. Normalerweise rekrutieren sich viele Arten einmal jährlich mit einer starken Überproduktion von Larven, der eine massive Mortalität folgt, bewirkt durch Konkurrenz und Räuber im Zusammenwirken mit Umwelteinflüssen. Dieses Muster tritt gewöhnlich in Benthos-Gemeinschaften mit jährlichen Zyklen auf.

Nicht alle Arten besitzen aber jährliche Rekrutierungsmuster; einige rekrutieren sich sporadisch, was Muster hervorruft, die über viele Jahre variieren.

7.3 Langjährige Variationsmuster

Ein Vorteil von populationsdynamischen Langzeituntersuchungen an Mollusken ist, daß bereits eine einzige Probe, vorausgesetzt es handelt sich um eine langlebige Art, Aufschluß über Rekrutierung und Wachstum in den letzten Jahren gibt. Dies beruht auf der Ausbildung von Wachstumsmarken, anhand derer man bei vielen Arten in borealen und arktischen Gewässern jährliche Zyklen erkennen kann

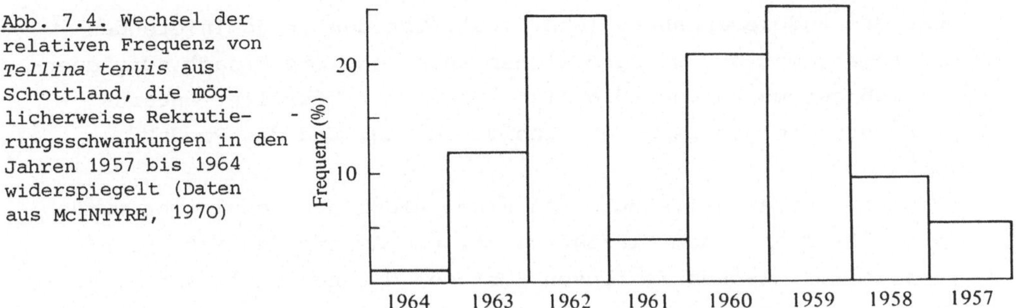

Abb. 7.4. Wechsel der relativen Frequenz von *Tellina tenuis* aus Schottland, die möglicherweise Rekrutierungsschwankungen in den Jahren 1957 bis 1964 widerspiegelt (Daten aus McINTYRE, 1970)

und die eine individuelle Altersbestimmung ermöglichen. Mit neuesten Methoden ist es sogar möglich, tägliche Wachstumsraten über Jahre zu bestimmen. Abb. 7.4 zeigt Populationsdaten der Muschel *Tellina tenuis* von exponierten Küsten in Schottland. Der Nachwuchs war 1957, 1961 und 1964 gering und zwischen 1964 und 1968 haben überhaupt keine Nachkommen gesiedelt. Bei dieser Art kann man daher annehmen, daß die Populationsdichte stark schwankt, je nachdem ob Nachwuchs siedeln konnte oder nicht. Man nimmt an, daß sich die Zahl der Nachkommen mit der Temperatur ändert, was jedoch bislang nicht schlüssig bewiesen werden konnte.

Veränderungen im Benthos vor der Küste von Northumberland waren deutlich mit Änderungen der Wassertemperatur korreliert. Von 1969-1970 bis 1970-1971 stieg die durchschnittliche winterliche Wassertemperatur über 1°C an. Als Folge davon nahmen einige Arten an Zahl

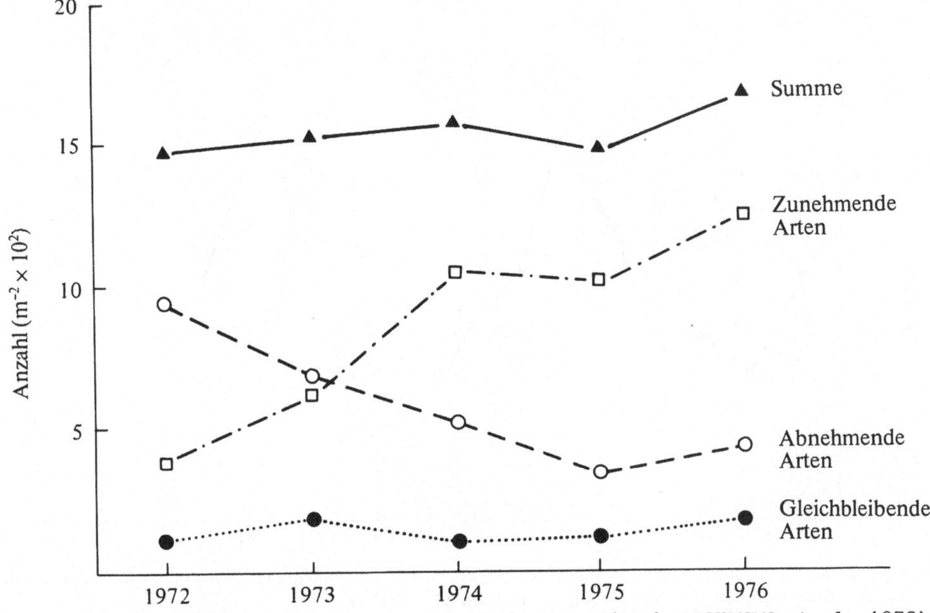

Abb. 7.5. Langzeittrends im Benthos vor Northumberland. (Nach BUCHANAN et al. 1978)

zu, während andere abnahmen (Abb. 7.5). Von den 18 dominierenden Arten nahmen acht ab, während sieben zunahmen, die Gesamtindividuenzahl blieb jedoch annähernd gleich. Trotz struktureller Änderung blieben auch die Biomasse, die Individuenzahl und die Produktion gleich.

Eine andere Langzeitstudie, an einer einzelnen Population wurde von SEGESTRÅLE an einem Glazialrelikt, dem Amphipoden *Pontoporeia affinis* im Bottnischen Meerbusen (Ostsee) durchgeführt. Abb. 7.6 zeigt den Populationszyklus mit einer Periode von etwa 6 bis 7 Jahren. Bemerkenswert ist, daß sich ebenfalls eine 6- bis 7jährige Periode aus Meiofauna-Untersuchungen vor der belgischen Küste herausschält. Wahrscheinlich können solche Langzeitperioden für viele Arten aufgezeigt werden.

Für das Plankton des Englischen Kanals und der Nordsee sind Zyklen von 20 bis 30 Jahren bekannt. Sie scheinen mit Langzeitveränderungen des Klimas zusammenzuhängen, besonders mit Änderungen der Windrichtung als Folge von veränderten Luftdruckfronten. Es ist aber zu früh, solche Zyklen auch für Benthos-Daten zu bestätigen, obwohl sie hier wahrscheinlich auch auftreten.

Die Ostseeuntersuchungen an *Pontoporeia* wurden seit den 20ger Jahren durchgeführt und zeigen einen alternierenden Wechsel der Dominanz mit der Muschel *Macoma balthica*: wenn *Pontoporeia* dominiert, ist *Macoma* selten und wenn *Macoma* dominiert, geht *Pontoporeia* zurück. Die Dominanzperiode jeder Art ist etwa sechs bis sieben Jahre, und

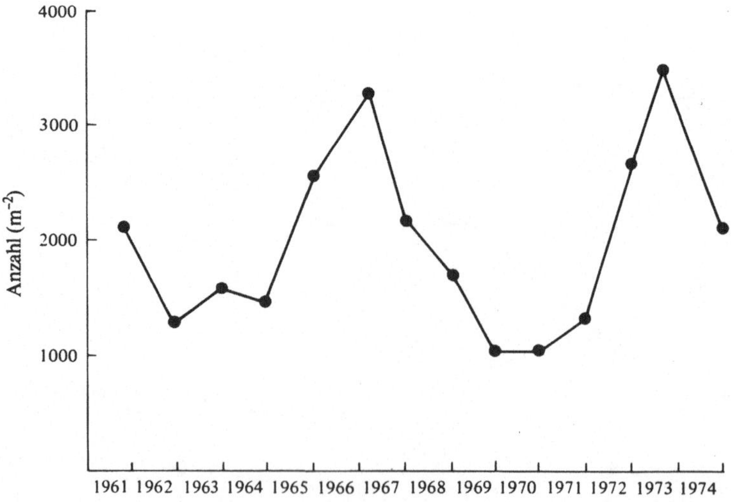

Abb. 7.6. Fluktuationen von *Pontoporeia affinis* - Populationen im Bottnischen Meerbusen unterhalb 70 m (aus LASSIG & LAHDES, 1980)

der Wechsel der Dominanzverhältnisse wird durch Raumkonkurrenz verursacht. Adulte von *Pontoporeia* verdrängen die Larven von *Macoma*, indem sie diese bei ihrer Nahrungssuche zerstören (nicht fressen). *Macoma* kann nur erfolgreich siedeln, wenn *Pontoporeia* in niedriger Dichte vorhanden ist. Wir haben hier also ein langzeitiges Oszillationsmuster, das nicht innerhalb eines Jahres und auch nicht von Jahr zu Jahr zur Geltung kommt, wie es an früheren Beispielen gezeigt wurde. In ähnlicher Weise konnte ein Oszillieren der zahlenmäßigen Dominanz zwischen vier Arten (aus eigener Artenliste von 140) über eine Periode von vier Jahren bei einer Benthos-Studie in einem schottischen Fjord nachgewiesen werden.

Die hier diskutierten Muster wurden subjektiv bewertet. Erst kürzlich wurden aber besondere statistische Verfahren zur Analyse zyklischer Phänomene auch im Benthos eingesetzt. Da jetzt der Erforschung von Langzeitzyklen in steigendem Maße Bedeutung zugemessen wird, scheint dieser Ansatz vielversprechend zu sein.

7.3.1 Analyse von Zyklen bei Benthos-Daten

Mit dem Hinzukommen von Computern wurde die Zeitreihenanalyse eine einfache Operation. Eine der gebräuchlichsten Techniken ist die Spektralanalyse (siehe auch die Zusammenfassung von PLATT und DENMAN, 1975). Bei ihr wird der Datensatz nach charakteristischen Zyklen abgesucht und die Periode der Zyklen angezeigt. Gewöhnlich wird der Originaldatensatz durch übergreifende Mitteilung von z.B. drei Monaten oder durch Verwendung von Jahresmittelwerten bei echten Langzeitreihen "geglättet", um unnötiges "Rauschen" aus dem Datensatz zu eliminieren.

Abb. 7.7 zeigt Salzgehalts- und Temperaturdaten aus dem Skagerrak über 16 Jahre mit Zyklen von drei bis vier und sechs bis sieben Jahren. Generell lassen sich nur Perioden nachweisen, die kürzer als die Hälfte der gesamten Untersuchungszeit sind. Daher kann aus einer 20jährigen Aufnahme auch nur ein maximaler Zyklus von zehn Jahren nachgewiesen werden. Es gibt nur wenige Daten über Benthos-Fauna, die eine Spektralanalyse erlauben.

Verwendet man hydrographische Aufzeichnungen, die bis in die Mitte des 19. Jahrhunderts zurückreichen, so kann man die Größenordnung von Zyklen abschätzen, die im Benthos zu erwarten sind. GRAY und CHRISTIE (1983) haben eine Reihe von Spektralanalysen untersucht und fanden heraus, daß es eine Vielzahl von deutlichen Zyklen gibt, denen jeweils eine fundierte theoretisch-physikalische Ursache zugeordnet werden konnte.

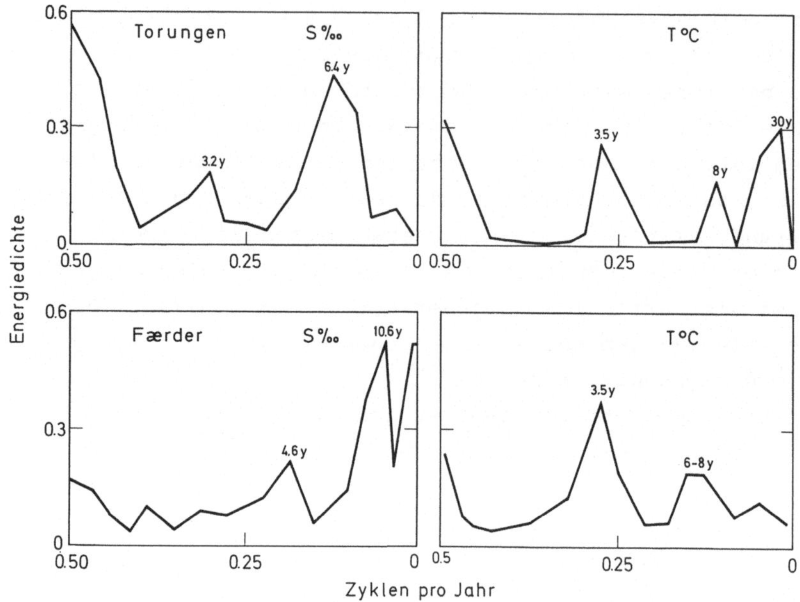

Abb. 7.7. Spektralanalyse von Temperatur- und Salinitätsdaten von 2 Stationen aus dem Skagerrak (1960-1976). (Daten vom norwegischen Ozeanographischen Datenzentrum)

Tabelle 7.2. Bisher bekannte ozeanische Langzeit-Zyklen

Zyklus (Jahre)	Typ	Ursache
3-4	Namias atmosphärische Zirkulation	Westl. Wetter-Lage beeinflußt Strömungen und Wärmebilanz
6-7	Poltide	Wanderungen des Pols beeinflussen Strömungen und ergeben $\pm$0,6°C Temperaturänderungen
10-12	Sonnenflecken-Zyklus	Erhöht Luftdruck über hohen Breiten, erniedrigt ihn meridional, verändert Strömungen $\pm$0,2°C
18-20	Langfr. Mondgezeit (Saros Periode)	Beeinflußt Strömungen ergibt 0,6-0,8°C Temperaturänderung
100	Hundertjähriger Sonnenzyklus	Verstärkt Effekte des Sonnenflecken-Zyklus und bewirkt Temperaturänderungen um 1°C

Tabelle 7.2 gibt die Daten wieder. Es gibt keinen Grund zu glauben, daß der hundertjährige Zyklus der längste ist, den man nachweisen kann. Der norwegische Statistiker OTTESTAD glaubt sogar, daß alle drei Zyklen Bestandteile eines Zyklus von 4048 Jahren sind. Nimmt man diese Zyklen bei den physikalischen Daten als gegeben an, so kann man ähnliche Effekte auch bei der Flora und Fauna erwarten. Langzeituntersuchungen am Plankton des Nordatlantiks wurden seit 1940 durchgeführt und Spektralanalysen erbrachten hier deutliche Zyklen von drei bis vier, sechs bis sieben und zehn bis zwölf Jahren.

Abb. 7.4 zeigt einen deutlichen Drei- bis Vier-Jahreszyklus von *Tellina tenuis*, Abb. 7.6 einen Sechs- bis Sieben-Jahreszyklus von *Pontoporeia affinis* in der Ostsee. Andere Benthos-Daten (GRAY und CHRISTIE, loc. cit.) zeigen Zyklen von sechs bis sieben und zehn bis zwölf Jahren. Makroalgen in Frankreich haben einen Zyklus von etwa 100 Jahren in Verbreitung und Dichte. Man kann also erwarten, daß zumindest einzelne Arten einige dieser Zyklen, wenn nicht gar alle, aufweisen vorausgesetzt, man untersucht lange genug. Trotzdem zeigt nicht jede Art derartige Zyklen: *Molpadia* und *Calocaris* wurden bereits erwähnt, und auch andere Arten von 100 m tiefen Standorten im Skagerrak zeigen fast gleichbleibende Anzahlen über einen Zeitraum von zehn Jahren. Natürlich führen hydrographische Änderungen zu Veränderungen der Primärproduktion, die wiederum das Zooplankton direkt beeinflussen und damit auch das Benthos. In 100 m Tiefe ist das Benthos wohl nicht mehr direkt an die Primärproduktion gekoppelt, und es gibt daher auch weder deutliche jahreszeitliche noch Langzeiteffekte. Ein anderer Ansatz zur Analyse von zyklischen Phänomenen benutzt charakteristische Wellenlängen und Perioden. Eines der einfachsten Verfahren zur Wellenanalyse, um zu einer Abschätzung der Periode zu kommen, ist die harmonische Analyse unter Verwendung der Fourier-Serien. Die einfachste aller harmonischen Reihen ist die Sinuskurve mit ihrer glatten symmetrischen Form. Solche einfachen Formen findet man aber selten in der Natur. Die Fourier-Serie verwendet man, um überlagernde Sinuskurven von komplexer Natur zu untersuchen, indem man nach und nach der ursprünglichen Sinuskurve andere Komponenten hinzufügt und so zu einer besseren Anpassung der Kurve an die Daten kommt. Diese Komponenten sind einfache Teilstücke der ursprünglichen Periode, und wenn man dieses Verfahren mit genügend vielen Komponenten wiederholt, kann man die Kurve allen Daten anpassen. BLISS (1970) beschreibt alle verwendeten statistischen Verfahren.

STEPHENSON (1978) wandte die Fourier-Serie auf Benthos-Daten an und gebrauchte eine vereinfachte Fassung:

$$Y = Y^i + C \cos \left(2\pi \frac{t-t'}{T}\right),$$

worin y die Dichte einer gegebenen Art ist
y^i ist die Zeit einer ganzen Wellenlänge
t' ist die Verschiebung
C ist die halbe Amplitude der Kurve und
$2\pi\, t'/T$ ist die Zeitverschiebung bevor der
Maximalwert erreicht wird. Bevor nun diese Gleichung angewendet werden kann, muß T bestimmt werden. Die Population wird von einem gegebenen Zeitpunkt zu einem Wert eines vorherigen Zeitintervalls zurückgeführt und der Korrelationskoeffizient bestimmt. Das nennt man Autokorrelation. Mit einer Verschiebung von 1 werden die Werte von y entsprechend y_1 und y_2, y_2 und y_3 usw. Dieser Vorgang wird mit zunehmender Verschiebung wiederholt bis ein Punkt erreicht ist, wo eine weitere Verschiebung keine signifikanten Änderungen mehr bewirkt. Die y-Werte werden dann gegen die Verschiebungswerte (t') aufgetragen und die Spitzen (peaks) betrachtet. Bei einer perfekten Sinuskurve mit Wellenlänge (T) von 12, Verschiebung (t')von 9, halber Amplitude (C) von 10 mit einem Mittelwert von ebenfalls 10, ergibt die Anwendung der obigen Gleichung:

$$y = 10 + 10 \cos (2\pi(t-9/12).$$

Paßt man Sinuskurven an Benthos-Daten aus dem Oslojord an, so entstehen verschiedene Muster. Abb. 7.8 zeigt Arten mit a) einem Jahreszyklus und b) einem linear ansteigenden Trend und c) einer Phasenverschiebung von einem Monat. Keiner dieser Trends kann sich natürlich *ad infinitum* fortsetzen, sondern ist vielmehr Teil eines langfristigen Zyklus von drei bis vier, zehn bis zwölf (usw.) Jahren.

Ein wichtiger Teil der eben beschriebenen Methoden ist zu testen, welcher Teil der Varianz auf einem bestimmten Zyklus beruht. Dies geschieht durch Anwendung einer schrittweisen multiplen Regression und der Bestimmung des Anteils der Varianz, ausgedrückt durch die Regression (Regressionskoeff. r^2).

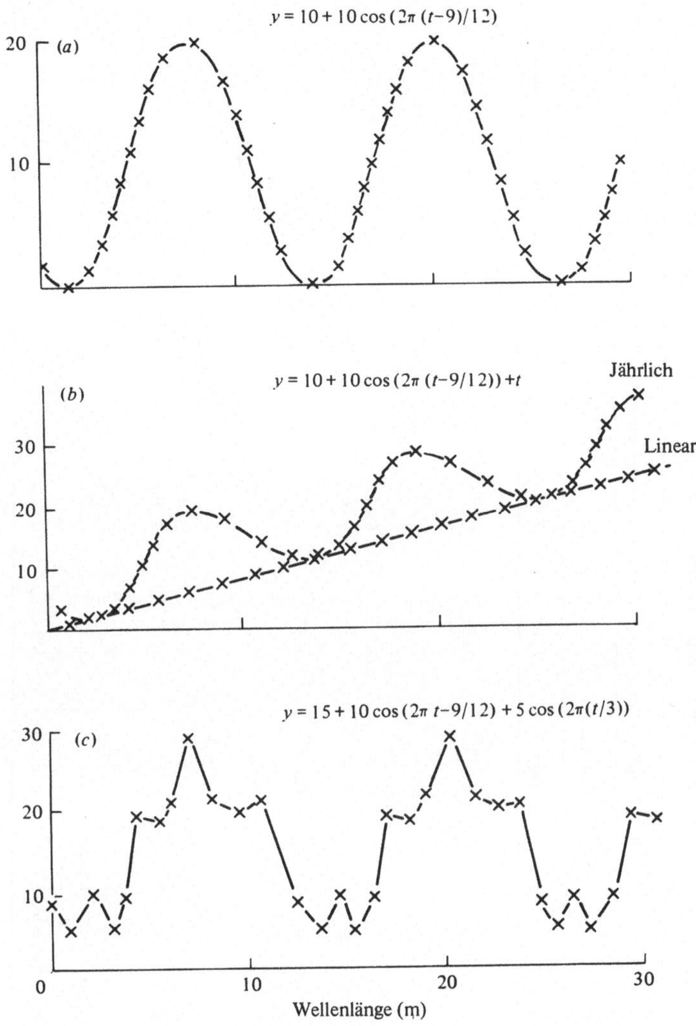

Abb. 7.8 a-c. Theoretische Sinuskurven abgeleitet aus einem modifizierten Fourier Theoremj. a Perfekte Sinuskurve; b Sinuskurve mit linearem Trend; c Sinuskurve überlagert mit einer Kurve, die ein Viertel der Wellenlänge besitzt. (Nach STEPHENSON, 1978)

In Tabelle 7.3 sind Ergebnisse einer Benthos-Untersuchung aus Queensland, Australien, dargestellt, die auf 14 Probenahmen über zwei Jahre von STEPHENSON (1978) beruhen.

Der angepaßte Trend folgt hier der Kurve 7.8 b mit einer Sinuskurve und einem überlagerten linearen Trend. Die Jahresschwankungen sind die Sinuskurve, der verbleibende lineare Langzeittrend kommt

Tabelle 7.3. Fourier-Analyse zyklischer Phänomene im Benthos vor Queensland, Australien (zweijährige Untersuchung)

	Anteil der verschiedenen Komponenten an der Gesamtvarianz					
	Jährlich			Linear		
Arten	Jahr 1	Jahr 2	Zusammen	Jahr 1	Jahr 2	Zusammen
Polychaeta						
Barantolla lepte (Capitellidae)	0.82^{x}	0.81^{x}	0.61^{xx}	0.04	0.00	0.02
Maldanide A	0.75	0.75	0.24	0.04	0.08	0.43
Maldanide B	0.67	0.93^{xx}	0.39	0.20	0.00	0.40
Polynoide C (Aphroditidae)	0.18	0.81^{x}	0.16	0.20	0.29	0.04
Sigalionide (Aphroditidae)	0.30	0.27	0.10	0.27	0.16	0.17
Owenia fusiformis (Owenidae)	0.96^{xx}	0.74	0.68^{xx}	0.01	0.00	0.09
Bivalvia						
Nucula sp.	0.95^{xx}	0.91^{xx}	0.91^{xx}	0.00	0.00	0.03
Scaphopoda						
Dentalium spp.	0.76	0.27	0.46^{x}	0.03	0.20	0.09
Amphipoda						
Amphipode 14	0.78^{x}	0.79^{x}	0.45^{x}	0.00	0.02	0.21
Birubius spp. (Phoxocephalidae)	0.92^{xx}	0.31	0.45^{x}	0.03	0.26	0.21
Platyischnopus spp. (Haustoriidae)	0.75	0.93^{xx}	0.83^{xx}	0.09	0.01	0.00
Decapoda						
Alpheide A	0.48	0.91^{xx}	0.66^{xx}	0.40	0.02	0.00
Xenophthalmus pinnotheroides (Pinnotheridae)	0.18	0.29	0.21	0.27	0.62	0.10
Foraminifera						
Discobotellina biperforata (Astrorhizidae)	0.65	0.92^{xx}	0.70^{xx}	0.16	0.01	0.04

Daten von STEPHENSON (1978)
Signifikanz Niveau: ^{x}, *P* = 0.05; ^{xx}*P* = 0.01 n.s., nicht signifikant

hinzu. Tatsächlich braucht der Langzeittrend nicht unbedingt linear zu sein, sondern kann auch eine Welle von extremer Wellenlänge sein, die über kurze Untersuchungszeiträume linear erscheint.

Für alle 14 Arten ist der jährliche Anteil der Varianz 0.66 im ersten Jahr und 0.69 im zweiten Jahr bzw. 0.49 wenn man beide Daten zusammenfaßt. Es gab auch eine langfristige lineare Tendenz (wie in Abb. 7.8 b) von 0.13, 0.11 und 0.13 der Varianz in den gleichen Zeitabschnitten. Natürlich kommen Jahresschwankungen deutlicher heraus, wenn man einzelne Jahre betrachtet, als wenn mann mehrere Jahre zusammenfaßt. Eine Art kann nur in einem Jahr einen deutlichen Zyklus haben, im darauffolgenden Jahr keinen solchen, wie z.B. die Polynoiden (z.B. im zweiten Jahr 0.82, aber im ersten Jahr nur 0.18). Die zusammengefaßte Zahl für diese Art ist entsprechend niedrig (0.16). Andere Arten weisen keine jährlichen Trends auf, wie z.B. die Sigalioniden oder der decapode Krebs *Xenophtalamus pinnotheroides*.

Ein anderer Aspekt, der sich aus derselben Untersuchung ergibt, ist der Zeitpunkt der maximalen Amplitude der Kurve. Bei den hier genannten Daten variieren die Jahreszyklen von Art zur Art und zeigen vielleicht typische Sukzessionsabläufe. Der Zeitpunkt des Maximums variiert ebenso wie die Jahreszyklen. Während die meisten Arten ihre Höhepunkte innerhalb weniger Wochen haben, differieren andere bis zu drei Monaten, wenn man die Jahre vergleicht. Faßt man aber alle Arten oder alle Stationen zusammen, ergibt sich weder ein Jahres- noch ein Langzeittrend. Dies paßt gut zu der Benthos-Studie von BUCHANAN vor NE-England, wo einige Arten zunahmen, bei anderen die Abundanz abnahm und sich so überhaupt kein Trend ergab (Abb. 7.5). Die dominierenden Zyklen der meisten Arten waren aber jährlich und ihr zeitlicher Ablauf kann sich von Jahr zu Jahr verändern.

Die Zyklen, wie sie in STEPHENSONs (1978) Untersuchung gezeigt werden, waren relativ kurz, weil auch der Untersuchungszeitraum mit zwei Jahren kurz war.

Eine Untersuchung der Biomasse und der Diversität der Meiofauna vor der belgischen Küste erbrachte bei Anwendung ähnlicher Methoden Ein-, Drei- und Sechs- bis Sieben-Jahres-Zyklen. Die hier gezeigten Methoden sind daher wichtige Werkzeuge zur Quantifizierung von subjektiven Interpretationen solcher Zyklen, wie sie in diesem Absatz dargestellt werden. Man kann erwarten, daß sie zu einem besseren Verständnis von Langzeitveränderungen in Benthos-Gemeinschaften führen werden.

7.4 Die Stabilität von Benthos-Gemeinschaften

Zwei grundsätzliche Muster von Populationsveränderungen ergeben sich aus dem bisher Gesagten. Da gibt es Populationen, wie die von *Calocaris* und *Molpadia*, welche konstante Anzahlen über die Zeit aufrechterhalten, d.h. sie sind persistent. Wiederholende Zyklen bilden das andere Muster, welches bei Benthos-Daten weitverbreitet ist, entweder innerhalb eines Jahres oder langfristig, d.h. mit Perioden von sechs bis sieben Jahren oder 20 bis 30 Jahren. Diese beiden Schwankungs-Typen kann man als stabil ansehen, da die Veränderungen in gewissen Grenzen vorhersagbar sind. Diese Grenzen schwanken mit den Unwägbarkeiten der Rekrutierung von Nachwuchs, können ziemlich eng sein bei Arten mit festen Fortpflanzungszeiten und ziemlich weit bei Arten wie *Tellina*. Vielleicht sind *Tellina*-Populationen deswegen so unstabil; das hängt aber von der Wiederholbarkeit von Zyklen ab, über die es noch nicht genug Informationen gibt. In der Tat gibt es über langfristige Zyklen und Variationen der Rekrutierung bislang so wenig Kenntnisse, daß die beschriebenen Muster sich später vielleicht überhaupt nicht als typisch erweisen. Das Verständnis der Rekrutierungsvariabilität und der Faktoren, die dazu führen, ist eines der zentralen Probleme auf dem Wege zum Verständnis von Langzeitfluktuationen von Benthos-Gemeinschaften.

Der andere Gegenstand unserer Betrachtungen war die Variabilität einzelner Arten in einer Gemeinschaft. Dabei wurden auch zwei grundlegende Muster als typisch für Benthos-Gemeinschaften angesehen. Erstens gibt es die Persistenz, wie z.B. bei Gemeinschaften, die von *Molpadia* dominiert werden, welche das Sediment durchwühlt und auf diese Weise Verbreitung und Anzahl von Mitbewohnern kontrolliert. Zweitens gibt es oszillierende Veränderungen, wie wir sie bei *Nucula/Nephtys*, *Ampelisca/Nassarius* und *Pontoporeia/Macoma* sehen. Es wurde angenommen, daß die wechselnden Dominanzverhältnisse durch Umweltveränderungen (von *Ampelisca* zu *Nassarius*), durch Raumkonkurrenz (von *Nassarius* zu *Ampelisca*) oder durch Räubereinfluß (Elimination eines Hauptkonkurrenten durch Krebse) bewirkt werden. Physiker nennen diese Art Stabilität - bei der ein System gegen kleine Veränderungen resistent ist, bei größeren Störungen aber in einen anderen Gleichgewichtszustand (in ein anderes "basin of attraction", hier: Übernahme der Dominanz durch eine andere Art) wechselt - Nachbarschaftsstabilität (neighbourhood stability). Dies wird in Abb. 7.9 verdeutlicht. Die Gemeinschaft mit einer dominierenden Art A wird durch einen Ball dargestellt, der in einer stabilen

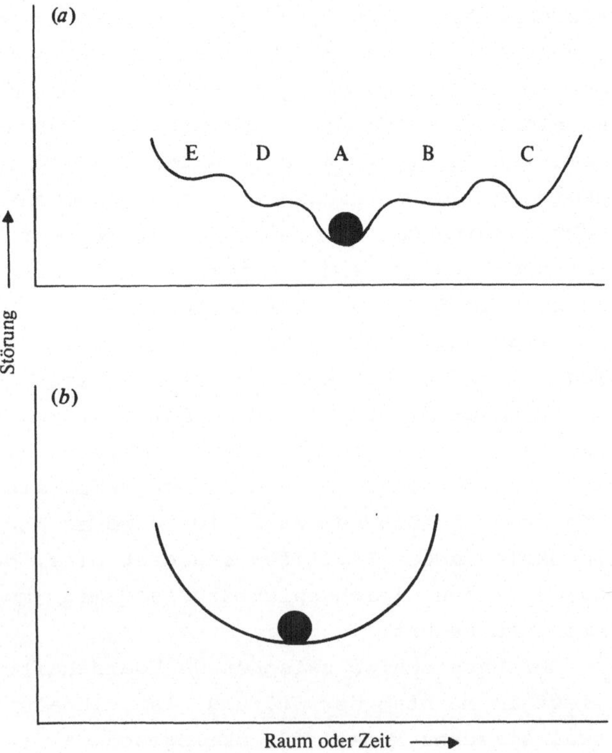

Abb. 7.9 a,b. Modell der Stabilität von Gemeinschaften. Der Ball repräsentiert die Gemeinschaft, deren stabiler Gleichgewichtszustand gestört werden kann. a Bei Nachbarschaftsstabilität gibt es mehrere lokal stabile Zustände (A-E); b Bei globaler Stabilität gibt es nur einen stabilen Zustand

Lage ruht. Diese Gemeinschaft ist resistent gegen kleine Veränderungen, und A dominiert die ganze Zeit. Sind die Umweltveränderungen groß genug, wird der Ball in eine andere stabile Lage befördert werden, wo die Art B dominiert. Ein Räuber könnte aber die Dominanzverhältnisse nach C oder zurück nach A verändern. Obwohl das Diagramm nur zwei Dimensionen hat, gibt es natürlich viele andere Dimensionen, und eine Art mag sehr resistent, z.B. gegen Salinitätsveränderungen sein, gegen Konkurrenz aber wehrlos, d.h. der Gleichgewichtszustand auf der Salinitätsachse wäre wesentlich stabiler als der auf der Konkurrenzachse. Dieses Modell scheint daher ziemlich genau die verschiedenen Fälle von lokalen temporären Veränderungen in Benthos-Gemeinschaften darzustellen: Zu einem Zeitpunkt dominiert Art A, wird aber von Art B ersetzt, kann aber zu A zurückgehen bzw. weiter nach C gehen, je nachdem, welche Faktoren wirksam sind. In der Planktonökologie werden ähnliche Tendenzen gefunden, auch hier kommt es zu örtlicher wie zeitlich begrenzter Dominanz. Hierfür wurde der Begriff "gleichzeitiges Ungleichgewicht" (contemporaneus disequilibrium) geprägt. Er beschreibt das Auftreten von örtlich begrenzter fleckenhafter Verteilung mit fluktuierendem Dominanzmuster im zeitlichen Ablauf. Das Modell der Nachbarschaftsstabilität ist also nicht nur im zeitlichen Bezug, sondern auch im räumlichen Bezug anzuwenden. An einem Ort kann Art A dominieren, während einige Meter weiter Art B dominiert usw. Es ist eine altbekannte Tatsache in der Benthosökologie, daß aufeinanderfolgend genommene Bodengreiferproben sich mehr voneinander unterscheiden als weiter auseinanderliegende; dieses ist der Ausdruck von "contemporaneus disequilibrium" im kleinräumigen Bereich im Benthos. Die fleckenhafte Verteilung von Benthos-Arten ist zu erwarten, wenn man Nachbarschaftsstabilität als realistisches Modell für Benthosgemeinschaften annimmt (GRAY, 1977).

Physiker bieten noch eine Alternative zur Nachbarschaftsstabilität, und das ist die globale Stabilität. Bei globaler Stabilität kehrt das System immer in denselben Gleichgewichtszustand zurück, ganz gleich, wie groß die Störung war. Dies wird in Abb. 7.9 (b) illustriert. In ökologischen Begriffen bedeutet dies, daß die Gemeinschaft immer zum gleichen Gleichgewichtszustand mit immer derselben dominierenden Art zurückkehrt.

Der Unterschied zwischen Nachbarschafts- und globaler Stabilität liegt im Maßstab der Störung. Ist globale Stabilität wirklich ein realistisches Modell für ökologische Systeme? Die Daten des vorangegangenen Absatzes reichen für diesen Beweis nicht aus. Die ökologische Analogie wäre, wenn ein Sturm oder ein vorübergehender Verschmutzungsfall (Öl) die Gemeinschaft nachhaltig stört, ob das System zu den gleichen Dominanzverhältnissen zurückkehren wird.

In terrestrischen Systemen wurde die Abfolge der Besiedlung gut untersucht. Diese Abfolge soll nach Meinung einer Gruppe von Wissenschaftlern zu einer "Klimax-Gemeinschaft" führen. Man glaubt, daß eine Art den Weg für eine andere bereitet, bis schließlich die Sukzession in einem Klimax kulminiert, wo eine oder manchmal zwei Arten dominieren. Diese Sukzession kann über mehrere Jahre gehen, ist aber gerichtet, und ihr Ergebnis vorhersagbar. Wird ein Eichenwald mit Feuer zerstört, dann wird nach einigen Dekaden der Eichenwald wiedererscheinen. Eine andere Gruppe von Wissenschaftlern glaubt hingegen, daß der Endpunkt der Sukzession von einer beliebigen Gruppierung aus vier oder fünf Arten gebildet wird, und daß die Abfolge, die zu diesen Arten führt, von Ort zu Ort und von Zeit zu Zeit verschieden ist. Das Ergebnis ist nicht vorhersagbar wie ein Klimax und wurde daher Polyklimax benannt.

Die Besiedlungsabfolge von Benthos-Gemeinschaften wurde nur vereinzelt untersucht. Wenn man mikrobiologische Aspekte vernachlässigt, scheint die Abfolge einer Neubesiedlung so zu laufen, daß die ersten mikroskopischen Arten, die das Sediment besiedeln, sogenannte r-selektierte Opportunisten sind. Solche Arten erhielten ihren Namen nach der logistischen Gleichung für das Populationswachstum:

$$\frac{dN}{dt} = rN\left(\frac{K-N}{K}\right),$$

wobei r die spezifische Vermehrungsrate (intrinsic rate of increase) ist,

N ist die Populationsgröße

K ist die asymptotische Dichte oder Tragekapazität des Lebensraumes und

t ist die Zeit.

MacARTHUR und WILSON (1967) nahmen zwei grundsätzlich verschiedene Typen von Lebenszyklen an. Ist eine Population sehr klein verglichen mit K, so ist r die Hauptdeterminante der Populationsgröße, und Arten mit Eigenschaften, die ein hohes r versprechen, werden selektiert - sind also r-selektierte Arten.

Sobald K erreicht ist, gewinnt mit fortschreitender Besiedlung die Konkurrenzfähigkeit zunehmende Bedeutung. So haben Arten in späteren Sukzessionsstadien - sogenannte K-selektierte Arten - als Haupteigenschaft ihre Konkurrenzfähigkeit.

Wo immer Besiedlungsabläufe von Benthos-Gemeinschaften verfolgt werden, waren die Erstbesiedler meist Polychaeten: erst *Capitella capitata* (Familie Capitellidae) und dann *Spionidae*, meist die Gattung *Polydora*. Abb. 7.10 zeigt einen typischen Besiedlungsablauf. Nach

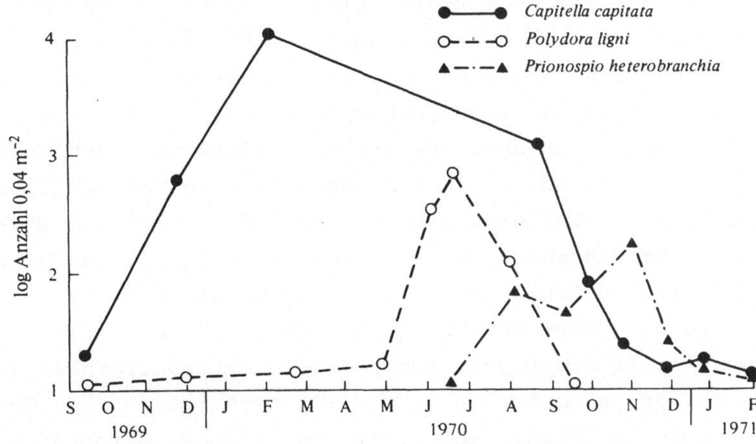

Abb. 7.10. Wiederbesiedlungsabfolge nach einem Ölunfall in Massachusetts (Station B 1 auf 3 m Tiefe (Daten aus GRASSLE & GRASSLE 1974, ausgewählte Arten)

relativ kurzer Zeit werden diese r-selektierten Arten, gemäß der Theorie von r- und K-Selektion, wahrscheinlich durch bessere Konkurrenten ersetzt. Ob nun diese Sukzession auf Konkurrenz beruht, wurde bislang nicht hinreichend untersucht. Es kann ebenso der Fall sein, daß hierbei der Zyklus von siedlungsbereiten Larven und deren Mortalität zum Ausdruck kommt. *Capitella* kann Larven das ganze Jahr hindurch produzieren, welche sich entweder pelagisch oder mit benthischen Stadien entwickeln. Sollte nun irgendwo ein freier Raum sein, dann kann *Capitella* ihn besetzen und baut mit Hilfe anderer r-selektierter Eigenschaften (wie schnellerer Produktion und kurzen Generationszeiten von etwa drei Wochen) in kurzer Zeit eine große Population auf. Es wird von Dichten bis 200 000 Ind.m^{-2} berichtet. *Polydora* hat viele ähnliche Eigenschaften wie *Capitella* (anpassungsfähige Fortpflanzungsstrategie, kurze Generationszeit usw.), ist aber kein solcher Opportunist wie *Capitella* und erscheint daher später im Sukzessionsablauf. Unbekannt ist, wieso die große *Capitella*-Population zusammenbricht. Der klassische Grund wäre, daß *Capitella* dem Konkurrenzdruck gewichen ist, aber niemand hat das je gezeigt. Es könnte der Fall sein, daß die Population altersschwach wird und ausstirbt und Platz macht für weitere Erstbesiedler mit einem zeitlich begrenzten Fortpflanzungszyklus, der nur für kurze Zeit Larven erzeugt. Die Erstbesiedler-Phase einer Sukzession scheint aber überall diesem Muster zu folgen, mit den gleichen dominierenden Arten; diese Arten (bzw. ihre nahen Verwandten) sind Kosmopoliten. Nach diesem Stadium läuft die Sukzession abhängig von der Zeit und besonders vom Ort unterschiedlich ab und unterliegt keinen festen Regeln. Benthische Sukzessionen laufen daher ähnlich ab, wie es der Polyklimax-Idee in terrestrischen Systemen entspricht. Dieser Polyklimax mit unvorhersagbarem Endpunkt scheint eine fundamentale ökologische Regel zu sein.

Die Schlußfolgerung aus diesen Beispielen ist, daß frühe Sukzessionsstadien vorhersagbar sind, und daß die gleichen Arten überall dominieren, daß aber der spätere Ablauf unterschiedlich sein kann. Dies wird in Abb. 7.11 mit dem Bild eines Tales illustriert. Das gesamte Tal ist global stabil, und die Arten und deren relative Anzahlen sind vorhersagbar. Während aber die frühen Sukzessionsstadien (an den steilen Hängen des Tales) einem festen Muster folgen, ist der Grund des Tales uneben und hügelig, d.h. hier ist Nachbarschaftsstabilität die Regel, man kann die Abundanzverhältnisse von Arten nicht an jedem Ort zu jeder Zeit vorhersagen. Um die scheinbare Verwirrung zu lösen, nehmen wir ein analoges Beispiel von einer Felsküste. Sind jeweils Exposition und das Aussehen der Küste bekannt,

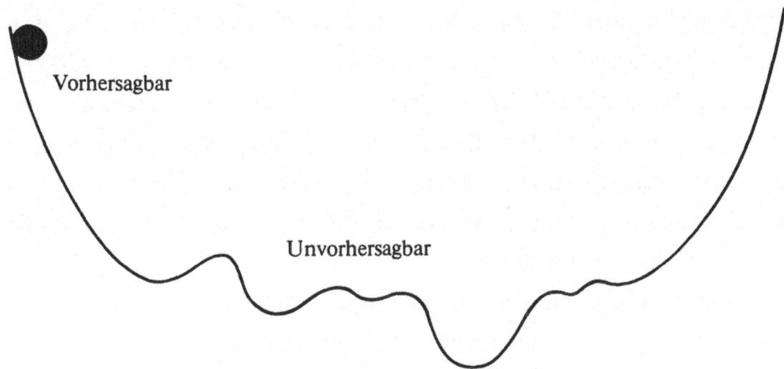

Abb. 7.11. Mögliches Modell von Sukzessionsveränderungen in einer typischen Benthosgemeinschaft. Der Ball repräsentiert eine Gemeinschaft nach einer starken Strömung

so kann ein Ökologe ziemlich genau die Dichte- und Verteilungsmuster im großen Maßstab für die ganze Küste vorhersagen, d.h. über das gesamte global stabile Tal. Der Ökologe wird aber nicht in der Lage sein, zu sagen, welche Arten in einem bestimmten Quadratmeter vorkommen, weil hier Nachbarschaftsstabilität (bzw. die Unebenheiten der Talsohle) die kleinräumigen und zeitlichen Unterschiede bestimmt. D.h. ein Ökologe kann nicht die historischen Ereignisse kennen, die an jedem beliebigen Punkt stattgefunden haben.

Letztendlich müssen wir noch betrachten, wie es sich mit der globalen Stabilität von ganzen Populationen verhält. Nehmen wir ein schon bekanntes Beispiel: *Calocaris*, wenn seine Dichte von 14 m^{-2} auf 10 bis 11 m^{-2} reduziert wird, kehrt auf einen Gleichgewichtswert von 14 Ind. m^{-2} zurück, weil der Variationskoeffizient über lange Zeiträume sehr niedrig ist. *Calocaris* reagiert auf kleine Störungen durch Rückkehr auf einen ausgewogenen Wert, zeigt Nachbarschaftsstabilität. Wir wissen nicht, was passieren wird, wenn wir die Dichte auf 1 bis 2 m^{-2} reduzieren. Wird die Population dann aussterben oder auf 14 m^{-2} zurückkehren? Im zweiten Fall wäre sie außerdem global stabil, im ersten hingegen nicht.

Die beiden Konzepte von Nachbarschafts- und globaler Stabilität schließen sich also nicht gleichzeitig aus, das eine oder beide können zur Anwendung kommen. Die Anwendung physikalischer Konzepte ist dennoch schwierig in dynamischen ökologischen Systemen. Die Annahme bzw. Ablehnung eines der beiden Modelle hängt vom Grad der Störung und vom Maßstab der Effektve ab.

7.5 Diversität und Stabilität

Eine der größten ökologischen Diskussionen der letzten Jahre zielte auf das Verhältnis von Diversität und Stabilität. Vor vielen Jahren stellte der große englische Ökologe Charles ELTON (1966) in seinem

"Trägerkonzept" (girder concept) fest, daß je vielfältiger eine Gemeinschaft ist, desto stabiler ist sie. ELTON verglich ein Nahrungsnetz mit einem Gebäude mit Trägern. Entfernt man ein oder zwei basale Träger, bleibt die Struktur eines komplexen Nahrungsnetzes mehr oder weniger ungestört, geschieht aber das gleiche mit einem einfachen Nahrungsnetz, dann wird die Struktur zusammenstürzen; einfache Systeme sind daher unstabil.

Viel Mühe wurde in letzter Zeit auf die Modellierung einfacher und komplexer Nahrungsnetze verwandt. Untersuchungen zeigten, daß nicht unbedingt eine Beziehung zwischen hoher Diversität und hoher Stabilität besteht (siehe auch MAY 1975, mit seiner zusammenfassenden Darstellung dieser Probleme). Oft ist sogar das Gegenteil wahr, und einfache Systeme können stabiler sein als komplexe. Obwohl dieser Streit schon seit einiger Zeit anhält, scheinen die Implikationen für die Benthos-Ökologie weitgehend unbekannt zu sein.

Ein gutes Beispiel ist die Diskussion über die Förderung der Meeresforschung, die vor kurzem in Schweden stattgefunden hat.

Ein groß angelegte und sehr detaillierte Studie über die Dynamik von Gemeinschaften in der Ostsee hatte einen Großteil des in Schweden für Meeresforschung vorhandenen Geldes in den Ostseeraum gezogen. Der Grund für die Unterstützung der Forschung dort war die Tatsache, daß die Ostsee mit niedrigem Salzgehalt und geringer Diversität einen geeigneten Lebensraum sowohl für marine als auch für Süßwasserarten darstellt. Außerdem meinte man, daß die Ostsee wegen ihrer niedrigen Diversität unstabil und damit anfälliger für Verschmutzungen wäre als die vielfältigere Westküste. Ein geringer zusätzlicher Streßfaktor könnte den Krug zum Überlaufen bringen bzw. die Ostsee sterben lassen. Das Gegenargument berücksichtigt die physiologische Anpassung der Ostseefauna an fluktuierende Temperatur-, Salinitäts- und Sauerstoffbedingungen und betont damit ihre wahrscheinliche Eignung zum Ertragen von Verschmutzungsstreß.

Aufgrund dieser Argumentation wäre die Ostseefauna verschmutzungstoleranter als die vielfältigere Fauna der schwedischen Westküste. Dieses Argument wurde von den Westküsten-Biologen bei ihren Versuchen eingesetzt, ein größeres Stück vom Forschungsförderungskuchen zu erhalten. Wie man sieht, kann die Diskussion über Beziehungen zwischen Diversität und Stabilität möglicherweise weitreichende Folgen haben.

Dies ist meine (GRAYs, d. Übers.) Sicht der zwei Seiten des Streites, und ich meine, daß die Biologen der Westküste in ihrer Meinung recht haben, daß eine geringe Verschmutzung der Westküste einen stärkeren Effekt haben wird, durch die Verringerung der Diversität, als dies in der Ostsee der Fall wäre. Aber der Fall ist nicht so einfach, wie hier dargestellt. Die Ostsee-Biologen bestreiten die obige Meinung gar nicht. Sie fragen dagegen, was würde passieren, wenn die Fauna der Westküste auf die wenigen Arten, die man in der Ostsee findet, reduziert würde; wird dann ein zusätzlicher Streß die Fauna von Skagerrak und Kattegat zerstören? Die Antwort lautet ganz klar: nein, da solche schwerwiegende Verschmutzung nur in einigen begrenzten Gebieten auftritt. Ein ähnlicher Streß würde aber in der Ostsee ein ganzes Ökosystem zerstören, wie die Tatsache beweist, daß 100 000 km^2 des Ostseebodens unter 70 m Tiefe anoxisch und ohne tierisches Leben sind. Dies ist ein sprechendes Beispiel für die Diversität-Stabilität-Beziehungen. Dennoch muß die offene Frage der Modellierer, ob hohe Diversität mit hoher Stabilität gekoppelt ist oder nicht, in jedem Fall neu untersucht werden. Dies ist daher ein höchst wichtiges Forschungsgebiet, das bisher noch nicht befriedigend mit vergleichenden Untersuchungen bearbeitet wurde.

Zusammenfassend läßt sich sagen, daß marine Benthos-Gemeinschaften im allgemeinen einen Polyklimax haben sowie Nachbarschaftsstabilität zeigen, mit einer gewissen Zahl von alternativ dominierenden Arten, wenn man kleinräumig oder im zeitlichen Ablauf mißt. Mißt man dagegen großräumig, so mag globale Stabilität die Regel sein. Da aber die meisten Untersuchungen relativ kleinräumig sind, ist wohl Nachbarschaftsstabilität das bessere Modell. Populationen von terrestrischen Arten und konkurrenzmäßig andauernd Dominierende zeigen Persistenz-Stabilität, während die meisten marinen Arten gewöhnlich zyklische Oszillationen mit einer "Rückschwing"- (bounce-back)Stabilität aufweisen. Man darf also keine klare Beziehung zwischen Diversität und Stabilität erwarten. Dies ist noch ein lohnendes Gebiet für vergleichende Untersuchungen in Benthos-Gemeinschaften.

8 Einwirkung von Verschmutzung auf Benthos-Gemeinschaften

8.1 Einfluß auf Anzahl und Biomasse

Die wahrscheinlich am weitesten verbreitete Verschmutzung, welche auf Benthosgemeinschaften einwirkt, ist übermäßige organische Substanz, welche gewöhnlich als Abwasser eingeleitet wird, aber auch aus Abfällen von Papierfabriken usw. bestehen kann. Abwasser, das in begrenzte Wasserkörper eingeleitet wird, führt häufig zu den bekannten Symptomen der Eutrophierung, die in extremen Fällen zu Sauerstoffschwund und Bildung von Schwefelwasserstoff führt, verbunden mit einem Verschwinden tierischen Lebens. Bewegt man sich von der Verschmutzungsquelle weg, dann findet man in der Fauna ein charakteristisches plötzliches Ansteigen der Abundanz und Biomasse. Abb. 8.1 zeigt Ergebnisse aus der Kieler Bucht. Hier hatte ein Abwasserausfluß (50 000 m^3 d^{-1}) einen Wirkungsbereich von etwa 1 km; mit wachsender Entfernung wurden die Populationen wieder normal. Die Beschränkung der Auswirkungen auf solch ein relativ kleines Gebiet ist möglicher-

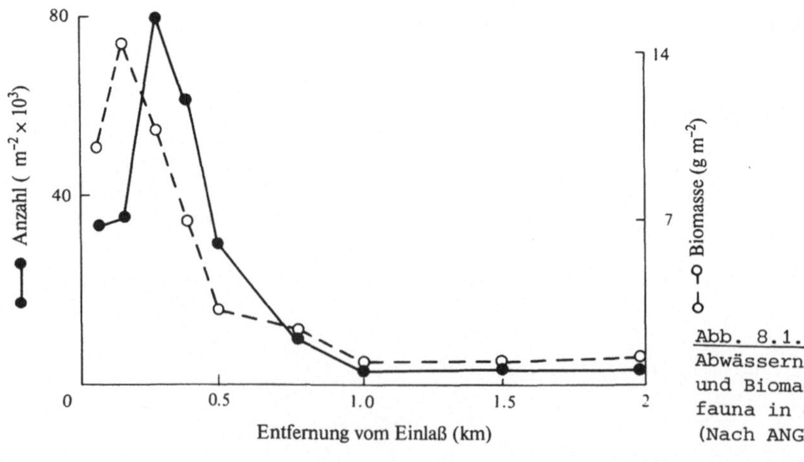

Abb. 8.1. Einfluß von Abwässern auf Anzahl und Biomasse der Benthosfauna in der Kieler Bucht. (Nach ANGER, 1975)

weise auf Meeresströmungen zurückzuführen, welche das Meerwasser erneuern und neuen Sauerstoff heranführen (die Ostsee hat keine Gezeitenströme, dafür aber wechselnde lokale Wasserbewegungen, die vom Wind und durch hydrographische Besonderheiten der Ostsee (Seiches) induziert werden und letztlich die gleiche Wirkung wie Gezeitenströme haben). An den Küsten Großbritanniens gibt es mancherorts starke Gezeitenströme, die bewirken, daß meßbare Effekte von Abwasserauslässen oft auf einen Umkreis von wenigen hundert Metern um die Quelle beschränkt bleiben. Im Gegensatz dazu erstrecken sich die Auswirkungen der Eutrophierung in abgeschlossenen Gebieten wie z.B. dem Oslofjord über viele Kilometer. Großbritannien hat diese Tatsachen zum Anlaß genommen, um gegen Abwassernormen der EG, die für ganz Europa gültig sein sollen, zu opponieren. Für die Bürokraten in Brüssel müssen einheitliche Standards von ganz besonderer Bedeutung sein. Warum aber soll Großbritannien teure Klärwerke bauen, wenn Gezeitenströme für gute Vermischung sorgen und es nicht zu schädlichen ökologischen Effekten kommt?

Andererseits muß in Italien, wo es keine Gezeitenströme gibt, eine wirksame Abwasserklärung besonders in der Nähe von Touristenstränden verlangt werden.

Bei der Darstellung, daß mögliche Verschmutzungseffekte von Abwassereinleitungen auf relativ kleine Gebiete beschränkt sein können, habe ich die Parameter Individuenzahl und Biomasse benutzt. Diese sind aber ein recht grobes Maß zur Abschätzung von Verschmutzungseffekten. Man könnte auch einwenden, daß mit feineren Methoden noch weiter vom Einlaß entfernt Effekte festgestellt werden können. Diversitätsindices werden in diesem Zusammenhang als eine Art Allheilmittel betrachtet. Nach Art der Wasserbauingenieure, die einfache Indices für komplexe Probleme gebrauchen, kamen mit Verschmutzungsproblemen befaßte Verwaltungsbeamte und Gesetzgeber auf die Idee, einen Index zu verwenden, der alle Tierarten der endlosen Listen und der von Biologen produzierten Zahlenwerke zusammenfaßt. Ihr naiver Ansatz ging von einem einfachen Maß für biologisches Wohlbefinden aus: Ist der Index hoch, so gibt es keine Verschmutzung und alles steht zum besten, fällt der Index aber, dann gibt es Anlaß zu Besorgnis. Ist dieser Ansatz wirklich realistisch?

8.2 Auswirkungen auf die Diversität

Im Kapitel über Diversität (Kap. 7) habe ich angedeutet, daß man zwei Eigenschaften der Diversität beachten muß: Artenreichtum (H') und Äquitätskomponente (J). Da Äquität das Gegenteil von Dominanz ist, gebrauche ich hier den Ausdruck (1 - J) und nenne ihn Dominanz.

Abb. 8.2 zeigt den Einfluß von Abwässern auf die Diversität (H') und Dominanz (1 - J) der Benthosfauna in der Kieler Bucht. Die Diversität ist an der Einlaßstelle sehr niedrig, nimmt aber in wachsender Entfernung von dieser Stelle sehr schnell zu, so daß sie bei einer Entfernung von 700 m schon wieder auf "normalem" Niveau ist. Dominanz ist das Spiegelbild der Diversität. Daher spiegelt H' hauptsächlich Veränderungen im Dominanzgefüge. Ein Diversitätsindex ist in diesem Fall nicht aussagekräftiger als die Gesamtindividuenzahl oder Biomasseverteilung, was Verschmutzungseffekte betrifft, benötigt aber beträchtlich mehr Zeit zu einer Berechnung.

Eine der ausführlichsten Untersuchungen, die bis jetzt über den Einfluß von Abwässern auf eine Benthos-Gemeinschaft durchgeführt wurden, ist die von T.H. PEARSON (1975) aus dem Laboratorium der Scottish Marine Biological Association in Oban. Bei der Untersuchung eines marinen Fjords verfolgte PEARSON die Veränderungen im Benthos über zehn Jahre, vier Jahre bevor eine Papierfabrik Abwässer einleitete und weitere sechs Jahre danach.

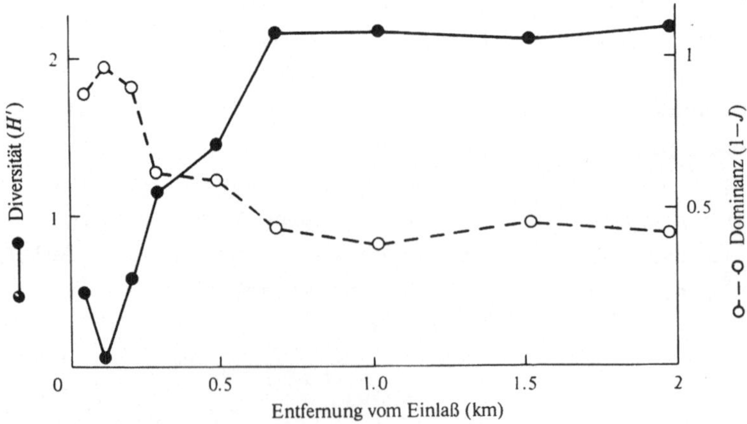

Abb. 8.2. Einfluß von Abwässern auf Dominanz und Diversität der Benthosfauna in der Kieler Bucht. (Nach ANGER, 1975)

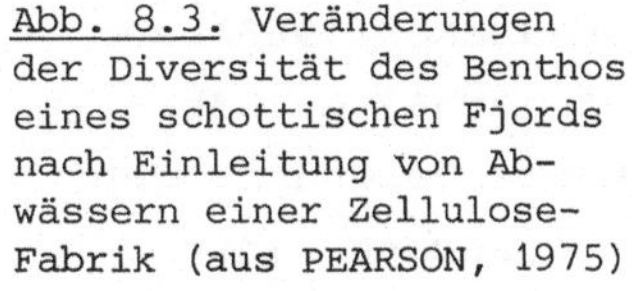
Abb. 8.3. Veränderungen der Diversität des Benthos eines schottischen Fjords nach Einleitung von Abwässern einer Zellulose-Fabrik (aus PEARSON, 1975)

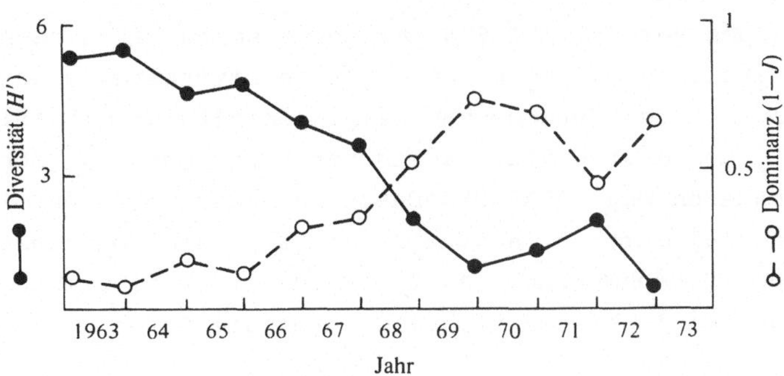

Abb. 8.3 zeigt Veränderungen der Diversität und Dominanz. Ab 1963 fiel die Diversität allmählich ab. Mit dem Beginn der Verschmutzung 1966 setzt sich der negative Trend der Diversität fort. Die Frage ist, ab wann kann man von einem klaren Verschmutzungseffekt sprechen? Sicherlich war 1969 schließlich die Diversität so niedrig, daß die Verschmutzung einen Effekt gehabt haben muß, aber war 1968 Teil der fallenden Tendenz der Diversität vor der Verschmutzung oder nicht? Die Interpretation der Daten ist höchst subjektiv und man kann von beiden Seiten argumentieren. Auch hier ist die Dominanz ein Spiegelbild der Diversität: Ist die Diversität hoch, dann ist die Dominanz niedrig, und bei minimaler Diversität erreicht die Dominanz beinahe den Maximalwert von 1, an dem nur eine Art vorhanden wäre.

Die Interpretation der Änderungen von Diversitätswerten ist sehr schwierig. Dies ist nicht sonderlich überraschend, wenn wir uns vergegenwärtigen, wie viele Faktoren die Diversität beeinflussen. Diversität wird beeinflußt durch veränderte Konkurrenz zwischen den Arten, durch Änderungen im Raubdruck, durch Wechsel der strukturellen Heterogenität des Lebensraumes und durch Verschlechterung der Vorhersagbarkeit der Umwelt. Sie verändert sich außerdem in stammesgeschichtlichen Zeiträumen. Wenn nicht alle diese Faktoren von einem Sammeltermin zum nächsten konstant bleiben, kann man auch nicht von Veränderungen der Diversität auf Verschmutzungseffekte schließen. Sicherlich wird die Diversität durch schweren Verschmutzungsstreß gedrückt, wenn man sie mit Kontrollstationen oder mit anderen Jahren ohne Verschmutzung vergleicht, aber ein Diversitätsindex scheint kein empfindlicher Maßstab zur Erfassung von Verschmutzungseffekten zu sein. Nach meiner Erfahrung erfolgt ein signifikanter Wechsel der Diversität erst, wenn die Hälfte der Arten verschwunden sind (die Verteilung der Individuenzahlen pro Art und Artenzahl einer typischen Benthos-Gemeinschaft war vorgegeben). Man benötigt wahrlich keinen Index, um nachzuweisen, daß die Hälfte der Arten fehlt. Diese Veränderungen sind so augenscheinlich, daß einem der Index nichts

Neues verrät! PEARSON versuchte seine Daten nach SANDERS (1968) zu rarefizieren, um einen weiteren Diversitätsindex zu erhalten. Aber auch diese Methode gab keinen Anhalt für signifikante Veränderungen in den ersten vier Jahren der Verschmutzung. Ich versuchte einen anderen Weg, PEARSONS Daten zu interpretieren, indem ich sie log-normal auftrug. Abb. 8.4 (a) zeigt zwei Datensätze aus der Zeit vor der Verschmutzung (1963 und 1966). Es gibt eine perfekte Anpassung an die log-Normalverteilung und die Daten umspannen nur fünf bis sechs

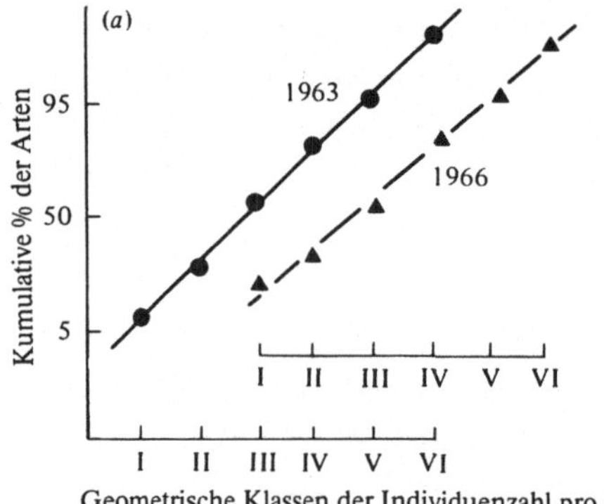

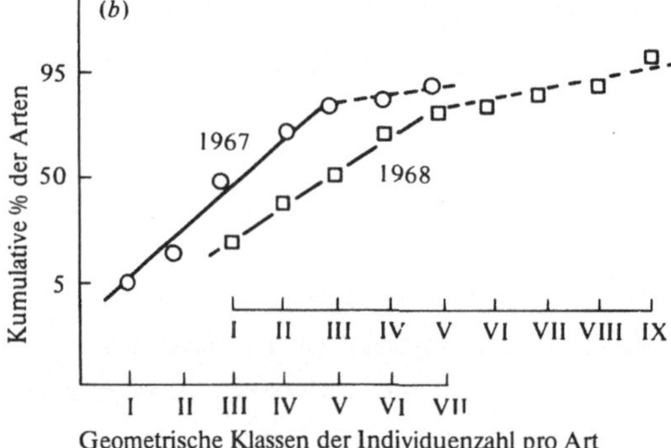

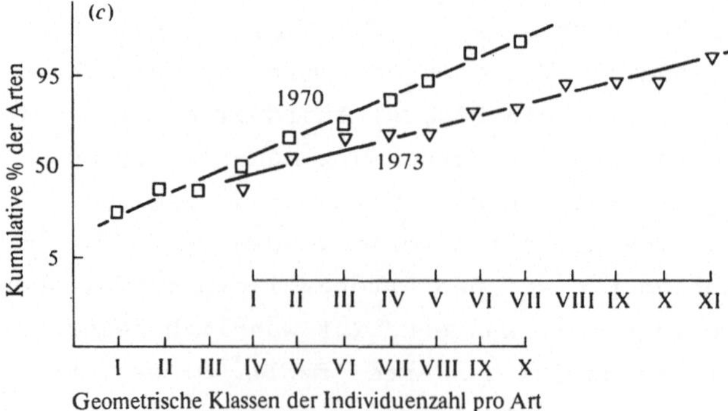

Abb. 8.4 a-c. Log-normal Diagramme des Benthos eines schottischen Fjords. a unverschmutzte Phase; b Übergangsphase; c Verschmutzungsphase. Geometrische Klassen mit x 2 Skala (aus PEARSON 1975)

geometrische Klassen. Die Verschmutzung begann 1966, und schon die Daten von 1967 und 1968 (Abb. 8.4 b) zeigen einen Wechsel in der log-Normalverteilung. Die Linien haben einen deutlichen Knick und erstrecken sich über sieben bis acht geometrische Klassen. Hält die starke Verschmutzung an, kehren die Linien zur log-Normalverteilung zurück (Abb. 8.4 c), aber die Daten reichen über 14 bis 15 geometrische Klassen und die Linie hat eine geringere Steigung. Die obigen Daten stammen von Zeitserien, der gleiche Effekt läßt sich mit räumlichen Gradienten zeigen.

Abb. 8.5 zeigt Ergebnisse von F.B. MIRZA, die entlang einem Gradienten von organischer Verschmutzung im Oslofjod gewonnen wurden (GRAY und MIRZA, 1979). Unter den stärksten Verschmutzungsbedingungen

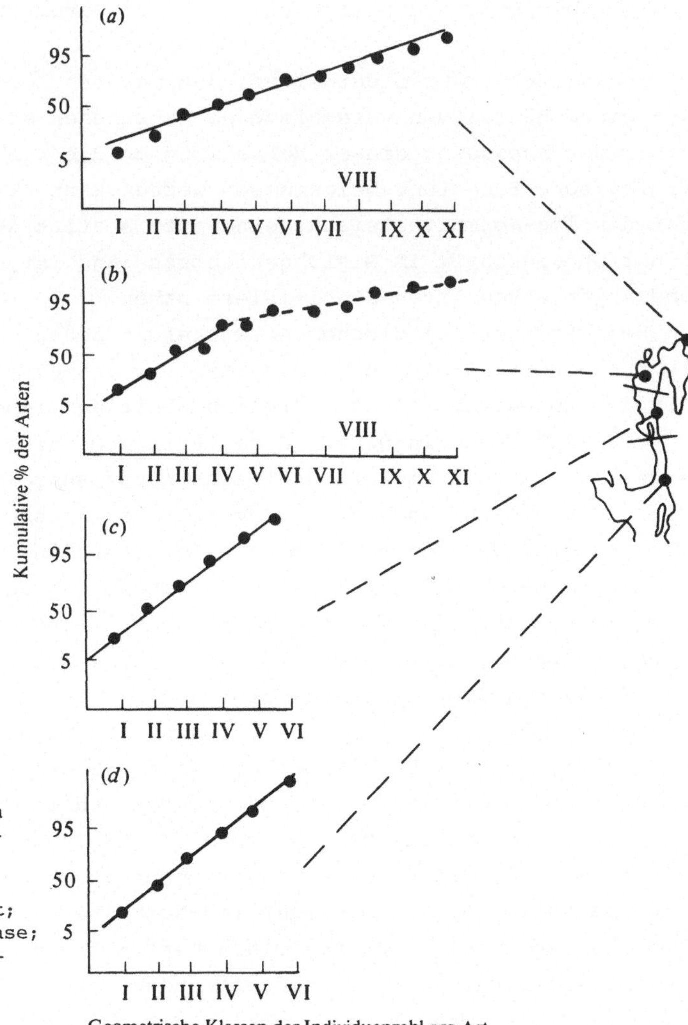

Abb. 8.5 a-d. Räumlicher Verschmutzungsgradient im Oslofjord dargestellt anhand von log-normal Diagrammen (0-40m Tiefe) a Bunnenfjord verschmutzt; b Vestfjord, Übergangsphase; c unverschmutzt; d unverschmutzt. Geometrische Klassen mit x 2 Skala (nach GRAY, 1979b)

im inneren Teil des Oslofjords ergeben die log-normal Diagramme eine flache Linie, und die Daten umfassen viele geometrische Klassen. Weiter von Oslo entfernt erscheint ein Knick in der Linie, und die Zahl der geometrischen Klassen ist geringer. Außerhalb der Drøbak-Schwelle, in einem unverschmutzten Gebiet, ergibt sich dann eine normal steile Linie mit nur noch fünf bis sechs geometrischen Klassen. Ich habe viele andere Datensätze auf diese Weise dargestellt und bin überzeugt, daß dies eine empfindliche Methode ist, um verschmutzungsbedingte Veränderungen nachzuweisen, eine Methode, die sich für fast jede Gemeinschaft anwenden läßt. Die log-normal Diagramme weisen für PEARSONs Daten bereits Veränderungen nach einem Jahr nach, was andere Diversitätsmethoden nicht überzeugend konnten. Nichtsdestoweniger bleibt die wichtige Frage offen: warum treten diese Effekte auf?

In Kapitel 3 wurde dargelegt, daß man die log-Normalverteilung aus einem Bündel von verschiedenen Hypothesen ableiten kann, und daß daher der Anpassung dieser Verteilung an die Wirklichkeit nur geringe biologische Bedeutung beigemessen werden kann. Trotzdem glaube ich, daß die log-Normalverteilung eine gute statistische Beschreibung einer Gemeinschaft im Gleichgewichtszustand ist, bei der sich Zugänge und Abgänge von Arten stabilisiert haben.

Bei geringer organischer Anreicherung nehmen einige Arten an Zahl zu und erweitern hierdurch die Zahl der geometrischen Klassen in der log-Normalverteilung, verglichen mit ähnlichen Diagrammen für unverschmutzte Bedingungen; dies führt zum Knick in der Linie. Seltene Arten sind zu diesem Zeitpunkt noch nicht ausgelöscht, daher bleibt die Artenzahl in den ersten geometrischen Klassen gleich, damit auch die Steigung der Kurve. Nimmt die Verschmutzung zu, dann etabliert sich eine neue ausgeglichene Gemeinschaft, in der einige Arten extrem dominieren und die meisten seltenen Arten ausgelöscht sind, was zu einer flachen Steigung der log-Normalkurve führt; diese umspannt jetzt viele geometrische Klassen.

Schaut man sich nun die Abb. 8.4 c) 1973 und 8.5 a) näher an, wird klar, daß die Punkte beträchtlich von der Linie abweichen. Diese Abweichungen veranlaßten einen Kollegen und mich (UGLAND und GRAY 1982), das log-normal Problem noch einmal zu überdenken. Wir kamen zu dem Schluß, daß in einem unverschmutzten Lebensraum drei positive Binomialverteilungen zu dieser log-Normalverteilung verschmelzen. Abb. 8.6 zeigt eine andere, einfachere Art der Darstellung der log-Normalverteilung, die nichtsdestoweniger sehr hilfreich ist. Unter mäßiger Verschmutzung steigt die Individuenzahl pro Art an, während

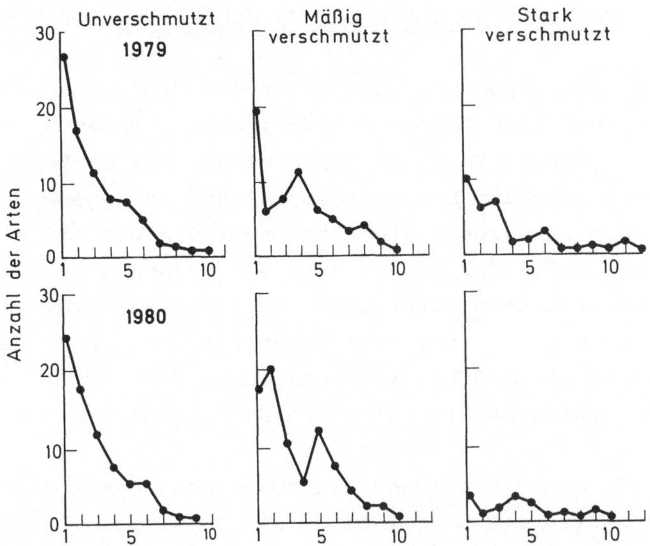

Abb. 8.6. Log-Normalverteilung der Individuenzahl pro Art. Hier dargestellt als Individuenzahl in geometrischen Klassen gegen die Anzahl der Arten. Es zeigen sich Auswirkungen organischer Verschmutzung auf das Benthos vor Bergen, Norwegen. (Unpubl. Daten von JOHANNESSER und ERVIK)

die Artenzahl weitgehend gleich bleibt. Als Folge davon treten die Komponentenkurven, die in unverschmutzten Gebieten unsichtbar bleiben, hervor und werden in stark verschmutzten Bereichen immer deutlicher. Der Knick in der log-normal Kurve in Abb. 8.4 b) und 8.5 b) kennzeichnet also die Auftrennung in die einzelnen Komponentenkurven. Weitere Vorteile dieser Komponenten-Kurven werden in Absatz 8.3 dargestellt.

Die erste wahrnehmbare Veränderung ist der Knick in der ansonsten geraden Linie, was eine Entfernung von der ausgeglichenen Gemeinschaft bedeutet. Es gibt keinen Grund anzunehmen, daß eine derartige Veränderung nur durch Verschmutzung bewirkt werden kann. Es konnte in der Tat gezeigt werden, daß ein Sturm oder sogar ein jahreszeitlich bedingter Larvenfall einen Knick ähnlich dem in Abb. 8.4 in der log-Normal-Kurve verursachen kann.

Anders als bei Gemeinschaften, die durch Verschmutzung beeinträchtigt wurden, kehren durch Larvenfall betroffene Gemeinschaften in kurzer Zeit zur geraden Linie einer ungestörten Gemeinschaft zurück. Ein Knick in der Linie ist daher immer ein Anzeichen einer unausgeglichenen Situation. Nur wenn dieser Zustand länger andauert, ist er ein Anzeiger für Verschmutzungseffekte. (Dieser Punkt wird später noch einmal bei der Behandlung von Monitoring-Methoden aufgegriffen.

8.3 Wechsel der Arten bei Verschmutzung

Bis jetzt habe ich noch nicht die Veränderungen der Artenzusammensetzung durch Verschmutzung erwähnt. PEARSON und ROSENBERG (1978) haben eine umfassende Beschreibung der Wirkung organischer Verschmutzung auf Benthos-Gemeinschaften gegeben. Unter Verwendung von Ergebnissen aus vielen Fallstudien haben sie ein Diagramm entworfen (Abb. 8.7), das die Wirkung von Verschmutzung auf boreale Fjord-Gemeinschaften darstellt. Es gibt eine Reihe von Veränderungen. Zuerst gehen die empfindlichen Arten verloren; wenn dann die Redox-Diskontinuitäts-Schicht an die Oberfläche kommt und die Verschmutzung schwerwiegend ist, wird die Gemeinschaft immer einfacher und reduziert sich auf wenige Arten.

In einer typischen Benthos-Gemeinschaft gibt es etwa 150 Makrofaunaarten. Abb. 8.7 zeigt einige wichtige Arten aus dieser großen Gruppe, welche man zur Verdeutlichung von Veränderungen heranziehen kann.

Tabelle 8.1. Arten der geometrischen Klassen V-IX, deren Häufigkeit bei leichter Verschmutzung zunimmt

Art	Unverschmutzt	Verschmutzt
Oslofjord		
Cirratulus cirratus	0	83
Glycera alba	64	107
Pectinaria koreni	0	103
Polyphysia crassa	0	95
Sabella pavonina	2	57
Thyasira spp.	12	687
Schottland		
Cirratulus cirratus	7	30
Pholoe minuta	17	35
Prionospio cirrifera	40	290
Corbula gibba	20	35
Lucinoma borealis	11	38
Thyasira flexuosa	96	441
Labidoplax buski	193	226

Daten aus GRAY & MIRZA (1979) und PEARSON (1975)

Eine kurze Liste aussagekräftiger Arten erhält man durch lognormale Darstellung. Tabelle 8.1 gibt die Arten an, welche in den geometrischen Klassen V-IX, der log-normal plots von PEARSON's schottischen Daten und MIRZAs Daten aus dem Oslofjord vorkommen (die Klassen also, in denen der Knick auftritt). GRAY und PEARSON (1982) konnten für eine Vielzahl von Datensätzen nachweisen, daß die Arten

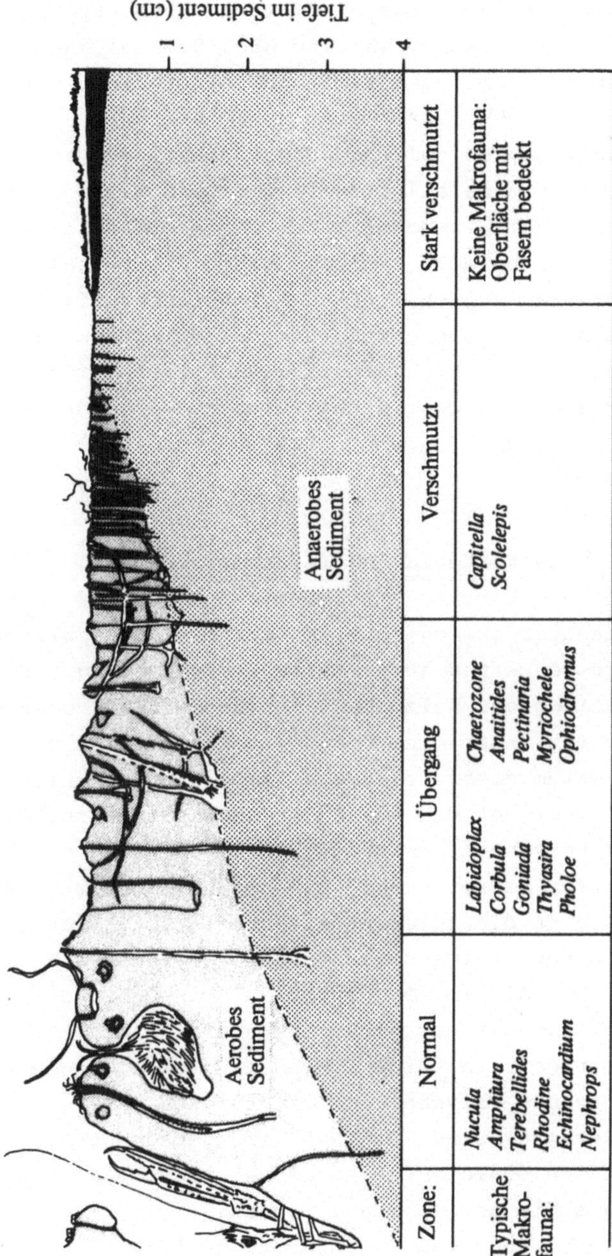

Abb. 8.7. Veränderungen der Fauna und der Sedimentstruktur entlang einem Gradienten mit organischer Verschmutzung (nach PEARSON & ROSENBERG, 1978)

aus der mittleren Gruppe von Abb. 8.6 diejenigen sind, die sich für ein Monitoring von mäßig verschmutzten Gebieten besonders eignen, weil sie besonders empfindlich reagieren. Diese Arten sind denen auffallend ähnlich, die PEARSON und ROSENBERG (1978) als "Übergangsgemeinschaft" beschrieben haben. Zur Aufstellung dieser Liste, die aus log-normal plots abgeleitet wurde, bedurfte es keiner besonderen ökologischen Erfahrung, während Abb. 8.7 auf jahrelanger Erfahrung von forschenden Ökologen sowie auf einer breiten Literaturkenntnis basiert.

Hauptunterschied zwischen beiden Ansätzen ist der, daß die log-normal Methode eine allseits verwendbare Methode ist, die man auf jede Gemeinschaft anwenden kann, während die Liste der "Übergangsarten" nur für boreale Regionen gilt. Die Verhältnisse sind ähnlich dem Unterschied zwischen der Gemeinschaftsauffassung von PETERSEN-THORSON als starre Beschreibung und dem Kontinuum-Konzept: moderne Ideen sind flexibler. Da log-normal Kurven auf jede Gemeinschaft anwendbar sind, braucht nicht erwartet zu werden, daß die Artenlisten aus verschiedenen Diagrammen gleich sind, nicht einmal innerhalb kleiner Areale.

8.4 Anpassungsstrategien an Verschmutzung

Ein sogenannter ökologischer Ansatz besteht typischerweise darin, eine Liste von Arten aufzustellen, die entlang eines Gradienten auftreten, sei es der Salzgehalt in einem Ästuar oder organische Verschmutzung. Kaum einer hat je versucht, die wichtige Frage zu stellen, warum diese besondere Verteilung auftritt. Woher kommt es, daß Art A überlebt und Art B verschwindet? Warum, zum Beispiel, kommt der Polychaet *Capitella capitata* in den organisch am stärksten verschmutzten Gebieten vor? Die Standardantwort lautet, daß *Capitella* eben die toleranteste Art ist, toleranter gegen Sauerstoffmangel und Schwefelwasserstoff als jede andere Art, gegen Bedingungen also, wie man sie in sehr verschmutzten Gebieten findet. In Wahrheit ist *Capitella* aber gar nicht besonders tolerant gegen niedrige Sauerstoffspannungen. In vergleichenden Untersuchungen stellte sich heraus, daß drei andere Polychaeten, die typisch für verschmutzte Gebiete sind, toleranter sind. Dennoch wird gerade *Capitella* immer in sehr verschmutzten Gebieten angetroffen. Man muß also eine andere Erklärung als die der Toleranz finden.

Ich glaube, daß man Verschmutzungseffekte grob in zwei Kategorien einteilen kann: Störung (disturbance) und Streß (GRAY 1979). Mit Störung sind hier Effekte gemeint, die Individuen physikalisch zerstören, oder aber aus einem Gebiet entfernen. Chemischer Streß andererseits, äußerst sich in einer Reduktion der Produktivität eines Individuums. Anpassungsstrategien an diese zwei Faktoren werden in Tabelle 8.2 dargestellt.

Organismen passen sich an hohen chemischen Streß an, indem sie die Toleranz erhöhen. Bei starken Störungen hingegen ist die beste Anpassungsstrategie ein hoher r-Wert (siehe auch S. 79 r+K-Selektion), repräsentiert durch eine hohe Reproduktionsrate, schnellen Stoffwechsel, frühe Geschlechtsreife und relativ kurze Lebensspanne. Unter normalen Bedingungen, d.h. ohne Verschmutzungsstreß, werden r-selektierte Arten allmählich verdrängt und durch K-selektierte Arten

Tabelle 8.2. Anpassungsstrategien an Verschmutzung

	Geringer Stress	Starker Stress
Geringe Störung	Konkurrenz (K)	Toleranz (T)
Starke Störung	Reproduktion (r)	Lebensfeindlich

Aus GRAY,(1979a)

ersetzt, die sich langsamer reproduzieren, später geschlechtsreif werden und langlebiger sind. Es gibt keine Anpassungsstrategien an hohen Streß und eine starke Störung gleichzeitig. Unter solchen Bedingungen könnten keine Tiere existieren.

Abwasserverschmutzung besteht gemeinhin aus feiner, partikulärer Substanz, die auf das Sediment fällt. Diese Partikel sind reich an organischer Substanz und daher ist auch die bakterielle Aktivität hoch. Ist die Abwasserfracht hoch, so ersticken viele Arten in den Sinkstoffen und können nicht überleben. *Capitella* überlebt aber, weil sie eine klassische r-selektierte Art ist: Sie kann sich sowohl mit planktischen Larven als auch mit benthischen Larven fortpflanzen, hat einen kurzen Lebenszyklus und erreicht die Geschlechtsreife etwa drei Wochen nach dem Eistadium. Sie kann daher kontinuierlich Sedimente wiederbesiedeln, die organisch verschmutzt werden. *Capitella* paßt sich also nicht durch Toleranz, sondern durch kontinuierliche Reproduktion an kontinuierliche Störungen an.

1969 gab es einen Ölunfall an der Küste von Massachusetts, USA. In der Erholungsphase war *Capitella* der erste Wiederbesiedler und baute eine starke Population mit Individuendichten über 200 000 m^{-2} auf. Kurz darauf brach diese Population ebenso schnell wie sie gekommen war, wieder zusammen und wurde durch eine andere Polychaetenart *Polydora ligni* ersetzt. Das Öl hatte die natürliche Fauna abgetötet, und in dem gestörten Lebensraum hatte *Capitella* die idealen Voraussetzungen zur Wiederbesiedlung durch ihre immer vorhandenen planktischen Larven. War die Population erst einmal etabliert, konnte ihr weiterer Aufbau durch Umschalten auf benthische

Larvenproduktion beschleunigt werden. Da aber *Capitella*, entsprechend der Theorie von r- und K-Selektion, kein guter Konkurrent ist, wurde sie von *Polydora ligni* verdrängt. Hier muß aber hinzugefügt werden, daß es keinen Beweis für eine direkte Verdrängung von *Capitella* durch *Polydora* gibt. Es könnte genauso gut sein, daß die *Capitella*-Population überaltert war und *Polydora* den freiwerdenden Platz einnimmt.

Die Theorie des kompetitiven Ausschlusses ist aber vielversprechend, und es sollte nicht schwer sein, sie zu beweisen. Interessanterweise zeigt auch *Polydora* viele Anzeichen einer r-selektierten Art, ist aber nicht so opportunistisch wie *Capitella*. *Polydora* hat gewöhnlich planktische Larven, kann aber auch in ihren Röhren Nachkommen heranziehen, was wiederum eine ideale Anpassung an Störungen darstellt.

Im Gegensatz zu Arten, die an Störungen angepaßt sind, sind streßtolerante Arten langsamwüchsig und wenig widerstandsfähig in Konkurrenzsituationen. Arktische Pflanzen und Wüstenpflanzen sind Beispiele für tolerante Arten, es gibt aber auch andere (siehe S. 59 und GRIME 1979).

Nimmt der Streß im Sediment ab, so werden diese r-Arten von K-Strategen verdrängt, die langsamwüchsig sind und auch besser konkurrieren können.

Capitella wurde angesehen als "universeller Indikator für organische Verschmutzung" (d.h. wo *Capitella* häufig ist, ist auch mit organischer Verschmutzung zu rechnen). Aus den vorangegangenen Beispielen ist aber ersichtlich, daß *Capitella* nur in gestörten Arealen häufig ist, sei es nun durch Sturm oder einen Ölunfall. Die großen *Capitella*-Populationen sind sehr vergänglich, mit fortschreitender Besiedlung wird *Capitella* verdrängt und auf ihre normale niedrige Populationsdichte reduziert. Wenn *Capitella* über längere Zeit in hohen Zahlen vorkommt, kann sie ein Anzeiger für organische Verschmutzung sein, aber selbst dann nur mit Vorbehalten. Als Beispiel hierfür seien neuere Daten von einem Dock in Merseyside, England, zitiert, die anzeigen, daß *Capitella* in einem Gebiet mit ständigem hohen Sandeintrag (d.h. Störung) dichte Bestände bildet. Andererseits ist es aber gewöhnlich leichter, große Mengen an organischer Substanz in einem Gebiet festzustellen, als dichte Bestände von *Capitella*. *Capitella* deutet meist das Endstadium einer fortschreitenden organischen Verschmutzung an, wie in Abb. 8.7 deutlich wird. Was Biologen aber brauchen, sind Arten, die Anfangsstadien des Zusammenbruchs eines Ökosystems anzeigen. Nichtsdestoweniger kann man aber wichtige Hinweise beim Studium von *Capitella* erhalten, wie sie so erfolgreich mit Verschmutzung fertig wird. Dies ist meiner Meinung nach ein sträflich vernachlässigter Bereich in der Verschmutzungsforschung. Lassen Sie uns zurückkehren zu den Übergangsarten bzw. solchen, die man vom Knick in der log-Normalverteilung isolieren kann und versuchen zu ergründen, ob sie sich in gleicher Weise an Verschmutzung anpassen, wie wir es von *Capitella* und *Polydora* gesehen haben.

Die bisherigen Beispiele verschmutzungstoleranter Arten zeigten Reaktionen auf physikalische Störungen, weil diese die hauptsächliche Auswirkung sowohl bei Ölunfällen als auch bei organischer Verschmutzung sind. Chemische Verschmutzung kann aber auch zu ganz anderen Art/Abundanz-Verteilungen führen, wenn der Effekt hauptsächlich auf einer Verringerung der Produktivität und nicht auf Abtötung von konkurrenzmäßig dominierenden K-selektierten Arten beruht. Denn diese Arten besetzen immer noch ihren Platz in der Gemeinschaft und geben r-selektierten Arten keine Chance zur Ansiedlung. Sterben die K-selektierten Arten aber aufgrund von Chemikalien, so kommt es zu einer Störung und r-selektierte Arten können sich etablieren. Es ist daher sehr schwer, Auswirkungen chemischer Verschmutzung vorherzusagen. Erstaunlicherweise finden sich auch kaum Angaben in der Literatur, anhand derer man die obigen Ideen prüfen kann. Es gibt fast keine publizierten Angaben über Arten/Abundanzen, die in der Nähe von chemischen Anlagen vorkommen. Möglicherweise liegen die meisten entsprechenden Informationen in vertraulichen Firmenarchiven. Es gibt hier also noch ein wichtiges Forschungsgebiet, das interessante Daten über Verschmutzungseffekte verspricht. Da aber jedes chemisch verseuchte Abwasser in Zusammensetzung und Konzentration anders ist, wird man hier alle möglichen Arten-Zusammensetzungen erwarten können.

Abb. 8.8 integriert drei Anpassungsstrategien von Arten an Verschmutzung. Diese Strategien beziehen sich auf Streß (S), Störungen (D) und Konkurrenz (C). Es gibt Arten, die speziell an Streß adaptiert sind, daher ist dieses Feld freigelassen. Von *Capitella*, *Polydora* und *Heteromastus* nimmt man an, daß sie besonders an Störungen adaptiert sind. Das zeigt sich durch kleine Körpergröße, schnelle Reproduktion und hohe Produktivität. Entsprechend finden sich Arten aus späteren Sukzessionsstadien und bei unverdorbenen Bedingungen lebend im Feld C. Diese Arten sind langlebig, wachsen langsam und entwickeln eine hohe Biomasse. Dann gibt es noch Übergangsformen mit Mischstrategien. Die robusten Formen aus den Feldern C-S zeichnen sich durch mäßige Produktivität sowie mehrjährige Lebensdauer aus. *Mya arenaria* und *Nucula tenuis* aus dem Oslofjord werden immerhin neun

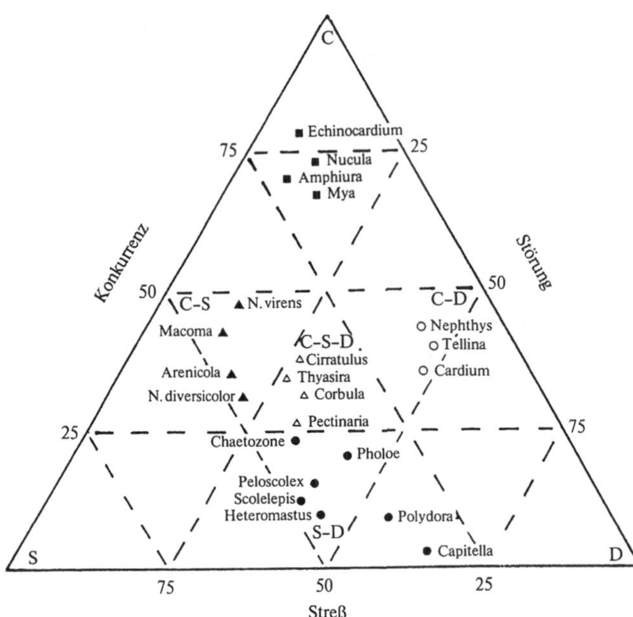

Abb. 8.8. Anpassungsstrategien an Verschmutzung basierend auf den Daten aus Abb. 8.7 und anderen relevanten Daten für gemäßigte europäische Gebiete. Das Modell beschreibt Gleichgewichtszustände zwischen Konkurrenz (C), Stress (S) und Störungen (D) (verändert aus GRIME, 1977)

bis zehn Jahre alt! Arten aus den Feldern C-D haben eine hohe Produktivität, sind aber nicht besonders dominant wegen andauernder Störungen, während S-D Strategen wie z.B. *Pectinaria* und *Glycera* kurzlebig und schnellwüchsig sind, obwohl sie während des Wachstums ständig unter Streß stehen. Arten wie *Scolelepis* und *Heteromastus* gehören in diese Kategorie. Es bleibt noch die Gruppe der C-S-D Strategen mit vermischten Eigenschaften. Hierher gehört die Mehrzahl der Übergangsarten nach PEARSON und ROSENBERG.

Rechts unten in der Abb. 8.8 finden sich - entsprechend der Hypothese - die Arten, die in sehr verschmutzten Gebieten vorkommen. Obwohl ich annehme, daß die Hypothese stimmt, muß man noch weit mehr Hinweise haben, um sie entsprechend zu testen. Besonders müssen Lebenslauf-Strategien und Toleranzkapazität der empfindlichsten Arten noch weiter untersucht werden. Es gibt fast keine Angaben zur Biologie der möglicherweise empfindlichen Arten aus Tabelle 8.1.

Ein anderer interessanter Beitrag zum Verständnis der Anpassungsstrategien von Verschmutzung kam von FRED und JUDITH GRASSLE (1973) vom Ozeanographischen Institut in Woods Hole. Sie arbeiteten über *Capitella capitata*-Populationen, welche als Folge des schon erwähnten Ölunfalles in Massachusetts auftraten. Sie untersuchten enzymatische Polymorphismen und fanden, daß es sich nicht um eine Art, sondern tatsächlich um sechs nahe verwandte Arten handelte. Mittels klassischer Kreuzungstechniken fanden sie heraus, daß die Bastarde tatsächlich infertil waren, es sich also um echte Arten handelte, die allerdings sehr schwer anhand anatomischer Merkmale zu trennen waren. Die verschiedenen Arten unterschieden sich im Typus der Larvalentwicklung, in der Länge der Larvalperiode und in der Zeit ihrer höchsten Abundanz. Wahrscheinlich waren im Sukzessionsablauf nach der Ölkatastrophe alle *Capitella*-Arten beteiligt. Bei einer höchst opportunistischen Gattung wie *Capitella* führen die Auslesekräfte wahrscheinlich zu einer ständigen Evolution und einer gleichzeitigen Auslöschung von Arten. *Polydora*, die ebenfalls in stark verschmutzten Arealen lebt und sehr opportunistisch ist, weist ebenfalls taxonomische Probleme auf. Im Oslofjord zeigt *P. ciliata* eine interessante zeitliche Anpassung. Populationen im inneren, am stärksten verschmutzten Teil des Fjords, produzieren Larven das ganze Jahr hindurch, während Populationen, die zehn km weiter südlich in weniger verschmutzten Gebieten leben, nur noch sechs Monate im Jahr Larven produzieren. *Polydora*, die nahe der inneren Schwelle des Oslofjords in relativ unverschmutztem Wasser leben, bringen Larven nur noch während dreier Monate im Jahr hervor. Die Lebensgeschichte der *Polydora*-Arten entlang dem Verschmutzungsgradienten im Oslofjord wird z.Zt. zusammen mit genetischen Aspekten (Grad der genetischen Vielfalt von Populationen) und anhand enzymatischer Polymorphismen untersucht, um herauszufinden, ob im Oslofjord die gleichen Muster wie bei *Capitella* in Massachusetts auftreten.

Zwei andere Arten sind ebenfalls typisch für verschmutzte Gebiete und sind, wie *Capitella* und *Polydora* Kosmopoliten. Wenn man sie ebenso intensiv untersuchen würde, kämen wahrscheinlich ähnliche Lebensgeschichten und genetische Adaptationen heraus wie bei *Capitella* und *Polydora*. Diese zwei Arten sind der Polychaet *Heteromastus filiformis* und der Oligochaet *Peloscolex benedeni*.

Am wenigsten gründet sich die Adaptationsstrategie, wie sie von vielen Arten übernommen wurde, auf Toleranz. Trotzdem sind Toxizitätstests der klassische Weg, um zu Vorhersagen zu kommen, welchen Einfluß Chemikalien möglicherweise auf die marine Umwelt haben. In solchen Tests werden Organismen gewöhnlich für 48 Stunden verschiedenen Konzentrationen ausgesetzt, um diejenigen Konzentrationen zu finden, die eine Letalität von 50% einer Population bewirken. Aus Süßwasseruntersuchungen weiß man, daß 1/10 des LC_{50}-Wertes eine "sichere" Grenze sind. Ähnliche Standardwerte wurden für das marine Milieu aufgestellt. Aufgrund des oben Gesagten wird aber deutlich, daß diese Toxizitätstests keine sichere Vorhersage der ökologischen

Auswirkungen von Verschmutzung gewährleisten, weil sich Arten eher durch eine Änderung ihrer Lebensgeschichte anpassen, als durch eine Änderung ihrer Toleranzgrenze. Daher bezweifle ich den Wert von Toxizitätstests, die vorgeben, sichere Grenzwerte für Einleitungen in das Meer anzuzeigen.

Obwohl diese Ausführungen bei weitem nicht das Thema der Verschmutzungseffekte auf Benthos-Gemeinschaften erschöpfen, glaube ich, daß die hier dargestellten Gedanken neue Forschungsansätze zu diesem Thema anregen können. Ich glaube, es ist nicht so wichtig, Listen von Arten aufzustellen, die entlang einem Verschmutzungsgradienten auftreten, sondern vielmehr zu fragen, warum die Arten gerade dort auftreten. Welche speziellen Merkmale haben diese Arten, die sie befähigen dort zu überleben? Es bedarf wieder mehr rein biologischer Untersuchungen, um Antworten auf diese Fragen zu finden. Leider ist es zur Zeit nicht populär, diese Art Biologie (natural history) zu betreiben.

Bevor wir das Thema Verschmutzung verlassen, muß noch ein weiterer Themenkomplex besprochen werden: Die Langzeit-Überwachung (monitoring) von Benthos-Gemeinschaften, die vielerorts betrieben wird, um uns grundlegende Daten für die Abschätzung von Verschmutzungsauswirkungen zu liefern. Dies ist das Thema des folgenden Kapitels.

9 Langzeitüberwachung von Benthos-Gemeinschaften (Monitoring)

Das vorhergehende Kapitel beschäftigte sich mit den akuten Effekten von Verschmutzung, die aus bekannten Quellen stammt und leicht auszumachen ist. Der schwierigere Teil der Verschmutzungsforschung besteht aus der Abschätzung der chronischen Effekte von kleinen Mengen von Schadstoffen, die über lange Zeit eingeleitet werden. Hierbei ist die Untersuchung weit problematischer, weil man Verschmutzungseffekte von der natürlichen Variabilität von Populationen trennen muß. Bei der Diskussion der Stabilität in Kapitel 7 ging es weitgehend um kurzfristige Änderungen - Schwankungsmuster und jahreszeitliche Zyklen - aber was wissen wir über Langzeitvariabilität in Benthos-Gemeinschaften? Die Antwort lautet überraschenderweise: fast nichts. Es gab zwar eine ganze Reihe von Benthos-Untersuchungen, die aber meist sporadisch waren oder nur über wenige Jahre liefen. Langzeituntersuchungen mit guten quantitativen Daten sind schwer zu finden.

9.1 Wie lang ist langzeitig?

Zwei Datensätze geben uns eine Ahnung über mögliche Tendenzen. Die Ostseestudien über *Macoma balthica* und *Pontoporeia affinis* wurden schon in Kapitel 7 erwähnt. Diese Untersuchung lief über mehrere Dekaden und ein kürzlich erschienener Aufsatz berichtet, daß *Pontoporeia*, abgesehen von Jahreszyklen, langfristige Zyklen von sechs bis sieben Jahren aufweise, die möglicherweise mit langfristigen klimatischen Veränderungen gekoppelt sind. Wenn solche Zyklen die Regel sind, muß aber die Untersuchung von Folgen chronischer Verschmutzung über ähnliche Zeiträume erfolgen, da anderenfalls die Gefahr besteht, daß die Abnahme einzelner Gemeinschaftsparameter, die über drei bis vier Jahre gemessen werden, eben Teilstück eines natürlichen Zyklus sind. Daher ist die erste Voraussetzung für ein Monitoring-Programm zur Aufdeckung von chronischen Verschmutzungseffekten, daß es sich über Dekaden erstrecken muß. Diese Tatsache macht natürlich die geldgebenden Institutionen nicht gerade glücklich! Wenn man diesen Umstand aber nicht akzeptiert, läuft man das Risiko, Unsummen auf Untersuchungen zu vergeuden, die letztlich wertlos bleiben, weil sie über unrealistisch kurze Zeiträume durchgeführt wurden.

Eine andere unglückliche Seite der sogenannten Verschmutzungs-Überwachungsprogramme besteht in der Tatsache, daß absolut keine Notiz von theoretischen Aspekten der Benthos-Ökologie genommen wird. Hier sei ein typisches Beispiel solcher Naivität gegeben: Ein Untersuchungsgebiet wird ausgewählt, man nimmt so viele Proben wie möglich, mißt noch einige Umweltparameter, identifiziert und zählt die Makrofauna und wiederholt diese Prozedur monatlich über viele Jahre. Warum nenne ich dies einen naiven Forschungsansatz?

Für mich enthält das obige Programm eine unrealistische und unnötig große Menge an Arbeit. Was man wirklich tun muß, ist eine sinnvolle Rationalisierung des Programmes in Übereinstimmung mit fundierten ökologischen Thesen.

9.2 Welche Arten soll man überwachen?

Beginnt man mit der Artenliste einer typischen Benthos-Gemeinschaft, so gibt es etwa 150 Makrofaunaarten und etwa doppelt so viele Meiofaunaarten. Die meisten Arten sind selten, d.h. sie sind nur durch eine oder zwei Individuen vertreten, wie wir schon durch die log-Normalverteilung zeigen konnten. Das Problem steht darin, daß wir in den wenigsten Fällen wissen, warum diese Arten so selten sind. Für mich ist gerade die Seltenheit der meisten Arten eines der faszinierendsten ökologischen Probleme. In Benthosproben sind viele Arten nie häufiger vertreten als mit einem oder zwei Individuen, ganz gleich, wo und wann diese Proben genommen wurden. Kann man diese Arten nun woanders häufiger finden? Oder haben sie immer diese räumliche Verteilung, weil sie ihrer optimalen Dichte entspricht? Oder ist diese Verteilung Resultat zufälliger Einflüsse wie Larvenfall, Raubdruck oder unterschiedlicher umweltabhängiger Mortalität? Während das kollektive Fehlen einer großen Zahl von seltenen Arten natürlich Umweltveränderungen anzeigt, kann man sie in einem rationalisierten Sammelprogramm aus guten Gründen vernachlässigen.

Wie können wir aber die Artenliste weiterhin bis auf wenige nützliche Indikatoren reduzieren? Eine mögliche Methode mit Hilfe der log-Normalverteilung wurde schon erläutert (S. 92). Sie wird durch die Fülle der Daten aus PEARSONs und ROSENBERGs zusammenfassendem Überblick von Auswirkungen organischer Verschmutzung auf Benthos-Gemeinschaften erhärtet. Problematisch ist natürlich, daß in unverschmutzten Gegenden, wo wir uns mehr für akute Effekte interessieren, kein Knick in der log-normal Linie auftritt, und gerade von diesem Knick hängt die Methode ab. Vielleicht sollte man nur die Arten aus den geometrischen Klassen V-IX (d.h. zwischen 16 und 255 Individuen pro Einheitsfläche) auswählen, da ihre Zahlen ausreichend sind für statistische Untersuchungen und die mühsame Zählerei von großen Populationen entfällt. So entwickelt z.B. *Polydora* in verschmutzten Teilen des Oslofjords Dichten von mehreren Tausend pro Quadratmeter, und nach dem Ölunfall in Massachusetts erreichte *Capitella* Dichten von 200 000 m^{-2}. Da diese Arten Opportunisten sind, kann man von ihnen sehr große natürliche Schwankungen der Populationsdichte über kurze Zeitintervalle erwarten. Diese Arten sind daher für unseren Zusammenhang ungeeignet, weil wir primär an langfristigen Änderungen interessiert sind. Es wäre eine Zeitverschwendung, große Anzahlen von Individuen zu zählen, die weitgehend kurzfristigen Schwankungen unterliegen.

Eine andere wichtige Methode ist es, herauszufinden, welche Art die Dynamik der jeweiligen Gemeinschaft bestimmt. An felsigen Küsten im Westen von Amerika wird z.B. die Dynamik der Gemeinschaft vom Freßverhalten des Seesterns *Pisaster* bestimmt (PAINE 1966). *Pisaster* frißt einen potentiellen Raumkonkurrenten, die Miesmuschel *Mytilus californianus* und gibt so anderen Arten wie Schnecken und Seeanemonen die Möglichkeit, den freien Raum zu besiedeln. Dies wurde herausgefunden durch die einfache Methode, Netzkäfige über den Felsflächen anzubringen, um *Pisaster* fernzuhalten. Das Ergebnis war sehr rasch eine hundertprozentige Bedeckung der Fläche mit *Mytilus californianus*. Auf Grund dieser Befunde wurde *Pisaster* eine "Schlüsselart" genannt, welche die Dynamik der Fauna vieler Felsküsten kontrolliert. Ähnliches kommt, wenn auch in geringerem Maße an europäischen Felsküsten vor, weil der Seestern *Asterias rubens* nur im Sommer kommt und somit einen jahreszeitlichen Effekt hat, während *Pisaster* das ganze Jahr hindurch vorkommt.

Zwei Interaktionstypen, die "Schlüsselarten" in Benthos-Gemeinschaften entstehen lassen, wurden schon erwähnt: die Konkurrenz (zwischen *Ampelisca* und *Nassarius*), und das Freßverhalten (der Holothurie *Molpadia oolitica*). Es ist erstaunlich, wie wichtig Echinodermen bei der Kontrolle von Gemeinschaftsstrukturen sind. So sind z.B. im Sublitoral der kanadischen Küste über eine Länge von vielen hundert Kilometern die Großalgenbestände verschwunden. Man glaubt, daß dies an der Überfischung der Hummer liegt, was ein enormes Anwachsen der Populationen des Seeigels *Strongylocentrotus droebachiensis* zur Folge hatte. *Strongylocentrotus* wiederum dezimierte die Großalgen, indem er sich von ihnen ernährte. Auf sublitoralen Weichböden findet man oft unglaubliche Mengen von Schlangensternen, welche - zusammen mit Holothurien - ohne Zweifel einen wichtigen Einfluß auf die Struktur dieser Gemeinschaften ausüben. Doch sind auch diese Wechselwirkungen noch zu wenig untersucht.

In Gemeinschaften, in denen "Schlüsselarten" zu finden sind, kann sich ein Monitoring-Programm auf diese beschränken, da sie wahrscheinlich die Dynamik der anderen Gemeinschaftsmitglieder bestimmen. Wie weit nun der Einfluß dieser "Schlüsselarten" geht, muß in experimentellen Manipulationen aufgeklärt werden. Es scheint aber sicher zu sein, daß in Weichbodengemeinschaften nicht die gleichen strukturierenden Faktoren wirksam sind, wie an Felsküsten. Es gibt nämlich viel mehr verschiedene Arten. Man nimmt an, daß diese größere Artenzahl aufgrund der dritten räumlichen Dimension im Sediment zustande kommt, die eine größe Zahl von potentiellen Nischen gewährleistet und damit auch mehr Arten Lebensraum bietet. So könnte man z.B. in Europa ein stichhaltiges Monitoring-Programm an Felsküsten auf die Arten *Balanus balanoides*, *Patella vulgata*, *Mytilus edulis* und *Asterias rubens* beschränken, während in einem Weichbodenhabitat wahrscheinlich mindestens neun bis zehn Arten notwendig wären.

Wie schon erwähnt, kann man "Schlüsselarten" durch experimentelle Manipulation einer Gemeinschaft herausfinden (wie in Kapitel 10 gezeigt wird). Wir haben oft nicht die Zeit, um auf die Natur zu warten, um aus langjährigen Datensammlungen hinterher die Effekte von Raubdruck und Konkurrenz abzuleiten. Experimente können die erforderliche Zeit in vielen Fällen auf einige Monate reduzieren. Darüberhinaus können traditionelle a posteriori-Methoden der Analyse von komplexen Datensätzen keine Antwort geben, sondern nur Grundlage für Hypothesen sein, die dann geprüft werden müssen. Man kann z.B. nach mehrjähriger Sammeltätigkeit herausfinden, daß eine häufige Art abnimmt und zugleich eine andere bis dahin seltene Art an Häufigkeit zunimmt. Dies würde man möglicherweise als Räuber-Beute-Verhältnis interpretieren, zum Beweis bedarf es aber einer genaueren Untersuchung.

9.3 Wie oft soll man untersuchen?

Hat man sich einmal für eine Gruppe von neun bis zehn Arten entschieden, so stellt sich als nächstes die Frage, wie oft man Proben nehmen soll.

Wenn man von einem Gebiet noch keine Daten hat und mögliche jahreszeitliche Veränderungen herausfinden will, sind monatliche Proben angebracht. Es könnte aber auch sinnvoll sein, Proben z.B. nach jeder Temperaturerhöhung von 1°C zu nehmen. Wenn man mehr an lebensgeschichtlichen Daten interessiert ist, sollte man im Winter weniger sammeln und sich mehr auf das Frühjahr und den frühen Sommer mit der Probennahme konzentrieren, wenn die Reproduktion und die Rekrutierung stattfindet.

Mein Hauptanliegen ist, daß jede Probennahme auf biologischen Kriterien basieren muß. Außerdem muß es immer einen spezifischen Grund zur Probennahme geben. Ist man z.B. beim Langzeit-Monitoring wirklich an Larvenfallzeiten interessiert? Die Reproduktionszeit einer Art kann von Jahr zu Jahr um drei bis vier Wochen verschoben sein, abhängig von vielen Umweltparametern. Die aktuelle Larvenzahl kann um eine Größenordnung schwanken. Häufig ist aber einige Monate nach dem Larvenfall die Population aufgrund starker anfänglicher Mortalität wieder auf einem "normalen" Niveau. Abb. 9.1 zeigt log-normal Diagramme von zweimonatlichen Proben aus der Deutschen Bucht, die

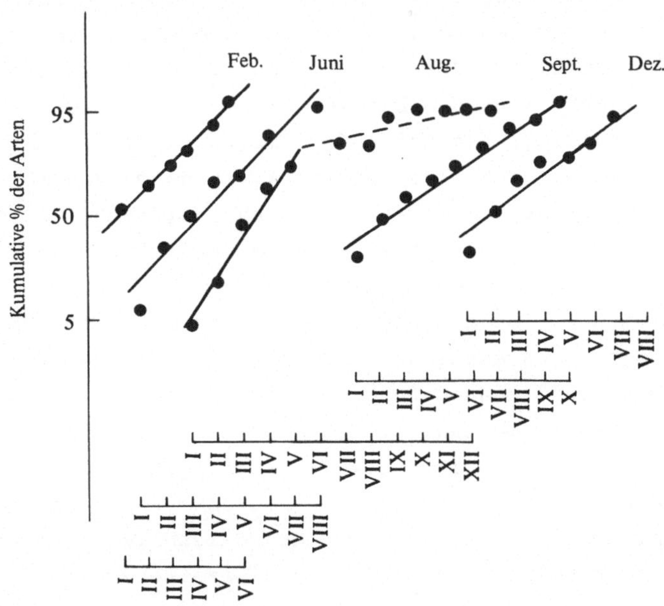

Abb. 9.1. Jahreszeitliche Veränderungen der log-Normalverteilungen für das Benthos der Deutschen Bucht (nach RACHOR & GERLACH, 1978)

über mehrere Jahre genommen wurden. Im Sommer wird die Gemeinschaft sehr deutlich durch Larvenfall aus dem Gleichgewicht gebracht. Obwohl dieser Zeitpunkt von Jahr zu Jahr verschieden liegt, ist die Gemeinschaft im September wieder im Gleichgewicht. Ist es nun im Rahmen eines Monitoring-Programmes sinnvoll, Hunderte von neugesiedelten Larven zu zählen, die sowieso in einigen Monaten wieder sterben? Offensichtlich nicht, da wir an chronischen Effekten der Verschmutzung interessiert sind. Daher ist eine Strategie, die ich empfehlen würde, einmal pro Jahr im Winter zu sammeln, wenn die Dichten gering und keine neugesiedelten Larven zu zählen sind (die sowieso auf der Grenze zwischen Meio- und Makrofauna sind). Dieses Sammelkonzept einmal pro Jahr wird seit längerem von einem der erfahrensten europäischen Benthosökologen, JACK BUCHANAN (BUCHANAN et al. 1978), vor Northumberland verfolgt.

Ich bin überzeugt, daß sein Ansatz und die Konzentration auf die Dynamik von nur zehn bis zwölf Arten richtig ist.

Zusammenfassend würde ich folgende Monitoring-Strategie für Benthosgemeinschaften vorschlagen:

1. Gründliche Beschreibung aller Arten in einer Gemeinschaft und Abschätzung der relativen Häufigkeiten; Charakterisierung des Lebensraumes anhand von Korngrößenverteilung, Sortierungskoeffizient, organischem Gehalt usw.
2. Reduzierung der zu untersuchenden Arten auf etwa zehn wichtige Arten, welche die Dynamik der Gemeinschaft kontrollieren. Dies kann gegebenenfalls durch Experimente erfolgen.
3. Monitoring dieser Arten durch intensive Probennahme einmal pro Jahr, wenn die Dichte gering ist und wenig Wahrscheinlichkeit besteht, den Larvenfall mitzuerfassen (in borealen Gebieten etwa in der Mitte des Winters). Aufnahme von möglichst vielen Populationsparametern wie Anzahl, Biomasse, Altersaufbau, Größenfrequenzen, Wachstumsraten usw. sowie von vielen Umweltparametern im Rahmen der Möglichkeiten.

Muscheln (Bivalvier) sind besonders gut für Überwachungszwecke geeignet, da sie langlebig sind und oft jährliche Wachstumsmarken besitzen, anhand derer es möglich ist, Wachstumsraten für frühere Jahre abzuleiten, in denen nicht gesammelt wurde.

Unter dem Rasterelektronenmikroskop (REM) oder auf angefärbten dünnen Acetatabzügen kann man sehr feine Wachstumsringe an angeätzten Dünnschliffen von Muschelschalen erkennen. Diese wurden wahrscheinlich als Folge von Gezeitenzyklen (RICHARDSON et al. 1980) angelegt. Manche Leute behaupten allerdings, daß es sich um Tagesringe handele. Man sieht deutliche jahreszeitliche Unterschiede der Wachstumsraten und man kann auch experimentell Marken setzen um so Wachstumsraten sehr genau verfolgen zu können. Bevor man diese Technik zu Monitoring-Zwecken verwendet, sollte man aber ein klares Bild von den Einflüssen der Gametogenese auf das Wachstum haben. Man nimmt allgemein an, daß das Wachstum im Winter wegen der tiefen Temperaturen stillsteht.

Von *Mytilus edulis* ist z.B. bekannt, daß ihr Wachstum anhält, wenn die vorhandene Energie vom Wachstum auf die Bildung von Geschlechtsprodukten umverteilt wird und daß sich der Organismus leicht an niedrige Temperaturen anpassen kann. PETERSEN (Pers. Mitt.) fand sogar heraus, daß die bislang angenommenen "Winter"-Marken bei einer *Macoma*-Art der amerikanischen Ostküste in Wirklichkeit im Sommer als Folge der Energieumverteilung auf die Gametogenese auftreten. Die Möglichkeiten dieser Methode für retrospektive Untersuchungen von räumlichen und zeitlichen Auswirkungen von Ölunfällen sind beträchtlich. Aber nicht alle Arten weisen diese Mikrowachstumsringe auf. So ist z.B. bei *Mytilus* diese Technik nicht anwendbar, wahrscheinlich wegen der anderen Kristallstruktur ihrer Schalen.

Man könnte annehmen, daß die Zeitreihenanalyse (Kap. 7) mit der man Zyklen herausfindet und so zukünftige Tendenzen vorhersagen kann, eine vernünftige Überwachungsmethode ist. Weichen die Daten vom vorhergesagten Trend ab, dann könnte Verschmutzung einen Einfluß haben. Diese Annahme ist aber theoretisch nicht abgesichert. Selbst wenn man eine 200jährige Serie analysiert, kann man bestenfalls Zyklen von einer Periode bis zu 100 Jahren herausfinden (NYQUIST-Kriterium). Zukünftige Zustände des Systems lassen sich nicht vorhersagen, weil noch unerkannte, längere Zyklen diese Vorhersage beeinträchtigen können. Eine Vorhersage von langfristigen Trends ist also nicht möglich. Stattdessen sollte man die gleiche Art großräumig untersuchen und versuchen herauszufinden, ob sie in allen Gebieten gleich reagiert. Sind einzelne Gebiete mit anderen nicht mehr phasengleich, so sollte man in diesen Gebieten nach Verschmutzungsquellen suchen. Arten von Felsküsten sind hierfür gut geeignet, da sie über weite Gebiete verteilt vorkommen. Weichbodengemeinschaften sind variabler als Hartbodengemeinschaften, was die Artenzahl und die Ausdehnung angeht. Daher ist es auch schwieriger, gleiche Gemeinschaftstypen über weite Gebiete zu vergleichen. Derartige Überwachungsstrategien können für Arten wie *Cerastoderma edule*, *Mya arenaria* und *Macoma balthica* nützlich sein, die in Europa weitverbreitet sind. Ich habe hier keine Techniken erwähnt, die sich mit der Überwachung von einzelnen Individuen befassen, da ich der Meinung bin, daß, wenn kein Effekt auf eine ganze Population meßbar ist, auch keine ökologische Relevanz hierfür gegeben ist. Es sind aber eine Reihe neuer biochemischer und physiologischer Methoden entwickelt worden (siehe die Zusammenfassung von McINTYRE und PEARCE 1980), die wahrscheinlich ein gutes Frühwarnsystem darstellen und die Ökologen anregen können, Auswirkungen von Umweltstörungen oder -streß auf dem Populations- oder Gemeinschaftsniveau zu untersuchen.

10 Steuerung der Gemeinschaftsstrukturen

10.1 Die Hypothese vom Ernährungstyp-Amensalismus ("trophic-group amensalism")

Eine der deutlichsten Beziehungen zwischen Benthos-Gemeinschaften und Umweltfaktoren ist die zwischen Ernährungstypen und dem Feinanteil (Silt/Ton-Fraktion) des Sediments. SANDERS (1958) hat diese Beziehung im Rahmen seiner Untersuchungen des Long Island Sound, New York als erster quantifiziert.

Abb. 10.1 zeigt den zahlenmäßigen Prozentanteil der Suspensionsfresser und Sedimentfresser gegen den Silt/Ton-Anteil aufgetragen. Suspensionsfresser erreichen höchste Dichten auf sandigen Sedimenten.

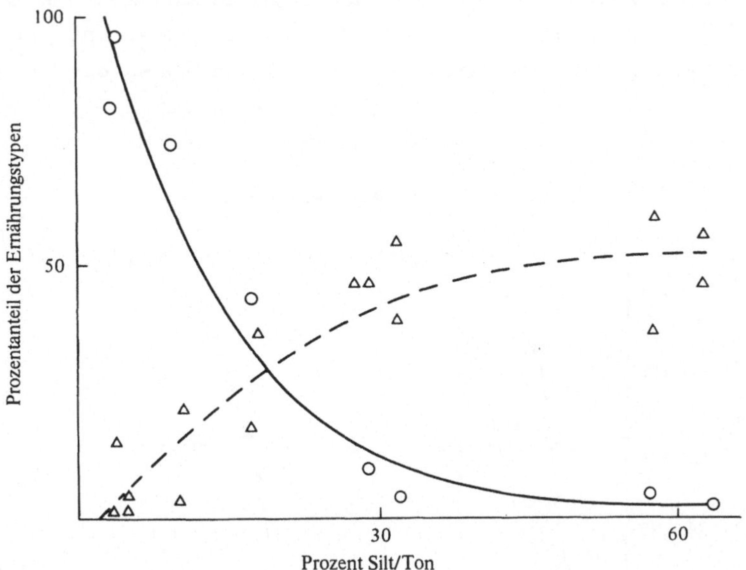

Abb. 10.1. Beziehung zwischen Suspensionsfressern und Sedimentfressern (in Prozent) und dem Feinanteil (Silt/Ton-Fraktion) des Sediments (nach SANDERS, 1958)

Sedimente mit Partikelgrößen um 0,18 mm sind, weil am leichtesten zu transportieren (siehe S. 11), Anzeichen für minimale Wellen- und Strömungswirkung. SANDERS sagt voraus, daß Suspensionsfresser diese Eigenschaft ausnutzen würden und hohe Dichten bei derartigen Partikelgrößen entwickeln würden. Seine Daten aus der Buzzard's Bay scheinen diese These zu unterstützen. Sedimentfresser andererseits, haben ihre maximale Dichte in schlickigen Sedimenten, weil hier der Anteil an organischer Substanz hoch ist.

Die Grenze zwischen suspensionsfressenden und sedimentfressenden Gemeinschaften ist oft sehr scharf. Außerdem kann man an Hartsubstraten (z.B. Anker oder Flaschen), die in schlickigen Sedimenten liegen, schnell eine dichte Besiedlung mit suspensionsfressenden Populationen beobachten. Aufgrund dieser Anzeichen schien es zwei amerikanischen Forschern DONALD RHOADS und DAVID YOUNG (1970) naheliegend, daß die Sedimentfresser aktiv die Suspensionsfresser hindern und sie irgendwie von der Besiedlung schlickiger Sedimente abhalten. Mit Hilfe eines raffiniert entworfenen Kamerasystems, welches Bilder der Grenzschicht zwischen Wasser und Sediment bis einige Zentimeter tief lieferte, konnten sie zeigen, daß die sedimentfressenden Muscheln *Nucula proxima*, *Yoldia limulata* und *Macoma tenta* das Sediment kontinuierlich aufarbeiten, indem sie Feinpartikel zu Kotpillen von Sandkorngröße verarbeiten. Die Tiefe ihrer Aktivität konnte ganz einfach anhand des Wassergehaltes des Sediments bestimmt werden, welcher wesentlich höher im durchgewühlten Bereich ist. Abb. 10.2 zeigt ein typisches Ergebnis ihrer Untersuchungen. Fußend auf diesen Daten erstellten RHOADS und YOUNG die sogenannte "trophic-group-amensalism" Hypothese, um das Fehlen von Suspensionsfressern auf Silt/Ton-Ablagerungen zu erklären. Amensalismus bedeutet

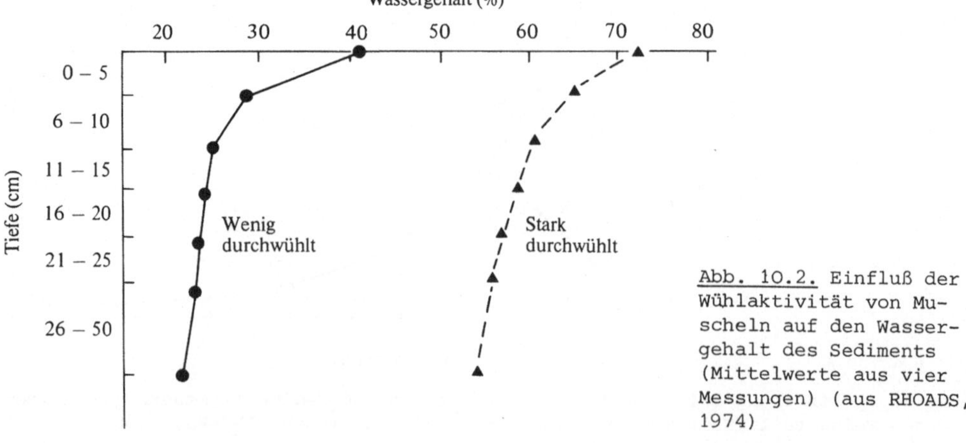

Abb. 10.2. Einfluß der Wühlaktivität von Muscheln auf den Wassergehalt des Sediments (Mittelwerte aus vier Messungen) (aus RHOADS, 1974)

(wörtlich: "vom Tisch fernhalten") hier, daß eine Population - nämlich die Suspensionsfresser - gehemmt wird, eine andere - hier die Sedimentfresser - aber nicht. Die Wissenschaftler nehmen an, daß das instabile Silt/Ton-Sediment nicht von Larven der Suspensionsfresser besiedelt werden kann, und daß deren Filtrierapparat mit resuspendiertem Material schnell verstopft sein würde. Auf Sandböden ist das Substrat fest und ermöglicht den Larven einen besseren Halt, andererseits ist dieses für Sedimentfresser ungeeignet, weil es zu wenig Nahrung im Sediment gibt, und weil die großen Partikel das Graben erschweren. Darüberhinaus könnten in einer amensalistischen Beziehung Suspensionsfresser möglicherweise die frisch gesiedelten Larven von Sedimentfressern auffressen. Zusammenfassend schlagen RHOADS und YOUNG drei mögliche Typen von Gemeinschaften vor:

1. homogene Suspensionsfresser-Gruppierungen
2. homogene Sedimentfresser-Gruppierungen
3. gemischte Gemeinschaften, in denen aufgrund begrenzter Durchwühlung ein hinreichend stabiler Meeresboden auch die Ansiedlung von Suspensionsfressern ermöglicht.

RHOADS und YOUNG waren vorsichtig genug, die Anwendbarkeit ihrer Hypothese auf Schelf-Gemeinschaften zu beschränken, wo eine hohe Primärproduktion besteht und Nahrung kein limitierender Faktor für Suspensionsfresser ist. In einer späteren Untersuchung fanden YOUNG und RHOADS (1971), daß die Zahl der Suspensionsfresser mit ansteigendem Feinanteil des Sediments bei Cap Cod zunahm. Dies ist ein direkter Widerspruch zu den Voraussagen ihrer Hypothese! In diesem Fall wurde das Sediment durch die Wohnröhren eines Polychaeten, *Euchone incolor*, stabilisiert und erlaubte suspensionsfressenden Muscheln, *Thyasira gouldii* und Amphipoden *Aeginia longicornis*, in großen Zahlen zu siedeln. Diese beiden Suspensionsfresser machen sich das stabilisierte Sediment zunutze und werden daher nicht Opfer von amensalistischen Effekten der Sedimentaufbereitung. Sedimentstabilisierung, besonders durch Polychaeten, ist weit verbreitet. Sie ist offensichtlich ein wichtiges strukturierendes Moment von Gemeinschaften und ermöglicht Ausnahmen von der Ernährungstyp-Amensalismus-Hypothese.

10.2 Nahrungsbeschränkung für Suspensions- und Sedimentfresser

Eine weitere Entwicklung der Theorien über die Kontrolle von Gemeinschaftsstrukturen ging aus von LEVINTON (1972). Er nahm an, daß sich Suspensionsfresser weitgehend von sedimentierendem Plankton ernähren, weil die Darminhalte vieler Arten das jeweilige Planktonangebot widerspiegeln. Das Planktonangebot ist aber sowohl räumlich als auch zeitlich sehr variabel, sowohl in quantitativer Hinsicht als auch in der Artenzusammensetzung. Da Suspensionsfresser an ihren Standort gebunden sind und nicht in bessere Nahrungsregionen ausweichen können, müssen sie typische Opportunisten sein, die durch rasche Ausnutzung von vorteilhaften Bedingungen große Populationen aufbauen können, aber auch dramatische Populationszusammenbrüche erleben können. (Gerade diese Arten werden kommerziell ausgebeutet.) LEVINTON argumentiert, daß es unwahrscheinlich sei, daß zwei solche Arten lange genug miteinander konkurrieren können, um eine Auslöschung oder eine Nischenspezialisation zu erreichen. Er kommt zu dem Schluß, daß Suspensionsfresser breite überlappende Nischen ohne Ernährungsspezialisationen haben.

Sedimentfresser benutzen wahrscheinlich Bakterien als Hauptnahrungsquelle. Bei der Nahrungsverwertung produzieren sie große Mengen an Kotpillen (faecal pellets). Abb. 10.3 (a) zeigt Daten über die Kotpillen-Bildung durch die Wattschnecke *Hydrobia minuta*. *H. minuta* frißt ihre eigenen Kotpillen erst wenn sie abgebaut und aufgeschlossen sind (Abb. 10.3, b zeigt Abbauraten von Kotpillen). Bildungs- und Abbauraten von Kotpillen können daher sehr wichtige populationsregulierende Faktoren für eine Art sein, weil das betreffende Tier zu fressen aufhört, wenn das Sediment fast nur noch aus Kotpillen besteht. Kotpillen sind weitverbreitet auf Schlicksedimenten des Sublitorals und im Gezeitenbereich. Im inneren Oslofjord besteht das "Sediment" zu 70 bis 90% aus Kotpillen. LEVINTON folgert aus

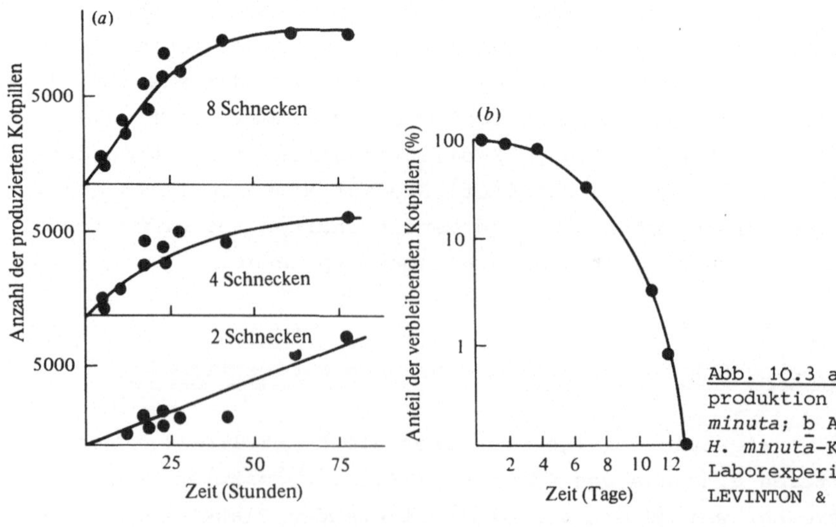

Abb. 10.3 a,b. a Kotpillenproduktion von *Hydrobia minuta*; b Abbau von *H. minuta*-Kotpillen im Laborexperiment (nach LEVINTON & LOPEZ, 1977)

solchen Tatsachen und dem Verhalten von *H. minuta*, daß die potentielle Menge an organischer Substanz in Schlicksedimenten nicht von Sedimentfressern genutzt werden kann, weil der größte Teil in Form von Kotpillen gebunden ist, die von den Sedimentfressern so nicht wieder aufgenommen werden. Die Abbauraten der Kotpillen hängen von bakterieller Aktivität ab, diese ist aber, gemessen an Stickstoff und ATP-Gehalt im Sediment, relativ konstant. In solchen Sedimenten ist daher die Nahrung vorhersagbar und gleichzeitig limitiert. Nach LEVINTONs Meinung haben Sedimentfresser in stammesgeschichtlichen Zeiträumen um die Nahrungsquelle konkurriert und dabei besondere Ernährungsspezialisierungen entwickelt. Auch diese Hypothese ist nur in der trophischen Ernährungstyp-Nische qualifiziert worden. Die räumliche Dimension, so LEVINTON, könnte in der Tat auch sehr wichtig sein. Andererseits kann aber in Schlicksedimenten, die von Polychaeten verfestigt sind, die kontinuierliche Resuspension von Material eine vorhersagbare Nahrung für Suspensionsfresser darstellen, was wiederum impliziert, daß Nahrungsspezialisierung auch in derartigen Situationen vorkommen kann.

10.3 Larventypen

Es gibt grundsätzlich zwei Typen der Larvalentwicklung von bodenlebenden Tieren. Bei dem einen wird eine planktische Larve entwickelt, die beim Siedeln eine Metamorphose durchmacht. Der zweite Typ wird durch direkte Entwicklung ohne Planktonstadien repräsentiert. Die meisten Planktonlarven ernähren sich von Phytoplankton (planktotroph), einige aber, besonders die Muscheln und Echinodermen, fressen kein Plankton, sondern ernähren sich von großen Dottermengen im Ei (lecithotroph).

In seinen klassischen Untersuchungen an Larven konnte THORSON (1946, 1950) zeigen, daß es einen deutlichen von der geographischen Breite abhängigen Unterschied im Auftreten dieser zwei Entwicklungstypen gibt. Abb. 10.4 zeigt Ergebnisse von Prosobranchiern, die auch typisch für die meisten anderen Gruppen sind. In der Polarregion kommt ausschließlich direkte Entwicklung vor, während bei den Azoren 70% der Entwicklung mit planktischen Larven verbunden ist. Diese Verteilung hängt wahrscheinlich mit dem Vorhandensein planktischer Nahrung für die Larven zusammen. In der Polarregion tritt die Frühlingsblüte sehr plötzlich auf, während die Zooplanktonblüte möglicherweise aufgrund längerer Entwicklungszeiten im kalten Wasser wesent-

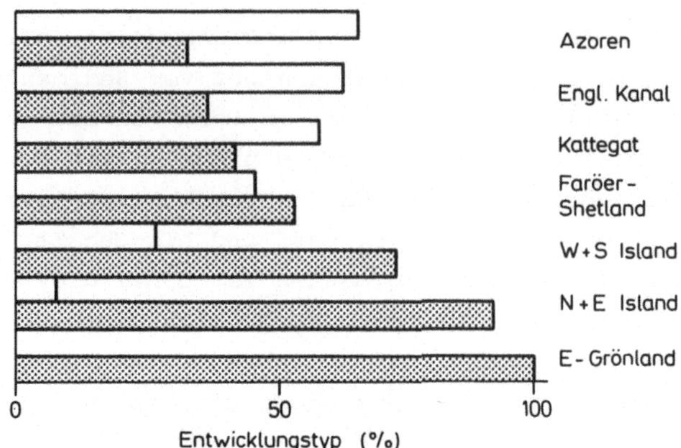

Abb. 10.4. Entwicklungstypen von Larven und geographische Breite (Prosobranchier-Larven modifiziert nach THORSON, 1950) (schraffiert: direkte Entwicklung; weiß: planktische Entwicklung)

lich später folgt. Das Resultat ist eine geringe Koppelung der beiden Häufigkeitsmaxima. Diese mangelnde Koppelung gereicht Arten mit planktotropher Entwicklung zum Nachteil und diese werden ausselektiert. Die Koppelung von Primärproduktion und Sekundärproduktion wird enger, je weiter man in tropische Regionen kommt, und dementsprechend nimmt auch der Anteil an planktischen Larven zu.

Verbunden mit dem Entwicklungstyp der Larven ist ein Unterschied in der Eigröße. THORSONs Prosobranchier-Daten ergeben einen mittleren Durchmesser von 150 µm für Eier planktotropher Arten und 600 µm für Eier von sich direkt entwickelnden Arten, mit einer geringfügigen Überlappung der Größenverteilungen von beiden Entwicklungstypen. Solche Unterschiede bestehen sogar zwischen eng verwandten Arten der gleichen Gattung. Die Eizahl variiert gleichfalls, bei planktotropher Entwicklung von 10^3-10^9 pro Saison, bei Arten mit direkter Entwicklung von 10-10^3. Diese haben sogenannte Ernährungszellen (nurse cells) innerhalb der Eikapsel. Die Größe zur Zeit der Metamorphose ist bei nahe verwandten Arten selbst mit unterschiedlichem Entwicklungstyp fast identisch, so daß man von zwei verschiedenen entwicklungsgeschichtlichen Strategien ausgehen kann. Wie aber konnten so deutlich abgegrenzte Eigenschaften ohne Zwischenstadium entstehen?

VANCE (1973 a, b) hat als erster hierfür ein Modell entwickelt, das von CHRISTENSEN und FENCHEL (1979) modifiziert wurde. CHRISTENSEN und FENCHEL nehmen an, daß die Gesamtenergie, die für die Reproduktion aufgewendet wird, konstant ist, unabhängig vom Entwicklungstyp, und daß die Metamorphosegröße konstant ist. Sie postulieren, daß Weibchen Eier mit einem bestimmten Energieaufwand produzieren und daß die Larven sofort fressen, sobald sie aus dem Ei geschlüpft sind. Ihr Wachstum entspricht dann einer sigmoiden Wachstumskurve. CHRISTENSEN und FENCHEL nehmen weiterhin eine von der Larvendichte unabhängige

Mortalität an, die aber mit zunehmender Larvengröße abnimmt. Sie errechnen dann die Zahl der Nachkommen pro Elterntier (die sogenannte effektive Fruchtbarkeit). Auf dieser Grundlage konnten CHRISTENSEN und FENCHEL analysieren, wie die Evolution der Nachkommensgröße abgelaufen sein mag. Steigt die effektive Fruchtbarkeit mit der Eigröße an, so entwickeln sich auch größere Nachkommen, nimmt sie aber mit der Eigröße ab, so werden auch die Nachkommen kleiner. Ein Anstieg der effektiven Fruchtbarkeit tritt auf, wenn die Wachstumsrate im Plankton geringer ist als die Mortalität, was außerdem größere Nachkommen zur Folge hat. Ist die Mortalität jedoch höher als die Wachstumsrate, so werden kleinere Nachkommen entstehen. Abb. 10.5 zeigt entwicklungsgeschichtlich stabile Nachkommensgrößen, bei denen keine weiteren Änderungen mehr möglich sind. Für größere Wachstumsraten gibt es nur eine stabile Größe, bei der allerdings die Größe der Nachkommen beträchtlich kleiner ist als zur Zeit der Metamorphose. Für niedrige Wachstumsraten gibt es wiederum nur eine stabile Größe, in diesem Fall die Metamorphosegröße, und die Evolution tendiert in Richtung Verlust des Planktonstadiums. Bei mittleren Wachstumsraten gibt es zwei stabile Größen, und die Evolution wird von einer gegebenen Größe in Richtung auf eine dieser stabilen Endgrößen tendieren.

CHRISTENSEN und FENCHELs Modell kann den Typ der direkten Entwicklung bei polaren Formen erklären, weil geringe Wachstumsraten wegen niedriger Temperaturen und weniger gut vorhersagbarem Phytoplankton eine Evolution in Richtung auf direkte Entwicklung begünstigen. Ein anderes häufig beobachtetes Phänomen ist die Fähigkeit mancher Larven, die Metamorphose für längere Zeiträume zu verschieben. SCHELTEMA (1971) fand Anzeichen dafür, daß Gastropoden bis zu 320 Tagen als Plankton leben und in dieser Zeit quer über den Atlantik treiben können.

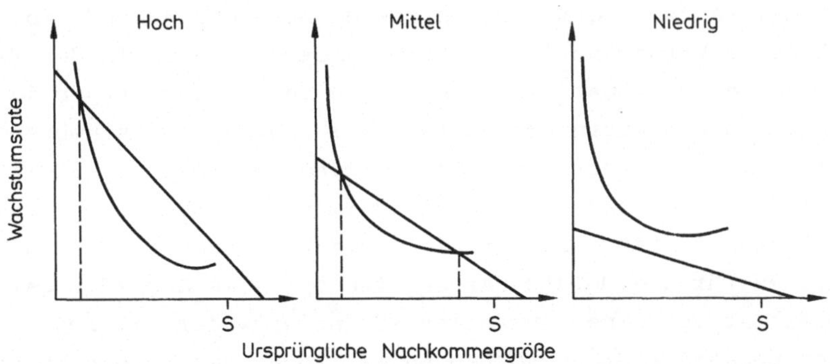

Abb. 10.5. Modell der stammesgeschichtlich stabilen Larvengröße für verschiedene Kombinationen von Wachstumsrate (gerade Linie) und Todesrate (gekrümmte Linie) (modifiziert nach CHRISTENSEN & FENCHEL, 1979). S = Metamorphosegröße; die gestrichelten Linien zeigen die stammesgeschichtlich stabilen Größen

CHRISTENSEN und FENCHELs Modell sagt voraus, daß im Falle einer Verzögerung der Metamorphose über die Wachstumsperiode hinaus eine Tendenz zu höheren Eizahlen besteht, wobei die Larven dann sehr groß werden können. Diese Voraussage konnte bestätigt werden. Schließlich sagt das Modell, daß Invertebraten, die im adulten Zustand sehr klein sind, direkte Entwicklung haben. Die Meiofauna oder interstitielle Fauna (beschränkt auf die Porenräume zwischen einzelnen Sandkörnern) folgt fast ausschließlich dem direkten Entwicklungstyp (SWEDMARK, 1964).

Ein anderer interessanter Aspekt dieses Modells liegt darin, daß es grundsätzlich zwei Selektionskräfte postuliert. Erstens ist die Menge der aufgewendeten Energie für einen einzelnen Nachkommen umgekehrt proportional zur Fruchtbarkeit (d.h. der Zahl der Nachkommen pro Elterntier). Daher müßte also der Selektionsdruck in Richtung einer Einsparung von Energie pro Nachkomme gehen. Andererseits muß aber auch das Überleben der Nachkommen gesichert sein, denn eine Verringerung des Energieaufwandes bedeutet auch eine Verringerung der Überlebenschancen. Da sowohl Fruchtbarkeit als auch Überleben Teil dessen sind, was wir "Angepaßtsein" nennen, müssen beide gleich wichtig genommen werden. Hier findet man wiederum einen Kompromiß und keine Minimierung des Energieaufwandes (s. auch S. 124 mit einer Diskussion der Energie-Maximierung und homoiostatischer Prinzipien in der Evolution).

Weder VANCEs Modell noch CHRISTENSEN und FENCHELs Modell befassen sich mit den unterschiedlichen Zeiträumen, die für die Entwicklung vom Ei zum Juvenilen benötigt werden. TODD und DOYLE (1981) verglichen die Entwicklungszeiten von 30 Nudibranchier-Arten. Standardisiert auf eine Temperatur von 10°C ergibt sich eine lineare Abhängigkeit zwischen Eigröße und der Zeit der Embryonalentwicklung, wobei planktotrophe Formen mit kleinen Eiern die kürzesten Entwicklungszeiten haben, während Formen mit direkter Entwicklung und großen Eiern am längsten brauchen, lecithotrophe Formen liegen in der Mitte. Einige Arten können sogar zwischen beiden Entwicklungstypen je nach Dottermasse in den Eiern umschalten, wie z.B. der Opisthobranchier *Elysia cauze* mit planktotropher Entwicklung im Frühling, lecithotropher im Sommer und direkter Entwicklung im Herbst. Der Temperaturanstieg im Frühjahr/Sommer verkürzt die Entwicklungszeit. TODD und DOYLE meinen, daß es für die meisten Arten eine optimale Ansiedlungszeit gibt. Dies ist bei einem juvenilen Räuber entweder die Zeit, zu der Beute von passender Größe vorhanden ist, oder dann, wenn durch die vorhandene Nahrung die Wachstumsraten maximiert werden können. Sie haben ein einfaches Modell entwickelt (Abb. 10.6), nach dem der optimale Ansiedlungszeitpunkt auf zwei Wegen erreicht werden kann. Es gibt Anzeichen dafür, daß einige Arten wegen energetischer Engpässe niemals lecithotrophe, d.h. dotterreiche, Larven entwickeln können und also planktotroph bleiben. Andere Arten wiederum, die aus Energiegründen gut lecithotrophe Eier bilden könnten, haben dennoch planktotrophe Larven. In diesem Fall stellte sich heraus, daß die maximale Biomasse des adulten Bestandes (bei welcher Zeit das Laichen optimal wäre) drei Monate vor der optimalen Ansiedlungszeit auftrat. Daher war die planktotrophe Phase optimal.

Werden Laichzeit, Ansiedlungszeitpunkt und energetische Kosten zusammen betrachtet, so erreichen Modelle der Larvalentwicklung eine neue Dimension der Komplexität. Es gibt leider nur wenige Beispiele für so detaillierte Untersuchungen, wie TODD und DOYLE sie durchgeführt haben. Ohne Zweifel handelt es sich um ein höchst interessantes Forschungsgebiet.

Bei den obigen Beispielen wurden optimale Ansiedlungszeit und -ort eines Räubers im Verhältnis zu seiner Beute erwähnt: Natürlich können Larven, die ins Wasser entlassen werden nicht nur nach zufälligen Prinzipien ihr besonderes Ziel finden. Höchst komplexe Verhaltensmerkmale kommen hier ins Spiel, um die Larve nahe genug an ihr Ziel heranzubringen. Ein Räuber, der seine Beute aufsucht, vollführt einen sehr komplizierten Erkennungsprozeß. Viele nicht-räuberische Sedimentsbewohner folgen ebenfalls spezifischen Reizen. Ich habe derartige Verhaltensweisen im Detail untersucht (Gray 1974).

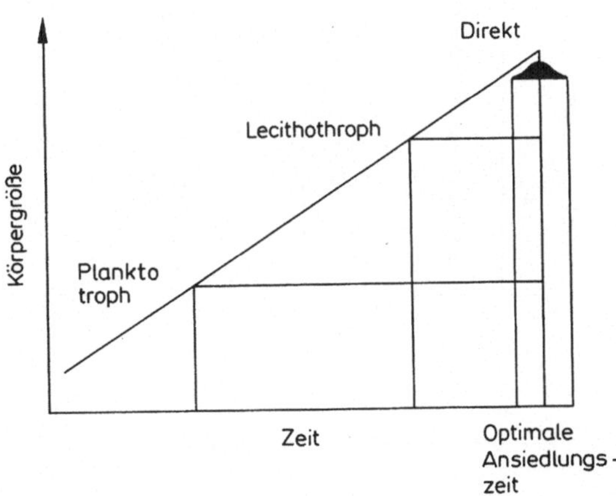

Abb. 10.6. Modell der Beziehung zwischen larvaler Entwicklungszeit und optimaler Ansiedlungszeit bei planktotrophen, lecithotrophen Larven und solchen mit direkter Entwicklung (aus TODD & DOYLE, 1980)

Verhaltensphase	Positiver Reiz	Reaktion	Negativer Reiz
Pelagische Phase	Reife, Druckänderungen, Strömung	Schwimmt photopositiv ↓ ↑	Ungünstige Korngröße
Anheftung	Richtige Korngröße	Schwimmt photonegativ ↓ ↑	Fehlende Röhren von Adulten oder keine bevorzugten Mikroorganismen
Exploration	Adulti, Röhren von Adulten oder bevorzugte Mikroorganismen	Suche ↓	
Fixierung		Metamorphose	

Abb. 10.7. Ansiedlungsverhalten von Larven sediment-lebender Invertebraten (nach GRAY, 1974). Die Reize zur Metamorphose sind die z.Zt. bekannten, neue können noch gefunden werden.

Abb. 10.7 zeigt einen derartigen Ablauf. Anfangs sind die Larven noch positiv phototaktisch und schwimmen nahe der Wasseroberfläche, wo das Nahrungsangebot hoch ist. Nach einer gewissen Entwicklungszeit oder als Antwort auf gewisse physikalische Reize wie Druck oder Strömung werden bei einigen Arten die Larven negativ phototaktisch und suchen den Boden auf. Bei vielen sedimentbewohnenden Arten ist die erste Phase der Substratselektion die Lokalisierung von Sediment mit einer bevorzugten Korngröße. Einige Arten sind hier erstaunlich wählerisch, so wählt z.B. der Archiannelide *Protodrilus rubropharygeus* Partikel von 0,5 bis 1 mm vor anderen aus, der Polychaet *Ophelia bicornis* bevorzugt Partikelgrößen zwischen 200 und 450 µm, während andere Arten wiederum überhaupt nicht selektiv sind. *Polydora ciliata* siedelt auf jeder Art Sediment, dessen Partikel feiner als 250 µm sind. Finden Larven kein passendes Substrat, so kann ihre Phototaxis umkehren und sie können wieder positiv phototaktisch reagieren. Dieser Prozeß kann wenige Male wiederholt werden. Die Larven werden allerdings mit der Zeit immer weniger wählerisch. Ist einmal das geeignete Sediment gefunden, kann man ein Suchverhalten beobachten, das dem endgültigen Schlüsselreiz zur Einleitung der Metamorphose gilt. Bei koloniebildenden Arten wie z.B. *Sabellaria alveolata* suchen die Larven die Röhren von Adulten, andere Larven suchen nach besonderen Mikroorganismen, während wieder andere überhaupt keine besonderen Reize benötigen. Die Metamorphose wird oft durch Kontakt mit einer chemischen Substanz ausgelöst, die hier die Rolle des Schlüsselreizes hat. Viele freilebende Arten folgen den gleichen Reaktionsmustern, wobei die Schlußphase auch hier reversibel ist (es wurden Cumaceen und Amphipoden untersucht). Nach wie vor gibt es aber nur sehr wenige ausführliche Untersuchungen über die Ansiedlung von Larven. Das Wenige reicht aber aus, um ein einfaches allgemeines Modell der Substratselektivität aufzustellen (DOYLE, 1979), welches allerdings nicht nur Sedimentbewohner betrifft, sondern auch die anderen Substrate (z.B. Hartböden).

10.4 Optimale Ernährung

Ernährungstypen, die man gewöhnlich auf Weichböden antrifft, lassen sich grob in drei Kategorien einteilen: Suspensionsfresser, Sedimentfresser und Räuber. Diese Einteilung ist aber nicht so eindeutig, wie man annehmen könnte, da sich oftmals das gleiche Tier sowohl von suspendiertem Material als auch von an der Sedimentoberfläche abgelagertem Material ernähren kann, z.B. die Muschel *Tellina tenuis* oder der Polychaet *Polydora ligni*, der seine Ernährungsweise nach der Wasserströmung richtet: Suspensionsfresser bei hohen Stromgeschwindigkeiten, bei niedriger Sedimentfresser. Vor kurzem wurde viel Arbeit darauf verwandt, Ernährungsprozesse zu quantifizieren und eine allgemeine Theorie der optimalen Ernährung zu formulieren (HUGHES 1980).

Das optimale Verhalten bei filtrierender Ernährungsweise ist eine Kombination der Filtrierrate und der Partikelselektion, die eine maximale Energieausbeute bewirkt. Eine allgemeine Formel der Energiegewinnung aus Verdauungsprozessen hat SIBLY (1981) (Abb. 10.8) aufgestellt. Bei der Zerkleinerung der Nahrung in aufnehmbare Einheiten wird mehr Energie benötigt, als gewonnen wird. Danach nimmt die Energie-Aufnahme sehr rasch zu, und später geht das Verhältnis von aufgewendeter zu aufgenommener Energie in eine asymptotische Bezieung über. Ein allgemeines Modell (basierend auf LEHMANNs Arbeiten) besagt, daß die Rate der gewonnenen Energie der Rate der aufgenommenen Energie entspricht, abzüglich der Energiekosten für das Filtrieren und für die Ausscheidung ungewollter Partikel. Weitere Details dieses Modells sollen hier nicht verfolgt werden und der interessierte Leser sei auf die Zusammenfassung von HUGHES (1980) verwiesen. Hervorzuheben bei diesem Modell sind die Annahmen, daß die Partikelvolumina auf dem Weg durch den Darm reduziert werden und daß die Verdauungsprozesse zuerst schnell und später langsam ablaufen. Das Modell gibt außerdem an, wieviel Energie aus verschiedenen Typen von Partikeln gewonnen wird und in welchem Verhältnis das Partikelvolumen reduziert wird. Die Filtrierrate wird als Zahl der Partikel im Darm geteilt durch

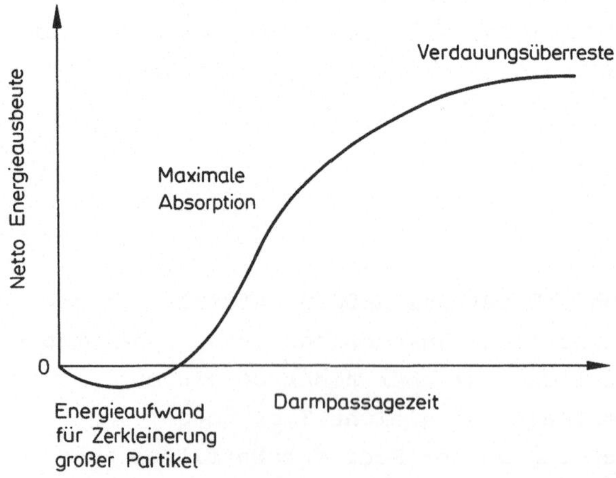

Abb 10.8. Allgemeines Modell der Verdauung für Energiegewinn, Darmpassagezeit für einen typischen Sedimentfresser (nach SIBLY, 1981)

die Zeit der Darmpassage multipliziert mit der Dichte der Partikel in angesaugtem Wasser, gewichtet nach der spezifischen Aufnahme-Rate dieser Partikel definiert. Die Energiekosten des Filtrierens bestehen aus dem Widerstandskoeffizienten der filtrierenden Anhänge multipliziert mit dem Quadrat der Filtrierrate. Die Energiekosten für das Ausstoßen ungewollter Partikel sollen linear mit der Menge der Partikel schwanken. Das entstandene Gleichungssystem kann nicht analytisch gelöst werden, sondern muß iterativ gelöst werden. Abb. 10.9 zeigt das Modell für einen Partikeltyp, der nicht ausgestoßen wird. Es ergibt sich ein Maximum, wenn der Darm voll ist. Bei höherer Partikeldichte kann der Darm auch bei niedriger Filtrierrate gefüllt sein. Bei vollem Darm bestimmen allein die Verdauungszeit und -rate die Energieaufnahme, d.h. höhere Filtrierraten können hier die Energieaufnahme kaum noch steigern. Treten zwei Partikeltypen gemischt auf, von denen einer gut verdaulich ist und der andere nicht, so hängt die spezifische Aufnahmerate ausschließlich von den "besseren" Partikeln ab (Abb. 10.9). Wenn auch die Kosten für das Ausstoßen ansteigen, ist schnell ein Punkt erreicht, an dem eine Selektion nicht mehr rentabel ist und sogar unverdauliche Partikel aufgenommen werden.

Aus diesen Modellen ergeben sich eine Reihe von nachprüfbaren Hypothesen über das Ernährungsverhalten: HUGHES (1980) faßt diese folgendermaßen zusammen:

1. Die Filtrierrate steigt mit zunehmender Nahrungskonzentration solange an, bis der Darm voll ist. Bei weiterhin steigender Partikelkonzentration erfolgt ein Abfall der Filtrierrate.
2. Die Aufnahmeraten steigen sigmoid mit der Nahrungspartikelkonzentration an bis zu einem Punkt, wo der Darm voll ist. Dieser Punkt wird gewöhnlich bei niedrigen Nahrungspartikelkonzentrationen erreicht.

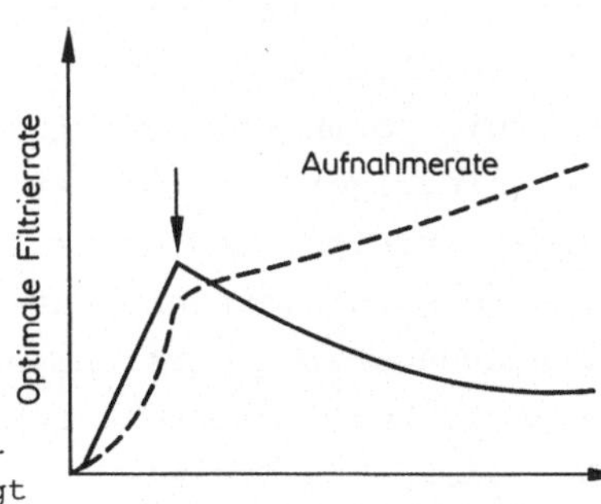

Abb. 10.9. LEHMANNs Modell-Voraussagen von Filtrierrate gegen Partikeldichte. Der Pfeil am Maximum zeigt an, wo der Darm erstmalig gefüllt ist

3. Die am leichtesten verdauliche Nahrung wird meist in gemischten Diäten aufgenommen.
4. Wenn die Selektionskosten niedrig sind, werden kleine Partikel im gleichen Verhältnis zur Dichte der leicht verdaulichen Partikel aufgenommen. Sind die Kosten hoch, werden sogar unverdauliche Partikel aufgenommen.
5. Variiert die Größe der Partikel und nicht so sehr die Verdaulichkeit, dann stellt sich die Selektion so ein, daß die maximale Aufnahmerate oberhalb des Dichtemittels liegt. Bei bimodalen Verteilungen liegt sie oberhalb des Modalwertes des zweiten Maximums. Wenn aber die Maschenweite des Filtrierapparates nicht variiert werden kann, werden die häufigsten Partikel, die größer als die Maschenweite sind, aufgenommen. Ist das Dichtemittel der Partikel kleiner als die Maschenweite, werden hauptsächlich größere Partikel aufgenommen.

Die Überprüfung dieser Thesen ist nicht einfach. Bereits veröffentlichte Daten lassen die Annahme zu, daß bei hoher Partikeldichte die Filtrierrate abnimmt, die Aufnahmerate aber konstant bleibt (Thesen 1 + 2). Nur für *Calanus pacificus* konnte bislang gezeigt werden, daß die Filtrierrate bei niedriger Partikelkonzentration abnimmt.

Das vorausgegangene Modell wurde von TAGHON, SELF und JUMARS (1978) für Sedimentfresser übernommen. Es wird angenommen, daß der Darm immer maximal gefüllt ist und daß die Nahrung aus Bakterien und organischen Überzügen der Partikeloberflächen besteht, daß also die Ausdehnung der Partikeloberflächen der kritische Faktor ist. Das Vorhandensein von Nahrung wurde als nicht so kritisch angesehen, vielmehr aber die Nahrungsverarbeitungsraten als Funktion der Verdauungseffizienz. Abb. 10.10 zeigt Ergebnisse des Modells. Bei kurzen Verweilzeiten im Darm wird die Nahrung sehr ineffizient verdaut. Mit ansteigender Dauer der Darmpassage findet auch eine bessere Verdauung statt, und reduzierte Verdauungskosten ergeben auch eine bessere Energieausbeute. Bei langen Darmpassagezeiten wird weniger Energie gewonnen, und die Aufnahme neuer Nahrung ist vorteilhaft. Bei niedriger Verdauungsrate wird aber ein kritischer Wert von t nicht erreicht und daher spielen auch Verdauungsraten keine Rolle. Höhere Aufnahmeraten führen zu deutlichen Maxima, weil bessere Verdauungsraten erreicht werden, wenn sich das Maximum der y-Achse nähert. Zwei kritische Faktoren für Sedimentfresser sind daher das Darmvolumen und die spezifische Verdauungsrate.

Abb. 10.10. Modell des Sedimentfressens auf drei verschiedenen Assimilationsniveaus. Mit ansteigender Rate nimmt die Darmpassagezeit ab (aus TAGHON & JUMARS, 1980)

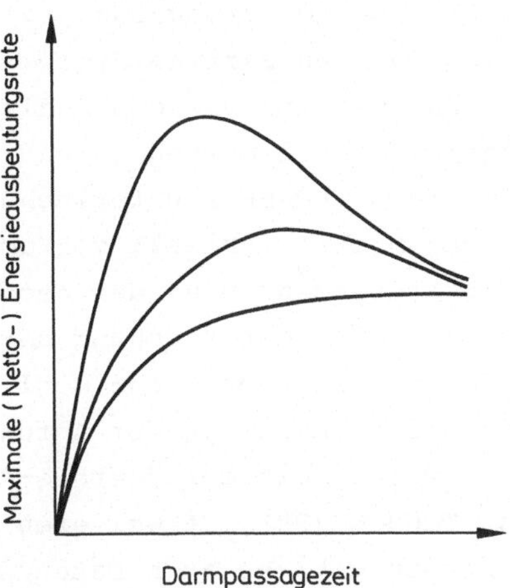

Das Modell macht folgende Voraussagen:

1. Hat man ein gleichförmiges Sediment, so steigt die Energieausbeute der Nahrung bei niedrigen Verdauungsraten asymptotisch mit der Zeit der Darmpassage an. Bei höheren Verdauungsraten wird eine optimale Ausnutzungszeit erreicht.
2. Kleine Partikel werden immer aufgenommen.
3. Größere Partikel werden nur aufgenommen, wenn das Sediment schnell durch den Darm wandert, werden aber zurückgewiesen, wenn die Verdauungsprozesse länger dauern und wenn die Kosten der Selektion bei gleichzeitigen hohen Verdauungsraten gering sind. Die Partikelselektivität steigt mit der Verdauungseffizienz an und umgekehrt. Wenn die Selektionskosten ansteigen, geht die Selektion zurück.
4. Die Verdauungsrate und der sedimentverarbeitende Apparat haben eine kritische Beziehung zum optimalen Darmvolumen.

Das Modell baut auf der Tatsache auf, daß kleinere Partikel eine größere Menge von Bakterien und organischen Überzügen tragen, da ihr Oberflächen-Volumen-Verhältnis größer ist als bei größeren Partikeln. Daher ist die Größe das alleinige Kriterium bei der Partikelselektion.

In einem Feldexperiment zeigte sich jedoch, daß der Polychaet *Pectinaria gouldii* größere Partikel bevorzugte, obwohl kleinere reichlich vorhanden waren. In diesem Falle hatten die kleineren Partikel wahrscheinlich keinen organischen Überzug. Man kann nicht davon ausgehen, daß die Effizienz des Umgangs mit den Nahrungspartikeln im Laufe des Wachstums gleich bleibt. Kleine Partikel werden unter Umständen von größeren Tieren weniger effizient bewegt. So zeigen auch FENCHELs Untersuchungen an *Hydrobia* (S. 47) eine Korrelation des log-modalen Partikeldurchmessers im Darm und dem Logarithmus der Schalenlänge, was den Schluß nahelegt, daß größere Tiere auch größere Partikel aufnehmen und nicht die Zahl der kleineren Partikel maximieren. FENCHELs Untersuchungen weisen auf einen weiteren Umstand hin, der nicht im Modell vorkommt, nämlich auf Änderungen der Partikelpräferenzen. Eine der besten Überprüfungen des Modells war DOYLEs (1979) Untersuchung der individuellen Partikelselektion bei dem röhrenbewohnenden Schlickkrebs *Corophium volutator*. Hier findet eine Anpassung der Aufnahmerate an den Nährwert des Sediments statt, welche mit der Energie-Maximierungs-Prämisse übereinstimmt (s.a. TAGHON 1981 mit weiteren Beispielen).

Dennoch gibt es auch Daten, die nicht mit dem Modell harmonieren. Erst kürzlich fand CAMMEN (1980), daß im Kohlenstoffbudget des Polychaeten *Nereis succinea* nur ein Viertel des Kohlenstoffs von Mikroben stammte. Der Rest wurde in Form von Pflanzenresten, Meiofauna oder vielleicht sogar als gelöste organische Substanz aufgenommen. Bei dieser Art wurde die Aufnahme kleiner Partikel (und Bakterien) nicht maximiert. Dies Ergebnis führt zu einer alternativen Hypothese, nämlich dem Prinzip der Homoiostase (CALOW 1982). Aufnahmeraten steigen oft bei gemischter Futterqualität an (Beispiel bei TAGHON 1981), was auf homoiostatische Prozesse schließen läßt, mit denen die Energieaufnahme konstant gehalten wird. Hier erhebt sich nun die Frage, wie ein solcher Prozeß mit suboptimaler Ernährung und Wachstum zu optimaler Anpassung führen kann. CALOW (1982) argumentiert, daß eine maximale Wachstumsrate der Nachkommen für Elterntiere risikoreich sein kann, wenn der Aufwand der Elterntiere hoch ist und beide, Eltern wie Nachwuchs, Beuteobjekt sind. Da Räuber große Beute bevorzugen, ist es nicht vorteilhaft, das größte Tier zu sein. Die Selektion favorisiert daher auch submaximales Wachstum. Bei wechselnder Futterqualität sind größere Tiere anfällger ist kleinere, weil sie niedrigere Stoffwechselraten pro Gewichtseinheit zeigen und daher auch absolut gesehen, mehr Energie verlieren. Die stabilisierende Wirkung der Selektion zeigte sich bei widrigen physikalischen Bedingungen (z.B. Kälteeinwirkung auf den Sperling *Passer domesticus* in Neu-England) wo die größten (und die kleinsten) Tiere anfälliger waren und eher starben als "durchschnittliche" Tiere, und so das submaximale Wachstum gefördert wurde. CALOW gibt noch weitere Beispiele; es gibt ausreichende Gründe anzunehmen, daß die Selektion in Richtung Energiemaximierung nicht das einzige Modell ist, das neo-darwinistischen Selektionsprinzipien entspricht. Anhand mariner Beispiele sind Hypothesen von fundamentaler Wichtigkeit entstanden, und ein aufregendes neues Forschungsgebiet tut sich auf.

10.5 Wechselwirkungen zwischen Adulten und Larven

Das Vorhandensein eines dritten Lebensformtyps - Röhrenbauer, die das Sediment stabilisieren - zusätzlich zu den Sediment- und Suspensionsfressern führte SARAH ANN WOODIN (1976) zu einer Alternative zur Hypothese vom Ernährungstyp-Amensalismus. Sie meint, daß "Gemeinschaftstypen eher durch die Wechselwirkung zwischen etablierten Individuen und neugesiedelten Larven entstehen als durch Wechselwirkung zwischen zwei etablierten Individuen". Dies scheint mir das gleiche Argument zu sein, das schon RHOADS und YOUNG verwendet haben und das auch LEVINTON diskutierte. RHOADS und YOUNG stellten fest, daß "die physikalische Instabilität des durchgewühlten Lebensraumes... Larven von Suspensionsfressern vom Siedeln abhält. Findet dennoch eine Ansiedlung statt, so können frühe Bodenstadien aufgrund der instabilen Sedimentverhältnisse gehindert werden oder sogar sterben. Die hemmenden Tiere (Sedimentfresser) sind von dieser Besiedlung nicht betroffen, während die Amensalen (Suspensionsfresser und sessile Epifauna) entweder vom Siedeln abgehalten werden oder während früher Benthosstadien sterben." Ich glaube daher nicht, daß WOODINs Ideen eine wirklich neue Hypothese sind. Sie haben vielmehr die Voraussagen der Ernährungstyp-Amensalismus-Hypothese erweitert. Ihre Thesen sind:

1. Suspensionsfressende Bivalvier mit Brutpflege, deren Eier zu groß sind, um von röhrenbauenden Polychaeten gefressen zu werden, sollten häufig sein zwischen Röhrenbauern.
2. Kleine wühlende Polychaeten sollten ihre höchsten Dichten zwischen Sedimentfressern erreichen, da ihre Larven von Suspensionsfressern gefressen werden.
3. Keine Infaunaart erreicht auf Dauer hohe Dichten zwischen Suspensionsfressern.
4. Da viele Muscheln mehrjährig sind und daher auch ihre eigenen Larven beim Filtrieren oder Sedimentverwühlen zerstören können, können Altersklassenphänomene entstehen.
5. Röhrenbauer müßten aufgrund ihrer dichten Populationen bei der Nahrungsaufnahme ebenfalls ihre Larven zerstören und ähnliche Altersklassenphänomene hervorbringen. Wenn sie aber nur einjährig sind, überdauern ihre Populationen nicht.

Es wurde in den letzten Jahren viel über Benthos-Gemeinschaften theoretisiert. Ich glaube, daß solche Ideen notwendig sind, um uns zu dem Verständnis zu verhelfen, wie solche Gemeinschaften strukturiert sind und wie sie funktionieren. Zu lange bestand die sogenannte Benthos-Ökologie aus *a posteriori* - Korrelationen von Zahlen mit z.B. Umweltfaktoren, eine Methode also, mit der man natürlich keine endgültigen kausalen Beziehungen aufstellen konnte. Die diskutierten Hypothesen geben uns Einsichten in das biologische Geschehen von Gemeinschaften. SANDERS, RHOADS und YOUNG, LEVINTON und WOODIN haben einen unschätzbaren Dienst erwiesen, indem sie weitere ziel-orientierte Forschung stimulieren. Dennoch bleibt fraglich, ob ihre Hypothesen weitere Gegenargumente überleben werden.

10.6 Ein kritischer Blick auf Kontrollfaktoren

Drei unterschiedliche Ernährungstypen scheinen nach dem Obengesagten aufzutreten, nämlich

1. Sedimentfresser, die das Sediment durchwühlen
2. Suspensionsfresser ohne Wohnröhren
3. Suspensionsfresser, die Röhren bauen und das Sediment stabilisieren.

Würden so scharf zu trennende Gemeinschaften häufig auftreten, sollte das Klassifikationsschema nach PETERSEN/THORSON anwendbar sein, da feste Muster mit wenig Überschneidungen anzutreffen wären. Da die Arten aber eher log-normal und kontinuierlich an Umweltgradienten entlang verteilt sind als in fest umrissenen Gruppierungen, sind Gruppierungen, auf die sich die oben erwähnten Hypothesen gründen könnten, sehr selten und nicht die Regel. S.A. WOODIN versucht zu erklären, daß derartige Gemeinschaften an der amerikanischen Westküste häufig, an der Ostküste aber nicht zu finden sind, weil hier Räuber einen alles zerstörenden Einfluß haben. In Europa sind scharfe Abgrenzungen nach Ernährungstypen eher die Ausnahme als die Regel. *Polydora*, ein röhrenbauender Polychaet, bildet ab und zu dichte Bestände auf Schlick. Es gibt auch Flächen, auf denen Suspensionsfresser örtlich begrenzt dominieren, wie die von HAGMEIER 1925 beschriebenen dichten *Spisula elliptica*-Populationen auf der Doggerbank. Ich glaube aber, daß die von RHOADS und YOUNG beschriebenen "gemischten Gemeinschaften" weit häufiger anzutreffen sind, wobei die Dominanzverhältnisse zwischen Sedimentfressern und Suspensionsfressern hin- und herschwanken (wie in Kap. 7 beschrieben).

Es gibt kaum Zweifel, daß Interferenz (interference competition), bei der eine Art die andere Art durch Verwühlen des Sediments an der Ausbeutung der Ressource hindert, eine wichtige und mächtige strukturierende Kraft in Benthos-Gemeinschaften darstellt. Interferenz kann natürlich den Ausschluß aller Suspensionsfresser in einem begrenzten Gebiet zur Folge haben. Meines Erachtens ist es aber wahrscheinlicher, daß dieser Ausschluß nur in kleinen, örtlich begrenzten Flecken auftritt und dadurch die zeitlichen Wechsel der lokalen Dominanzverhältnisse entstehen (s. auch die Diskussion der Stabilität in Kap. 7.4).

Ich finde LEVINTONs Argument, daß Suspensionsfresser unspezialisierte Opportunisten mit breiten überlappenden Nischen seien, überzeugend. Ihre Nahrung ist nicht vorhersagbar und kann sogar im Übermaß anfallen. Hier ist eine opportunistische Strategie die richtige Lebensweise. Es gibt zwar Suspensionsfresser, deren Larven wie Opportunisten große Flächen gleichmäßig besiedeln, sie sind aber im Gegensatz zu klassischen r-Arten langlebig. In diese Kategorie gehören die Herzmuschel, *Cerastoderma edule* auf Weichböden und auf Hartböden die Miesmuschel, *Mytilus edulis*. Beide Arten können sich durch Verlangsamung des Wachstums an Nahrungsmangel anpassen. An ungeschützten Felsküsten von Nordost-England können 10 mm lange Exemplare von *Mytilus edulis* bis zu 15 Jahre alt sein. Nach einem dichten Larvenfall führt intraspezifische Nahrungskonkurrenz bei hoher Siedlungsdichte zu einer Anpassung der Wachstumsrate. Hier finden wir also eine etwas abweichende "Strategie". Anstelle des klassischen r-selektierten Opportunisten mit hoher Fruchtbarkeit und kurzer Lebensspanne, sind diese Arten physiologisch was Wachstumsrate und Fruchtbarkeit angeht sehr anpassungsfähig. Diese Strategie stimmt aber mit der von Opportunisten überein, wenn man annimmt, daß Streß zu reduziertem Wachstum führt. Dies kommt ähnlich auch bei Pflanzen vor (GRIME, 1979). Außerdem maximiert *Mytilus* seine Gametenproduktion wie ein Opportunist auf Kosten des Wachstums (BAYNE, 1980). Dies findet man wahrscheinlich auch bei *Cerastoderma*. Eine Abweichung von der klassischen r-Strategie ist nur die lange Lebensspanne.

Nahrung ist nicht der alleinige limitierende Faktor. Man findet in Sedimenten intensive Raumkonkurrenz, weil die Nischen überlappen. Keine Art ist lange genug vorherrschend, um Nischenspezialisationen hervorzubringen oder um andere Arten völlig zu verdrängen. Kurzzeitig kann die Konkurrenz sehr stark sein (s. auch Stabilität - Zeit Hypothese S. 55).

Die Annahme von Nahrungslimitation bei Sedimentfressern ist noch zweifelhafter. LEVINTONs Ansicht, daß die Abbaurate der Kotpillen von Hydrobiiden deren Populationsgröße bestimmt, ist für sich genommen überzeugend. Er geht aber weiter und postuliert, daß alle anderen Arten ebenso wie die Hydrobiiden ihre Kotpillen nicht sofort wieder fressen. Das ist meiner Meinung nach nicht der Fall. Tatsächlich sind viele Sedimentfresser als Koprophagen bekannt, und oft spielen gerade diese Arten eine wichtige Rolle bei der Zerkleinerung von Kotpillen, was Bakterien leichter und schneller ihr Werk vollenden läßt.

Im Oslofjord sammeln sich Kotpillen an bestimmten Stellen an, und da es hier keine Gezeiten und Meeresströmungen gibt, treten auch keine natürlichen Störfaktoren wie im Gezeitenbereich auf. Ich glaube aber nicht, daß es irgendwelche Anzeichen für Nahrungslimitierung in den Gebieten des Fjords gibt, wo hohe Kotpillen-Konzentrationen auftreten. Die Dichten der Makrofauna sind im Gegenteil dort am höchsten, wo die meisten Kotpillen gefunden werden. LEVINTONs Hypothese ist daher nur auf ziemlich begrenzte Gebiete anwendbar.

LEVINTON ist vorsichtig, indem er nur über die trophische Dimension der Nische spricht, die aber wichtige Verzweigungen hat. Viele der Spezialisationen von Sedimentfressern zeigen sich in ihrer Ansiedlung in verschiedenen Tiefenhorizonten im Sediment, d.h. es tritt offensichtlich Raumkonkurrenz auf. Jeder Sedimentfresser braucht einen gewissen Raum, in dem er seine Nahrung sucht. Um diesen Raum wird intensiv gekämpft. (Man kann eine Paralelle zu den Vögeln ziehen: Territorien, die ihrer Nahrungssuche dienen, werden von Einzelindividuen oder von Paaren verteidigt. Darüberhinaus wohnen verschiedene Vogelarten unterschiedlich hoch in einem Baum.) Die sichtbare Raumkonkurrenz ist also in Wirklichkeit Nahrungskonkurrenz und die Tiefenspezialisierungen von Benthos-Organismen spiegeln Konkurrenz um Nahrungsressourcen über stammesgeschichtliche Zeiträume wieder. Raum allein ist in einem dreidimensionalen Lebensraum selten eine limitierende Ressource. Ist Nahrung limitierend? Ich habe früher schon ausgeführt, daß die Erklärung anhand der Kotpillen nur in bestimmten Gebieten zutrifft. Meine Auffassung beruht auf experimentellen Daten, die ich in Absatz 10.7 diskutieren will.

Die ersten beiden von WOODINs fünf Thesen, nämlich daß (1) suspensionsfressende Muscheln so große Eier haben, daß sie von röhrenbauenden Suspensionsfressern nicht gefressen werden und daher ihre höchsten Dichten inmitten von Röhrenwürmern haben sollten, und (2) daß kleine wühlende Polychaeten nicht zwischen Suspensionsfressern existieren können, weil sie schon als Larven gefressen werden und daher am häufigsten zwischen Sedimentfressern vorkommen - sind beide offensichtlich und durch genügend Beispiele belegt. Die These (3), daß keine Infaunaart zwischen Suspensionsfresserbeständen in großer Dichte vorkommen kann, wird durch die zahlreiche Infauna in Mytilus-Bänken sowohl im Gezeitenbereich als auch im Sublitoral widerlegt. Gerade Nereiden sind in solchen Bänken sehr häufig anzutreffen. Die Erklärung liegt in der Tatsache begründet, daß Suspensionsfresser nicht das gesamte vorhandene Wasser durchfiltern (wie aus Untersuchungen zur Filtrationseffizienz von von Bivalviern bekannt ist), und deshalb eine Ansiedlung von Infaunaarten durchaus möglich ist. Sind sie erst einmal in den dichten Beständen etabliert, dann gibt es reichliche Nahrung in Form von Pseudofaeces und Faeces, zusätzlich zum sedimentierten Material.

Die letzten beiden Thesen (4 und 5), daß Jahresklassenphänomene entstehen, wenn die vorhandenen Adulten Larven der eigenen Art auffressen, setzen voraus, daß alle Adulten zur gleichen Zeit sterben und dadurch die Gelegenheit zur Rekrutierung einer neuen Altersklasse geben. Sterblichkeit tritt aber zumeist fleckenhaft und zeitlich verschoben auf, so daß Larven zu jeder Zeit gestorbene Adulte ersetzen können und über die ganze Lebensspanne des Organismus das Areal wiederbesiedeln können. Das Phänomen der wechselnden Jahrgangsstärken kann nicht durch Wechselwirkung zwischen Adulten und Larven erklärt werden, sondern ist das Ergebnis von Jahren mit guter bzw. schlechter Rekrutierung, welche wiederum gekoppelt sind mit klimatischen Veränderungen. Diese Phänomene wurden von CUSHING (1975) in seiner "match-mismatch"-Hypothese, die jährliche Schwankungen der Planktonhäufigkeit erklären soll, aufgenommen. Ein Jahresklassenphänomen könnte auftreten, wenn Adulte ihren Lebensraum zu ihrem Nachteil verändern, so daß es zu Massensterben kommt. Dies geschah auf der Doggerbank (1925), mit *Spisula elliptica*, die massenweise starb, nachdem durch ihre Nahrungssuche, bei der sie die feinen Partikel absaugt und ins freie Wasser bläst, das Sediment größer geworden war. Wichtig in diesem Zusammenhang ist, daß Tiere selbst den Lebensraum verändern und unterschiedliche Jahresklassen entstehen lassen und daß nicht die Beziehung zwischen Adulten und Larven verantwortlich ist. Es ist nicht meine Absicht, alle Hypothesen zu widerlegen. Die Hypothese vom Ernährungstyp-Amensalismus ist tatsächlich überzeugend. Ich wollte vielmehr klarstellen, daß solche Hypothesen nicht durch alle verfügbaren Daten gestützt werden und daher auch nicht als allgemeine Regeln gelten können. Natürlich kann eine einzelne Hypothese nicht die ganze Komplexität der Verteilungsmuster in Benthos-Gemeinschaften erklären. Nötig sind daher Hypothesen, die man prüfen kann, und der nächste Absatz zeigt, daß dies mit gutem Erfolg durchgeführt wurde.

10.7 Experimentelle Manipulation von Benthos-Gemeinschaften

Problematisch an vielen der Hypothesen aus dem vorangegangenen Abschnitt ist, daß sie kaum angemessen nachzuprüfen sind. Wie wollen wir prüfen, ob Nahrung für Sedimentfresser limitierend ist? Wird WOODINs Adulte-Larven-Hypothese wirklich durch das Auftreten von vielen kleinen Polychaeten zwischen Sedimentfressern belegt? Vieles über die Organisation von Benthos-Gemeinschaften haben wir durch experimentelle in-situ Manipulationen an natürlichen Populationen gelernt. Das erste Experiment dieser Art wurde vor langer Zeit (1917-1919) von dem Dänen BLEGVAD (1928) durchgeführt, der am räuberischen Einfluß von Fischen auf das Benthos interessiert war. Er stellte Netzkäfige über das Sediment, um Fischen den Zugang zu verwehren und fand, daß die bevorzugten Fischnährtiere 60 mal häufiger unter den Käfigen als außerhalb waren. Dieses Experiment wurde im Sommer durchgeführt.

Über 40 Jahre später wurde diese Technik von S.A. WOODIN (1974) wieder aufgenommen. Sie war damals Studentin von ROBERT PAINE an der Universität von Washington, Seattle, der elegante und einfache Experimente ähnlicher Art an Felsküsten durchgeführt hatte. Mittels Netzkäfigen, die er über Felsflächen befestigt hatte, konnte PAINE (1966) nachweisen, daß die Gemeinschaftsstruktur vom Seestern *Pisaster* bestimmt wird, der seinen potentiellen Raumkonkurrenten *Mytilus californianus* auffrißt. War *Pisaster* anwesend, so konnten auch viele andere Arten den Platz nutzen, den *Pisaster* durch Wegfraß von *Mytilus* geschaffen hatte. War *Pisaster* jedoch nicht vorhanden, nahm *Mytilus* den gesamten Platz ein. WOODIN führte ähnliche Versuche mit Netzkäfigen zum Ausschuß von räuberischen Wirbellosen auf schlickigen Wattflächen durch. Tabelle 10.1 zeigt Ergebnisse eines derartigen Experiments. Nur *Platynereis bicaniculata* und *Armandia brevis* pflanzten sich während des Experiments fort. Es gab einen klaren Wechsel der Dominanzverhältnisse, wobei die wühlenden Arten unter den Netzkäfigen an Häufigkeit zunahmen. WOODIN nimmt an, daß die Röhrenbewohner auf dem

Tabelle 10.1. Häufigkeit von drei röhrenbauenden und einer grabenden Art in 0.05m^2 abgedecktem und freiem Sediment

	Röhrenbauende Arten			Grabende Arten	
	Lumbrinereis inflata	*Axiothella rubrocinctata*	*Platynereis bicaniculata*	*Gesamt*	*Armandia brevis*
Ohne Käfig	168	123	358	649	47
	92	158	313	563	52
Mit Käfig	168	136	47	351	143
	132	153	25	310	160
	113	141	19	273	129
	64	104	54	222	139

Daten von WOODIN (1974)
Proben aus dem Zeitraum August bis November-Dezember

Käfig siedeln, während die wühlenden Formen durch die Maschen in das Sediment gelangten. Normalerweise würden also die Röhrenbauer die Wühler durch Interferenz verdrängen. Mit Experimenten konnte WOODIN noch zwei weitere wichtige Sachverhalte demonstrieren: Ist ein Räuber (in diesem Fall ein Krebs, *Cancer magister*) unter dem Netzkäfig, dann nimmt die Zahl der Röhrenbewohner drastisch ab, während die Zahl der Wühler annähernd konstant bleibt. Außerdem können Unterschiede in der Larvenrekrutierung die gefundene Gemeinschaftsstruktur stark beeinflußt haben. Diese Ergebnisse stimulierten eine große Zahl von ähnlichen Experimenten.

Ich habe versucht, WOODINs experimentellen Ansatz zu verbessern, indem ich große Käfige verwendete, die eine wiederholte Probennahme in regelmäßigen Zeitabständen zuließen. Während WOODINs Käfige nur 28 x 34 cm maßen, waren meine Käfige 2 x 2 m. Die Käfige standen auf einer Wattfläche im Tees Astuar, England, wo es große Bestände von überwinternden Vögeln gibt. Es ergaben sich aber keine signifikanten Änderungen der Abundanz, weil die Größe des Käfigs es unmöglich machte, eingegrabene Räuber, wie z.B. Strandkrabben, auszuschließen. Ähnliche Erfahrungen machte ARNTZ (1977) im Sublitoral der Kieler Bucht. Hier wurden Netzkäfige ausgebracht, um den Einfluß von räuberischen Fischen (Dorschen) auf die Struktur der Benthos-Gemeinschaft zu untersuchen, was mißlang. Stattdessen ergaben sich interessante Aspekte der selektiven Ausbeutung des Benthos durch Kleinfische (Grundeln) und Strandkrabben, die ihrerseits wiederum durch den Versuchsaufbau vor der Verfolgung durch Dorsche geschützt wurden.

Eine der aufregendsten Serien von Räuberausschlußexperimenten wurden von KARSTEN REISE (1977) im Lister Sandwatt vor der Insel Sylt durchgeführt. Er brachte Netzkäfige über verschieden lange Zeiträume aus. Seine Ergebnisse sind in Tabelle 10.2 dargestellt. Bei ihm stieg nicht nur die Individuenzahl bis um das 20fache an, sondern auch die Artenzahl. Derartige Effekte scheinen sogar für alle Käfigexperimente in geringen Wassertiefen typisch zu sein: Anzahl, Biomasse und Artenzahl steigen unter Netzkäfigen an. Das steht im Gegensatz zu Experimenten an Felsküsten, wo gegenseitige Verdrängung die Regel ist. Die Artenzahl sinkt ab, wenn eine Art, normalerweise ein Mytilide, die anderen Arten durch Raumkonkurrenz verdrängt. Hier liegt bislang ein entscheidender Unterschied zwischen Weichboden- und Hartenbodenexperimenten. Warum soll aber die gegenseitige Verdrängung nur auf Hartboden auftreten und nicht im Sediment?

Die These, daß bei Räuberausschuß auf Hartböden die Artenzahl sinkt, basiert auf Käfigexperimenten, die *Pisaster* ausschließen. *Mytilus* kann dann den freien Raum beherrschen. Der Erfolg von *Mytilus* beruht weitgehend auf der Tatsache, daß sie Larven hat, die den freien Raum besiedeln können, und auf ihrer Fähigkeit, mögliche andere Raumkonkurrenten einfach zu überwachsen. Eine entscheidende Frage ist, ob die Artenzahl wirklich abnimmt. Bei Weichbodenexperimenten wurden alle Arten gezählt, die auf einem 1 mm oder 0,5 mm Sieb zurückblieben. Die Hartbodendaten von PAINE und anderen beruhen dagegen auf der Einnahme des Platzes von Arten, die man direkt zählen kann. Es gibt hier eine reiche Infauna in den *Mytilus*-Placken, die nicht mitgezählt wurden. Man kann eine Anzahl neuer, seltener Arten erwarten, die den neuen vergrößerten Raum innerhalb der *Mytilus*-Aggregationen im Sinne der Arten/Areal-Beziehung einnehmen. Bei den Felsküstenergebnissen wurde aber die dritte Dimension der Tiefe vernachlässigt und nur die Verdrängung in zwei Dimensionen betrachtet. Daher sind auch die Datensätze nicht richtig vergleichbar.

Tabelle 10.2. Abundanz und Artenzahl der Makrofauna in 400 cm^2 abgedecktem und freiem Wattsediment nach dreimonatiger Exposition (Sylter Watt)

	Juni bis Okt. 1974		März bis Juni 1975		Juli bis Okt. 1975	
Arten	Kontrolle	Käfig	Kontrolle	Käfig	Kontrolle	Käfig
Capitella capitata	7	32	41	222	37	56
Polydora spp.	0	71	15	104	10	213
Peloscolex benedeni	65	1792	180	373	328	1222
Heteromastus filiformis	52	45	47	25	96	89
Pygospio elegans	1	157	237	706	7	140
Tharyx marioni	9	889	63	203	3	2129
Cerastoderma edule	2	189	20	307	3	513
Macoma balthica	1	5	28	939	0	2
Gesamtindividuenzahl	150	3459	828	3332	477	4937
Gesamtartenzahl	12	22	21	25	7	28

Aus REISE (1977)

10.8 Schlußfolgerungen

In einer Zusammenfassung über die Ergebnisse von Käfigversuchen auf Weichböden kommt PETERSON (1980) aufgrund generell steigender Abundanz und Biomasse unter Käfigen zu dem Schluß, daß Sedimentfresser normalerweise nicht nahrungslimitiert sind, sondern durch andere Arten, die das Sediment stören unterhalb der Tragekapazität (carrying capacity) des Lebensraumes gehalten werden. Sind diese "Störer" erst einmal durch Netzkäfige ausgeschlossen, kann die Tragekapazität ausgeschöpft werden. Da solche Käfigexperimente aber gewöhnlich kurzfristig sind- lautet das Gegenargument - gibt es auch nicht genügend Zeit, damit konkurrenzmäßige Verdrängung zum Tragen kommen kann, die möglicherweise Anzahlen und Biomasse wieder reduzieren würden. (Die benötigte Zeit hierfür kann sehr lang sein, da die Arten einfach ihr Wachstum reduzieren und nebeneinander ohne erhöhte Sterblichkeit weiterleben können.)

Die beobachteten Effekte könnten aber auch reine Artefakte des Netzkäfigs sein. Ich habe REISEs Daten in Tabelle 10.2 anders angeordnet als der Autor, um solche Arten hervorzuheben, die unter den Netzkäfigen besonders zugenommen haben. Dies sind: *Capitella capitata*, *Polydora spp.*, *Peloscolex benedeni*, *Heteromastus filiformis*, *Pygospio elegans* und *Tharyx marioni*. Wie schon in Kapitel 8 erörtert wurde, sind all diese Arten, vielleicht mit Ausnahme von *Tharyx*, klassische Opportunisten, die auf Störungen mit einer Häufigkeitszunahme reagieren. Die Installation eines Netzkäfigs über dem Sediment ist gewiß eine Störung der Gemeinschaft (die Sedimentationsrate steigt an, der Wasserdurchstrom ist reduziert, auch das Licht ist geringer etc.). Das Experiment schließt also nicht nur potentielle Störer aus, sondern hat selbst einen gewaltigen Störeffekt, der ein Ansteigen der Häufigkeit von Opportunisten nach sich zieht. Ich habe also Zweifel, ob man anhand von REISEs Daten behaupten kann, daß die Individuenzahlen infolge des Räuberausschlusses um einen Faktor von 20 ansteigen würden. Summiert man den Zuwachs der oben genannten Opportunisten unter den Käfigen und zieht ihn dann von der Gesamtsumme der Käfigdaten ab, dann ändert sich das Verhältnis von Käfigdaten zur Kontrolle wie folgt: 670/150, 2282/828 und 1569/477 für die einzelnen Zeitabschnitte. Der spektakuläre 20fache Anstieg, den REISE auf Räuberausschluß zurückführt, wird dann auf einen stetigen 3-4fachen Anstieg reduziert. Hauptanteil an diesem Anstieg haben insbesondere die Muscheln *Cerastoderma edule* und *Macoma balthica*, die vor Räubern geschützt sind.

Netzkäfige, die in Experimenten im Oslofjord (23 m Tiefe) von J.A. BERGE auf organisch angereicherte Sedimente gesetzt wurden, hatten einen erstaunlich geringen Effekt. Die Arten-Rangliste war sowohl im Experiment als auch bei der Kontrollstation gleich. In einem unverschmutzten Gebiet war die Individuenzahl im Käfig (4779) signifikant höher als an der Kontrollstation (2849). Fast der gesamte Zuwachs unter den Käfigen bestand aus kleinen neugesiedelten Tellinaceen (Muscheln), die hier vor Räubern geschützt waren. BERGE folgerte, daß in den Gebieten, die er untersucht hat, Räubereinfluß nur einen geringen Einfluß auf die Strukturierung der Gemeinschaft hat. Dies steht im Gegensatz zu den Wattdaten. Wenn meine Analyse jedoch richtig ist und man die Artefakte vom wahren Räuberausschluß abtrennt, so kommt man für das Watt wie auch für das Sublitoral zum gleichen Schluß, nämlich daß Räuber, die eine Gemeinschaft stören (sensu HUSTON, Kap. 6) für deren Strukturierung nur eine untergeordnete Rolle spielen, weil sie wahrscheinlich nur frischgesiedelte Muschellarven beeinträchtigen.

Ist dies aber der Fall, dann ist auch PETERSONs These, daß Benthos-Gemeinschaften durch Störungen unter der Tragekapazität gehalten werden und nicht nahrungslimitiert sind, für die meisten Infauna-Gemeinschaften hinfällig. Denn es gibt kaum Zweifel, daß Benthos-Gemeinschaften in der Tiefsee und in der Ostsee nahrungslimitiert sind. In diesen Gebieten ist bei überdurchschnittlicher Abundanz von Muscheln zugleich mit einer Reduzierung des Wachstums zu rechnen, was auf Nahrungslimitierung für Sediment- und Suspensionsfresser schließen läßt. Weitere sorgfältig kontrollierte Experimente werden diese interessante und wichtige Kontroverse sicher klären. Wir sollten uns aber nicht länger mit unspezifischen Räuber-Ausschluß-Experimenten aufhalten, sondern unser Augenmerk mehr auf sorgfältig aufgebaute von Störeffekten weitgehend freie Experimente richten, wie z.B. die künstliche Änderung der Dichte einzelner Arten bei gleichzeitiger in-situ Messung der Wachstumsraten, oder experimentelle Änderung der Räuberdichte anstelle des Ausschlusses aller Räuber, um so besser den "natürlichen" Einfluß von Räubern messen zu können. Ein gutes Beispiel hierfür findet sich in PETERSONs (1982) Vergleich des Wachstums von Muscheln in Käfigen und an Kontrollstationen. Räuberische Fische ernährten sich hauptsächlich von Muschelsiphonen. Der Zwang zur ständigen Regeneration war ein großer Energieverlust für die Muscheln und führte zu reduziertem Wachstum, wenn man sie mit Tieren vergleicht, die durch die Käfige vor dem Verlust ihrer Siphonen bewahrt wurden. Die Frage der Nahrungslimitierung von Benthos-Gemeinschaften im Sediment hat sehr wichtige Konsequenzen für das allgemeine Problem der Größe von Fischbeständen und ist von besonderer Bedeutung in Energieflußmodellen von Benthos-Systemen. Ich vermute, daß man einzelne Gebiete finden wird, deren Gemeinschaften nicht nahrungslimitiert sind und wiederum andere, die es sind, wobei letztere mehr die Regel als die Ausnahme sein werden.

11 Funktion in Benthos-Gemeinschaften

Zu Beginn dieses Buches wurde zwischen Struktur und Funktion unterschieden. Struktur wurde definiert als Fluktuationen von Individuenzahl und Anzahl in Raum und Zeit. Funktion war die Art und Menge des Energieflusses durch das System. Es ist sehr schwer, feste Trennungsstriche zwischen beiden Begriffen zu ziehen. Mißt man z.B. Biomasse oder Individuenzahlen, wie sie sich in der Zeit verändern, so mißt man tatsächlich strukturelle und funktionelle Veränderungen. Diese Trennung ist also künstlich und es ist angebracht, Struktur und Funktion zusammen zu untersuchen. Ein Beispiel eines solchen kombinierten Ansatzes wäre die Untersuchung von Verschmutzungswirkung auf marine Organismen, und zwar biochemisch (als Veränderungen in den Enzymsystemen entlang einem Verschmutzungsgradienten), physiologisch, wobei z.B. das Wachstumspotential gemessen wird als Index vom Energieinput verglichen mit dem Energieoutput), und ökologisch (durch Messen z.B. der Wachstumsraten im Feld). Diese Ansätze überlappen und ergänzen sich gegenseitig. Die genannten Techniken werden aber meistens auf dem Individuenniveau angewendet, während ich hier hauptsächlich von Populationen oder Gruppierungen von Populationen verschiedener Artengemeinschaften gesprochen habe. Ich beginne mit der Diskussion noch größerer Einheiten als Gemeinschaften, nämlich Ökosystemen.

Der englische Botaniker TANSLEY benutzte als erster den Begriff Ökosystem, den er nicht nur auf die Organismen beschränkte, sondern in den er den Komplex der physikalischen Variablen der Umwelt mit einbezog. Funktionelle Studien an Ökosystemen begannen mit LINDEMANNs (1942) klassischem Aufsatz über Ernährungsdynamik. LINDEMANN sah die Nahrung weniger als partikuläre Substanz, sondern betrachtete ihren Energiegehalt und konnte damit verschiedene Systeme unterscheiden. So ist z.B. der Nahrungswert von 1 g *Ensis* nicht gleich dem von 1 g *Calanus*, weswegen man die zwei Arten auch nicht gewichtsmäßig vergleichen kann. Man kann sie aber anhand der Energieeinheiten vergleichen, die jedes Gramm Trockengewicht enthält. Die Energieeinheit war ursprünglich die Kalorie. Jetzt wurde aber allgemein die Einheit Joule (J) festgelegt, wobei eine Kalorie 4.2 Joule entspricht. *Ensis* enthält 14 654 J g^{-1} Trockengewicht, *Calanus* dagegen 30 982 J g^{-1} Trockengewicht.

LINDEMANN nahm an, daß die ursprüngliche Energiequelle für jede Gemeinschaft das Sonnenlicht ist, das in Pflanzen fixiert und gespeichert wird. Pflanzen stellen daher die unterste Ernährungsstufe (trophische Ebene, Trophiestufe) in Ökosystemen dar. Wenn herbivore Tiere Pflanzen fressen, geht die Energie vom pflanzlichen Protoplasma auf das tierische Protoplasma über (d.h. zur nächsten trophischen Ebene). Aber entsprechend dem zweiten Hauptsatz der Thermodynamik kann der Energietransfer zwischen zwei Stufen niemals 100% sein; viel Energie geht durch Atmung verloren. Werden die Herbivoren nun von Carnivoren gefressen, tritt ebenfalls ein Energieverlust auf. Es fließt also ständig Energie durch das System, deren Flußraten man in J $m^{-2}d^{-1}$ mißt.

LINDEMANN maß die ökologische Effizienz zwischen zwei Trophiestufen eines Ökosystems als

$$E = I_t/I_{t-1} \times 100$$

wobei I die Energieaufnahme ist und t die trophische Ebene. In seinem Untersuchungsgebiet am Cedar Bog Lake in Minnesota, USA, fand LINDEMANN über alle Trophiestufen eine durchschnittliche ökologische Effizienz von 10% (Bereich 5,5 - 22,3%). Seit dieser Arbeit hat sich der Wert von 10% eingebürgert, obwohl in manchen pelagischen Systemen (Plankton) Effizienzen von mindestens 22 - 25% üblich sind.

Abb. 11.1 zeigt schematisch die idealisierte trophische Struktur eines typischen Ökosystems. Viel Material geht sofort in den Abbauzyklus, um dann letztendlich wieder als Nährstoff in den Kreislauf zu gelangen. Kein System ist in Wirklichkeit geschlossen, wie dieses hier. Material wird durch wandernde Tiere herein und heraus gebracht und außerdem durch Umweltfaktoren transportiert. Viele Arten ernähren sich auf mehr als einer Trophiestufe, womit sie zur Komplexität des Systems beitragen.

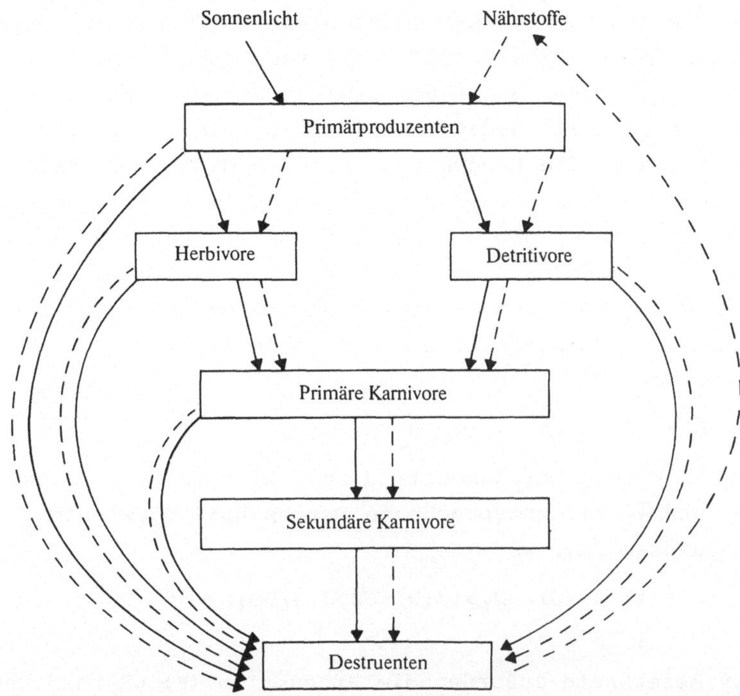

Abb. 11.1. Idealisierte trophische Struktur eines Ökosystems. Durchzogene Linien: Energiefluß; gestrichelte Linien: Fluß der Nährstoffe. Energie fließt nur in eine Richtung, während die Elemente wieder in den Kreislauf gehen

Die Berechnung der ökologischen Effizienz eines ganzen Ökosystems ist eine außergewöhnlich komplexe und zeitaufwendige Aufgabe, die nur selten durchgeführt wurde. Zunächst haben sich viele Forscher bei funktionellen Untersuchungen auf den Vergleich von Produktionsraten verschiedener Arten im Laufe eines Jahres konzentriert. Dieses Ziel ist realistischer als die Berechnung von ökologischen Effizienzen. Deswegen war auch die Produktionsabschätzung über lange Zeit der am weitesten verbreitete Ansatz zur Untersuchung von Benthos-Gemeinschaften.

11.1 Sekundärproduktion von benthischer Makrofauna

Organisches Material, das innerhalb einer Gemeinschaft von Pflanzen produziert wird, nennen wir Primärproduktion, weil Pflanzen ihre organische Substanz direkt aus dem Sonnenlicht über die Photosynthese herstellen. Tiere müssen ihre Energie durch Aufnahme von Pflanzen oder anderen Tieren gewinnen. Deswegen wird tierische Produktion Sekundärproduktion genannt.

Die ersten Produktionsdaten von Benthos-Tieren stammen von dem Dänen BOYSEN-JENSEN (1919). Während einer achtjährigen Untersuchung der Fauna einer Bucht des Limfjordes schätzte er die Populationszahlen im April jedes Jahres und berechnete daraus zusammen mit Gewichtsdaten die Produktion. Für die Muschel *Corbula gibba*, die sich einmal im Jahr fortpflanzt, fand er im April eine Rekrutierung von 162 Individuen pro m^2. Diese hatte ein Gesamtgewicht von 3,9 g. Im April 1913 waren hiervon nur noch 90 Exemplare mit einem Gesamtgewicht von 3,4 g vorhanden. Seine Abschätzung des Wegfraßes (heute Elimination, E, genannt) durch die Scholle *Pleuronectes platessa* war folgendermaßen:

$$E = (N_1 - N_2) x\ 0{,}5(\bar{w}_1 + \bar{w}_2)$$

wobei N_1 der Anfangsbestand in Zahlen ist und N_2 der Endbestand mit $\bar{w}_1$ und $\bar{w}_2$ als entsprechende Durchschnittsgewichte.
In diesem Fall war

$$E = (162-90) x\ 0{,}5(3{,}9/162+3{,}4/90)$$
$$= 2{,}23 \text{ g}$$

Er berechnete außerdem die Produktion (P) während des Jahres, indem er den Bestand (Biomasse eines Bestandes zu einem gegebenen Zeitpunkt) am Jahresende (B_1) zur Elimination hinzuzählte und den Anfangsbestand (B_0) abzog.

$$P = 2{,}22 + 3{,}4 - 3{,}9$$
$$= 1{,}7 \text{ g}$$

Diese Methode wird heute noch verwendet. Man kann sie auch als Formel ausdrücken.

$$P = (B_1 - B_0) + E. \qquad (11.1)$$

BOYSEN-JENSEN merkte bald, daß der Fall von *Corbula* ein Spezialfall war, weil sie unregelmäßig Nachkommen produziert. Normalerweise muß der Zuwachs an Rekruten (in g) zur Gleichung 11.1 hinzugezählt werden, um eine vernünftige Produktionsabschätzung zu erhalten. Die Rekruten sind natürlich in der veränderten Biomasse des Bestandes am Jahresende enthalten.

Das Problem der BOYSEN-JENSEN-Methode, dessen sich der Autor bewußt war, liegt in der Annahme, daß die Elimination theoretisch am Ende des sechsten Monats (0,5 x 1 Jahr) bei einem mittleren Gewicht der Tiere auftritt. BOYSEN-JENSEN sah diesen möglichen Fehler als gering an, obwohl er tatsächlich sehr groß sein kann. Konstanter Raubdruck führt zu einer ständig kleiner werdenden Population und die mittlere

Sterblichkeit (und damit Biomasse) wird weit vor dem sechsten Monat erreicht sein.

Diesen Fehler kann man mit häufigerer Probennahme mindern. Howard SANDERS unternahm dies 37 Jahre nach BOYSEN-JENSENs richtungsweisenden Untersuchungen. SANDERS produzierte eine Kurve aus dem logarithmierten Individualgewicht gegen die Zeit (Wachstum) und der logarithmierten Anzahl gegen die Zeit (Überlebende). Die Population sollte nur aus Rekruten bestehen, die kurz vor der ersten Probennahme gesiedelt hätten, so daß die Biomasse des Anfangsbestandes (B_0) gleich Null angenommen werden kann.

Abb. 11.2 zeigt Ergebnisse, die auf diese Art für *Nephtys incisa* gewonnen wurden. Anstelle von jährlichen Messungen wurden vierteljährlich Proben genommen und die Kurven mit der BOYSEN-JENSEN Methode abgeleitet. Elimination und Wachstum kann damit für jeden beliebigen Zeitraum bestimmt, und Zahlen für jährliche Produktion gewonnen werden.

Als Beispiel für eine moderne Produktionsabschätzung möchte ich die Daten von KIRKEGAARD (1978) über *Nephtys hombergi* verwenden, einem Polychaeten, der im Isefjord in Dänemark untersucht wurde. Tabelle 11.1 zeigt den genauen Rechenablauf. Die mittlere Häufigkeit und Biomasse wurde monatlich bestimmt und das mittlere Gewicht kann aus diesen Zahlen durch Division der Biomasse durch die Anzahl gewonnen werden. Die Produktion einer Altersklasse wird gewöhnlich aus den Änderungen des mittleren Individualgewichts und der mittleren Individuendichte innerhalb eines Sammelintervalls ermittelt.

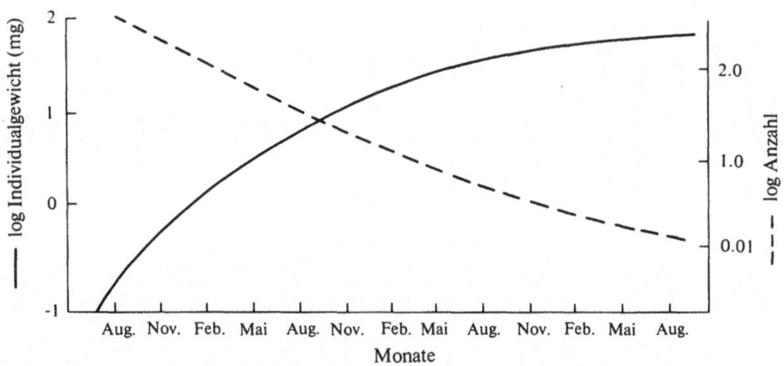

Abb. 11.2. Überlebende und Wachstum von *Nephtys incisa* (nach SANDERS, 1956)

Tabelle 11.1. Produktionsberechnung für eine Kohorte des Polychaeten *Nephtys hombergi* aus dem Isefjord, Dänemark 1970-71. Daten nach KIRKEGAARD (1978).

a Die Produktion wird nach der Gleichung $P = 1/2\ (N_t+N_{t+1})\ (\bar{w}_{t+1}-\bar{w}_t)$ berechnet. Die Gesamtproduktion dieser Altersklasse ist demnach die Summe dieser Produktionszuwächse (s.11.2)

b Die Elimination wird nach der Gleichung $E = 1/2\ (\bar{w}_t+\bar{w}_{t+1})\ (N_t-N_{t+1})$ berechnet. Die Gesamtelimination dieser Altersklasse ist demnach die Summe der Verlust durch Mortalität (s.11.3) zuzüglich der am Ende der Untersuchung noch verbleibenden Biomasse.

c Produktion und Elimination gleichen sich, wenn man annimmt, daß das letzte Tier (360 mg) mit einem Gewicht von 637 mg verschwindet.

d Dies ist der $P/\bar{B}$ Wert für eine aus den Jahresklassen I-III zusammengefügte Population. Der $P/\bar{B}$ Wert für die Kohorte über ihre ganze Lebensspanne ist 4405/938≈4,7.

Zeit (Alter) t(Mon.)	Abundanz $N\ m^{-2}$	Individual Gewicht $\bar{w}$ (mg)	Biomasse $N \times \bar{w}$ $(mg \times m^{-2})$	mittl. Dichte $1/2(N_t+N_{t+1})$	mittl. Ind. Gew. $1/2(\bar{w}_t+\bar{w}_{t+1})$	Abundanz-abnahme ΔN (N_t-N_{t+1})	Gewichts-zunahme $\Delta\bar{w}$ $(\bar{w}_{t+1}-\bar{w}_t)$	Produktion[a] P	Elimination[b] E	$P/\bar{B}$
8	47	(O)	(O)	-	-	-	-	-	-	
9	42	20	840	45	10	5	20	900	50	
10	38	40	1520	40	30	4	20	800	120	
11	34	48	1632	36	44	4	8	288	176	
12	31	50	1550	33	49	3	2	66	147	
Jahr I			$\bar{B}$ 462		Jahresprod./-elimination			2054	493	4,4
1	28	51	1428	30	51	3	1	30	153	
2	25	52	1300	27	52	3	1	27	156	
3	22	53	1166	24	53	3	1	24	159	
4	20	54	1080	21	54	2	1	21	108	
5	18	55	990	19	55	2	1	19	110	
6	16	60	960	17	58	2	5	85	116	
7	15	80	1200	16	70	1	20	320	70	
8	14	120	1480	15	100	1	40	600	100	
9	13	180	2080	14	140	1	40	560	140	
10	10	185	1850	12	173	3	25	300	519	
11	8	200	1600	9	193	2	15	135	386	
12	6	208	1248	7	204	2	8	56	408	

Jahr II			$\bar{B}$ 1281		Jahresprod./-elimination			2177	2425	1,7
1	5	209	1045	6	209	1	1	6	209	
2	3	210	630	4	210	2	1	4	210	
3	3	212	636	3	211	0	2	6	0	
4	2	214	428	3	213	1	2	6	213	
5	2	216	432	2	215	0	2	4	0	
6	1	220	220	2	218	1	4	8	218	
7	1	245	245	1	233	0	25	25	0	
8	1	280	280	1	263	0	35	35	0	
9	1	320	320	1	300	0	40	40	0	
10	1	340	340	1	330	0	20	20	0	
11	1	355	355	1	348	0	15	15	0	
12	1	360	360	1	358	0	5	5	0	
Jahr III			$\bar{B}$ 441		Jahresprod./-elimination			174	850 + 360[c]	0,4
Gesamt	(Jahr I-III)		$\bar{B}$ 2184		Produktion/Elimination			4405	4128	2,0[d]

Die heute übliche Methode der Produktionsberechnung ist entweder

$$P = \sum_{t=o}^{n} \frac{N_t+N_{t+1}}{2} \cdot (\bar{w}_{t+1}-\bar{w}_t) \tag{11.2}$$

oder

$$E = N_{n+1}\bar{w}_{n+1} + \sum_{t=o}^{n} \frac{\bar{w}_t+ w_{t+1}}{2} \cdot (N_t-N_{t+1}) \tag{11.3}$$

wobei N_t die Abundanz zur Zeit t und $\bar{w}_t$ das mittlere Individualgewicht zur Zeit t ist. Gleichung (11.2) bestimmt die Summe der in den Sammelintervallen erfolgten Produktionszuwächse. Gleichung (11.3) bestimmt die Summe der Verluste durch Mortalität zuzüglich der gegen Ende des Untersuchungszeitraumes noch überlebenden Tiere. Beides sollte im Idealfall über die gleiche Zeit dasselbe ergeben. Im Falle von KIRKEGAARDs Daten ergibt sich für die Generationszeit der Art mit Gleichung (11.2) ein Produktionswert von 4405 mg m^{-2}, mit Gleichung (11.3) ein Produktions- (= Eliminations-) wert von 4128 mg m^{-2}.

Produktionsabschätzungen sind verhältnismäßig einfach, wenn die Rekrutierung zu einem bestimmten Zeitpunkt erfolgt und Altersklassen leicht zu trennen sind. Erfolgt aber die Rekrutierung ebenso kontinuierlich wie die Mortalität, dann ergäbe sich bei Anwendung der obengenannten Methoden weder eine Veränderung der Zahlen, des mittleren Gewichts noch der Biomasse und damit auch keine Produktion. Kann man jedoch in Altersklassen trennen, dann ist auch eine Produktionsberechnung möglich. Im Falle von *Nephtys* war KIRKEGAARD imstande, anhand der chitinösen Kiefer das Alter der Individuen zu bestimmen, da sich erkennbare Wachstumsmarken auf den Kiefern abbilden. Abb. 11.3 zeigt typische Längenhäufigkeitsverteilungen von zwei Muschelarten, *Mya arenaria* und *Macoma balthica*. In diesem Falle konnten die Altersklassen anhand von Wachstumsringen mit Hilfe von Wahrscheinlichkeitspapier getrennt werden. Diese Methode ist weitverbreitet und wird von CRISP (1971) detailliert beschrieben. Die Produktionsberechnungen der Kurven aus Abb. 11.3 sind in Tabelle 11.2 aufgeführt.

KIRKEGAARD berechnet im Gegensatz zu SANDERS das P/$\bar{B}$-Verhältnis über die gesamte Lebensspanne, deswegen sind SANDERS Werte nicht vergleichbar.

Produktionsabschätzungen sind äußerst schwierig, wenn man die Altersklassen nicht auftrennen kann. Ein neueres Beispiel der Produktionsabschätzung wurde von HEIP und HERMANN (1979) für *Nereis diversicolor* durchgeführt. Hier wurden die Wachstumsraten anhand der

Tabelle 11.2. Jahresproduktion (*P*), Elimination (*E*) und mittlere Biomasse (*B*) (Fleisch-Trockengewicht) von *Mya arenaria* und *Macoma balthica* basierend auf den Daten aus Abb. 11.3. und zusätzlichem Material

Altersklasse	*P* ($gm^{-2}a^{-1}$)	$\bar{B}$ (gm^{-2}) ±S	*E* ($gm^{-2}a^{-1}$)	$P/\bar{B}$	$E/\bar{B}$
		Mya arenaria			
O	2.19	0,79±0,14	1,45	2.77	1.84
I	6.42	2.58±0.28	3.85	2.49	1.48
II (nur 5 Monate zu messen)	3.00	1.20±0.46	3.88		
		Macoma balthica			
O	0.23	0.11+0.03	0.16	2.09	1.45
I	1.15	0.69+0.13	0.51	1.67	0.73
II (nur 5 Monate zu messen)	0.55	0.46+0.17	1.39		

Aus Burke & Mann (1974)

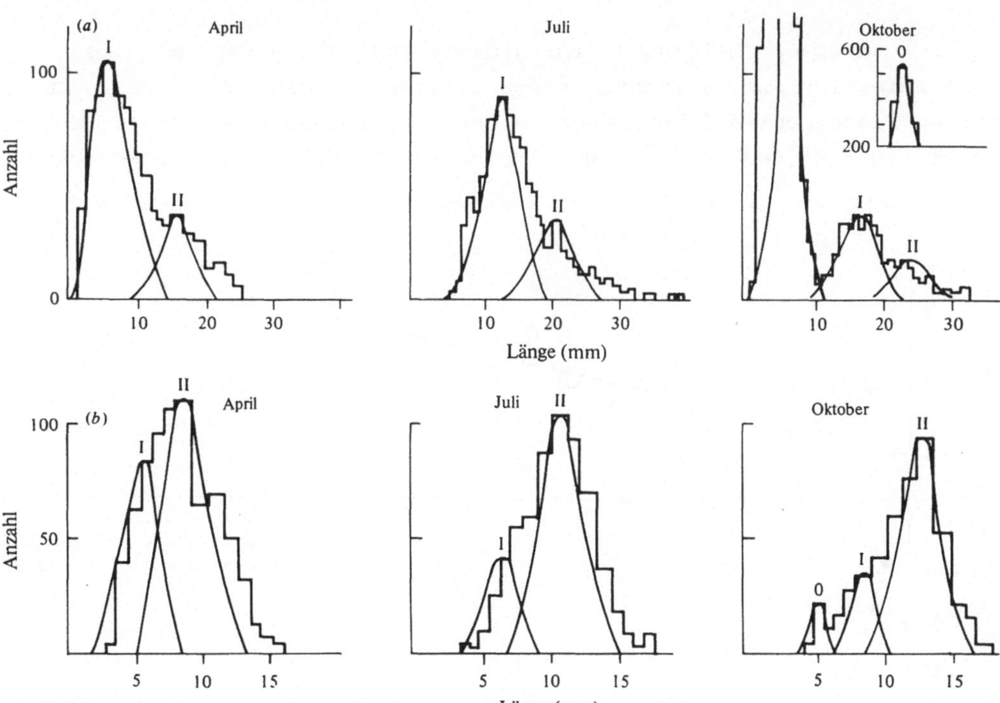

Abb. 11.3 a,b. Längen-Häufigkeitshistogramm von (a) *Mya arenaria*, (b) *Macoma balthica* von Ost-Kanada. Die Normalverteilungen wurden durch Analyse der Wachstumsringe und mit Hilfe von Wahrscheinlichkeitspapier gewonnen. (Nach BURKE & MANN, 1974)

jenigen Zeit bestimmt, die ein Individuum braucht, um von einer Größenklasse in die nächste zu wachsen. Man trägt die Daten hierbei für zwei aufeinanderfolgende Zeitintervalle auf und verschiebt die x-Achse so lange, bis eine größtmögliche Übereinstimmung besteht. HEIP und HERMANN verwendeten das statistische Verfahren der Kreuz-Korrelation. Für weitere Einzelheiten sollte man ihren Aufsatz zu Rate ziehen. Abb. 11.4 (a) zeigt ihre Ergebnisse, die besagen, daß die kleinsten Würmer erst sehr langsam von einer Größenklasse zur nächsten wachsen. Das Wachstum nimmt langsam zu, und fällt ab einer Länge von 12 mm wieder linear ab. Abb. 11.4 (b) zeigt gewichtsspezifische Wachstumsraten, die aus Abb. 11.4 (a) abgeleitet wurden. Aus diesen Daten wurde die Produktion auf 398 g Feuchtgewicht m^{-2} $Jahr^{-1}$ bestimmt, bzw. 61.3 g Trockengewicht m^{-2} $Jahr^{-1}$. Die durchschnittliche Biomasse war 158 g Feuchtgewicht m^{-2} und das $P/\bar{B}$-Verhältnis war 2,51.

11.2 Produktionsbestimmung von Meiofauna

Es gibt unter der Meiofauna eine größere Zahl von Arten, die sich kontinuierlich bzw. asynchron reproduzieren und die man nicht in Kohorten (unterschiedliche Größenklassen) auftrennen kann. Es ist äußerst schwierig, mit den herkömmlichen Methoden die Produktion zu berechnen.

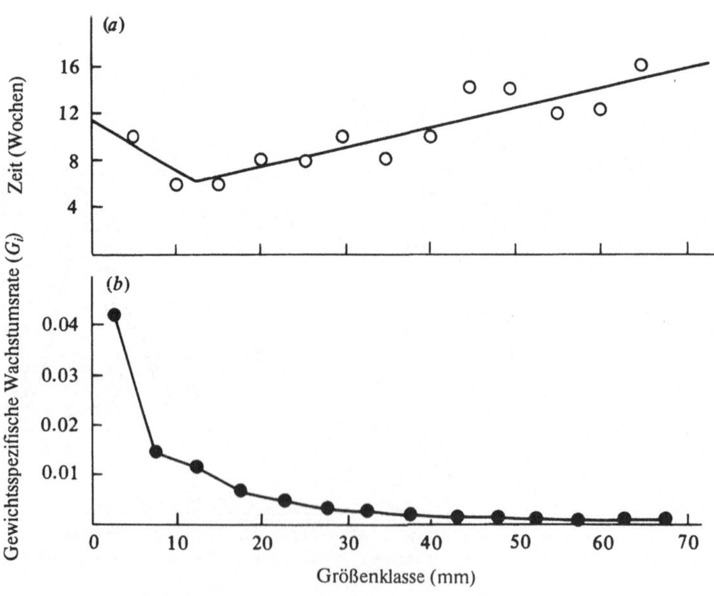

Abb. 11.4 a,b. Wachstum von *Nereis diversicolor*. a benötigte Zeit um von einer Größenklasse in die nächste zu wachsen; b Beziehung zwischen gewichtsspezifischer Wachstumsrate (G_1) und der Größe:

$$G_1 = \frac{\ln w_{i,2} - \ln w_{i,1}}{t_2 - t_1}$$

wobei $w_{i,1}$ und $w_{i,2}$ Individualgewichte in der Größenklasse i sind; t_1 und t_2 sind zwei Zeitintervalle (nach HEIP & HERMANN, 1979)

Man muß oft auf indirekte Methoden zurückgreifen. So war es z.B. unmöglich, anhand von Meiobenthos-Proben von der Küste vor Northumberland festzustellen, wie hoch die Zahl der Nematoden-Generationen pro Jahr war und wieviele Eier abgelegt wurden. Deshalb wurden Nematoden ins Labor überführt, um die Generationszeit bestimmen zu können.

Man fand heraus, daß die Generationszeit von Meiofauna sehr stark variieren kann. Der Nematode *Enoplus communis* und der Ostracode *Cyprydeis torosa* haben nur eine Generation pro Jahr, andere Arten produzieren nur alle zwei bis drei Jahre Nachwuchs. Sogar Arten mit kurzen Lebenszyklen können lange Ruhepausen in den einzelnen Zyklen haben. Einige Arten besitzen z.B. Dauereier und die Eientwicklung bis zum Schlüpfen dauert bei einem bestimmten Nematoden 150 Tage, während der Lebenszyklus in einigen Wochen abgeschlossen ist. Eier des Copepoden *Asellopsis intermedia* werden im August abgelegt und schlüpfen erst im folgenden Mai. In einer erschöpfenden Zusammenstellung von Lebenszyklus-Daten kommt GERLACH (1971) zu dem Schluß, daß Meiofauna im Durchschnitt drei Generationen pro Jahr produziert, aber dennoch große Abweichungen von Art zu Art möglich sind.

Um die Schwierigkeit von Produktionsstudien an Meiofauna zu verdeutlichen, sei der Lebenszyklus von *Chromadorita tenuis* gezeigt (Abb. 11.5) der im Labor untersucht wurde. Adulte produzieren 20 befruchtete Eier, die das adulte Stadium nach 21 Tagen erreichen, vorausgesetzt, sie schlüpfen nach fünf bis sechs Tagen.

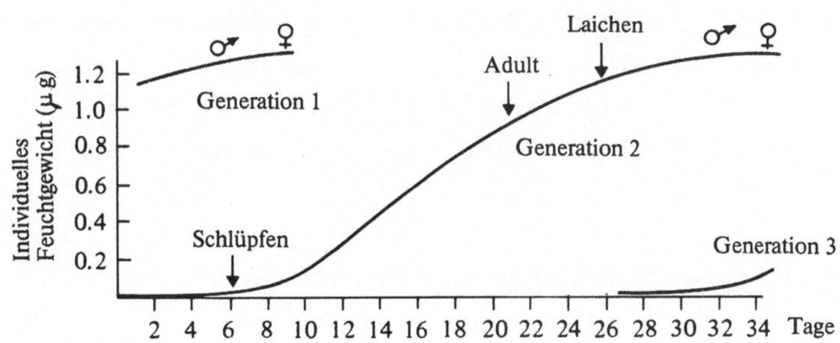

Anzahl

	2	1			4	3	2	Adulte
20	18	13	8	5				Eier und Juvenile
	2	6	6	3·	1	1	1	Tote Tiere
				Biomasse (µg)				
2.9	3.0	2.6	3.2	4.0	4.0	3.3	2.4	Bestand
	0.1	1.8	2.8	2.0	0.9	1.0	1.2	Elimination

Abb. 11.5. Berechnung der turn-over Rate beim Nematoden *Chromadorita tenuis* (nach GERLACH, 1971)

Wir haben keine verläßliche Schätzung der Elimination, rechnen sie aber mit 10% pro Tag bei Juvenilen an. Wir erhalten also eine durchschnittliche Biomasse ($\bar{B}$) von 3,2 µg Feuchtgewicht. Zusammen mit den etwa 20 eliminierten Exemplaren kommen wir auf etwa 9,8 µg während des ganzen Lebenszyklus. Die Generationszeit-turn-over Rate ist also 9,8/3,2 = 3. Nimmt man drei Generationen pro Jahr an, dann ist das P/$\bar{B}$-Verhältnis 9. Die Beziehung von P und $\bar{B}$ hängt aber von der Form der Wachstums- und Eliminationskurve ab, daher müssen Methoden wie diese mit großer Vorsicht verwendet werden.

HEIP (1976) hat kürzlich eine raffinierte alternative Lösung entwickelt, mit der man P/$\bar{B}$-Verhältnisse für Arten mit kontinuierlicher Reproduktion abschätzen kann. Unter Verwendung von Populationsdichtebestimmungen aus dem Feld und mit Hilfe von Laboruntersuchungen über das Populationswachstum errechnet er die Zahl der eliminierten Individuen. Die Einzelheiten der Methode sind zu kompliziert um sie hier darstellen zu können, aber im Wesentlichen errechnet er das P/$\bar{B}$-Verhältnis aus der Individuenzahl, da das mittlere Gewicht sowohl im Zähler wie im Nenner vorkommt und daher wegfällt. Bei einer Population des Brackwassercopepoden *Tachidius discipes* fand er 4175 eliminierte Individuen pro 100 cm^2 und einen mittleren Bestand von 278 pro 100 cm^2; dies ergibt ein P/$\bar{B}$-Verhältnis von 4175/278 = 15,0, was mit Werten übereinstimmt, die auf komplizieren Methoden mit sukzessiven Eliminationszuwächsen beruhen. Die Methode scheint sehr vielversprechend für andere Meiofaunaarten zu sein. Leider sind bis jetzt nur sehr wenige Arten untersucht worden. Die Zahl 15 für *Tachidius* ist ähnlich denen für planktische Copepoden, die viele Generationen pro Jahr produzieren können. P/$\bar{B}$-Verhältnisse werden aber beträchtlich niedriger für Arten wie *Enoplus* und *Cyprideis* sein, die nur eine Generation pro Jahr besitzen.

11.3 Produktion: Biomasse-Verhältnisse

Der Gedanke hinter der Berechnung von P/$\bar{B}$-Relationen ist die, daß man Populationen verschiedener Biomasse auf einer gemeinsamen Basis vergleichen kann. Tabelle 11.3 enthält publizierte Daten von P/$\bar{B}$-Relationen für eine Vielzahl von Makrobenthosarten. Für eine Reihe von Fällen wurden diese P/$\bar{B}$-Relationen für gleiche Arten an verschiedenen Orten bestimmt. Dabei ergeben sich für einige Arten gute Übereinstimmungen (z.B. *Nephtys hombergi*, 1,9 und 1,7), bei anderen hingegen

Tabelle 11.3. P/$\bar{B}$ Verhältnisse von benthischer Makrofauna; [a] Zahlen in Klammern bezeichnen die Anzahl der Bestimmungen

Polychaeta		Bivalvia	
Ampharete acutifrons	5,5	*Pillucina neglecta*	4.0
Ampharete acutifrons (2)[a]	4,6	*Tagelus divisus*	3.9
Pectinaria hyperborea	4,3	*Macoma incongrua*	3.7
P. californiensis	4,3	*Veremolpa micra* (2)	3.2
P. koreni	3,1	*Theora lubrica* (2)	2.9
Harmothoe imbricata	2,6	*Cerastoderma edule*	2.9
Nereis diversicolor	2,5	*Dosinia elegans*	2.8
Terebellides stroemi	2,3	*Mya arenaria*	2.5
Nephthys incisa	2,2	*Tellina martinicensis*	2.4
Ammotrypane aulogaster	2,1	*Yoldia limatula*	2.3
Cistenoides gouldii	1,9	*Macoma balthica*	2.1
Nephthys hombergi	1,9	*Pandora gouldii*	2.0
Nereis diversicolor (2)	1,8	*Crassostrea virginica*	2.0
N. hombergi (2)	1,7	*Musculus senhausius*	1.7
Neanthes virens	1,6	*Macoma balthica* (2)	1.5
Spiophanes kroyeri	1,4	*Tellina deltoides*	1.4
Lumbrinereis fragilis	1,3	*Abra nitida*	1.1
Chaetozone setosa	1,3	*Venerupis aurea*	1.1
Heteromastus filiformis	1,0	*Mytilus edulis*	1.0
Arenicola marina	1,0	*Macoma balthica* (3)	0.9
Glycera rouxi	0,4	*Chione cancellata*	0.8
Nephthys australensis	0,4	*Macoma balthica* (4)	0.8
		Scrobicularia plana	0.5
Crustacea		*Mya arenaria* (2)	0.5
Calianassa australiensis	3,9	*Mercenaria mercenaria*	0.3
Crangon septemspinosa	3,8	*Venerupis pullastra*	0.2
Neomysis americana	3,7	*Scrobicularia plana* (2)	0.2
Ampelisca brevicornis	3,5	*Cerastoderma edule* (2)	0.2
Macrophthalamus latifrons	3,2		
Palaemonetes pugio	2,8	Echinodermata	
Alpheus euphrosyne	2,7	*Asterias forbesii*	2.6
Calocaris macandrae	0,1	*Moira atropes*	1.0
Veremolpa micra	4,9	*Brissopsis lyrifera*	0.3
Theora lubrica	4,1		

große Unterschiede (z.B. *Macoma balthica*, 2,1 bis 0,8). Es ist möglich, daß methodische Unterschiede für solche Diskrepanzen verantwortlich sind, weil beim niedrigeren Wert z.B. das Wachstum der kleinsten Juvenilen unterschätzt worden sein mag.

Ein Anreiz, die P/$\bar{B}$-Relation zu berechnen, war die Hoffnung, Produktion weitgehend aus Biomasseabschätzungen berechnen zu können. Es gibt aber viele Faktoren, welche das P/$\bar{B}$-Verhältnis beeinflussen können. Tiefe Temperaturen, langsame Wachstumsraten und wechselnder Raubdruck erniedrigen dieses Verhältnis. Änderungen der Wachstumsrate und Raubdruck verändern es ebenso, indem sie die Altersstruktur der Arten beeinflussen und gerade das Populationswachstum und ihr Größenaufbau bestimmen hauptsächlich das P/$\bar{B}$-Verhältnis. Kürzlich untersuchte ROBERTSON (1979) den Zusammenhang der P/$\bar{B}$-Daten aus Tab. 11.3

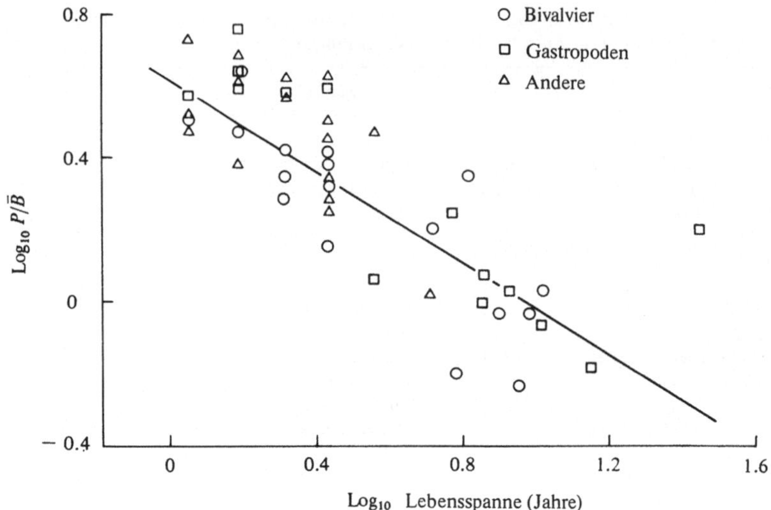

Abb. 11.6. Jährliches P/B̄ Verhältnis und die Lebensspanne (nach ROBERTSON, 1979)

mit der Lebensspanne der Arten (Abb. 11.6). Er fand dafür folgende Gleichung

$$\log_{10} P/\bar{B} = 0{,}660\ (\pm\ 0{,}089) - 0{,}726\ (\pm\ 147) \log_{10} L,$$

wobei L die Lebensspanne in Jahren ist. Alle Gruppen (Bivalvier, Gastropoden, Polychaeten, Crustaceen und Echinodermen) erfüllen diese Gleichung (x = -0,8350) und es ergab sich kein signifikanter Unterschied zwischen den einzelnen Gruppen, wenn man sie separat auftrug. Er fand eine signifikante und wichtige Tendenz: Eine allgemeine Beziehung zwischen jährlichen P/B̄-Werten und der Lebensspanne für das gesamte Makrobenthos. ROBERTSON meint, daß man anhand dieser Gleichung die Produktion aus Biomassedaten ableiten kann, vorausgesetzt das Sammelgerät ist nicht alters-selektiv und das Alter kann bestimmt werden. Die Meiofaunadaten sind bislang noch so ungenügend, daß man nicht sagen kann, ob diese oder eine andere Gleichung anwendbar ist.

P/B̄-Verhältnisse sind oft das Einzige, was in Hinblick auf die Energiebedürfnisse einer Art untersucht wurde. Aber ein Großteil der verbrauchten Energie geht nicht in den Biomasseaufbau, sondern in die Atmung, und ein weiterer wichtiger Teil wird auch für die Gametenproduktion benötigt. Die Berechnung eines detaillierten Energiebudgets für eine Art wurde bislang noch kaum durchgeführt. Um die Produktionskapazität einzelner Gebiete des Meeresbodens vorhersagen zu können, muß man den totalen Energiebedarf einer Art kennen und nicht nur die Energie, die für das Wachstum benötigt wird und solche, die eliminiert wurde.

11.4 Energiebudgets für einzelne Arten

Die Komponenten des Energiebudgets für einzelne Arten wurden vom Internationalen Biologischen Programm (IBP) standardisiert. Das Gesamtbudget lautet:

$$C = P + R + G + U + F,$$
$$AB = C - F = P + R + G + U,$$
$$A = P + R + G,$$

mit C = Konsumption
AB = Absorption
A = Assimilation
P = Produktion
R = Respiration
G = Gonadenproduktion
U = Exkretion
F = Faeces

Ich habe bereits Methoden zur Produktionsbestimmung einigermaßen detailliert beschrieben. Die Methoden zur Bestimmung der anderen Komponenten wurden von CRISP (1971) vollständig beschrieben, so daß ich hier auf eine Erörterung verzichten kann. Dagegen will ich ein Beispiel für ein Gesamtbudget geben und allgemeine Aspekte erläutern.

Eine sehr vollständige Studie über eine Benthosart ist die von HUGHES (1970), der die Muschel *Scrobicularia plana* aus dem Watt vor Nord Wales untersuchte.

Die Produktion wurde mit Standardmethoden durch Messungen des Wachstums und der eliminierten Biomasse bestimmt. Der schwierigste und zeitaufwendigste Teil bei der Erstellung eines Energiebudgets ist die Bestimmung der Respiration (R). Was man wirklich wissen will, ist der metabolische Wärmeverlust. Da aber eine direkte Messung sehr aufwendig ist, untersucht man gewöhnlich den Sauerstoffverbrauch. Dieser wird dann mittels eines Umrechnungsfaktors in die Wärmeproduktion überführt (14,15 J $mg^{-1} O_2$ oder 20,22 J $ml^{-1} O_2$ zu NTP. Da man annimmt, daß *Scrobicularia* nicht anaerob lebt, wurde der Sauerstoffverbrauch in einem Durchflußrespirometer bestimmt. Dies ist ein abgedecktes Gefäß mit einem konstanten Wasserdurchfluß, in welches das betreffende Tier eingeschlossen ist. Die Differenz des Sauerstoffgehaltes von Ein- und Ausflußwasser multipliziert mit der Strömungsgeschwindigkeit ergibt die Rate des Sauerstoffverbrauchs. Die Untersuchungskammern wurden auf Temperaturen gehalten, wie man sie auch im Feld findet. Natürlich streuen die erhaltenen Werte sehr stark, wie die Abb. 11.7 der Ergebnisse von HUGHES zeigt. Für jede Versuchstemperatur wurde eine Regression berechnet, die es ermöglichte, über die gemessenen Temperaturen im Feld den Wärmeverlust abzuschätzen.

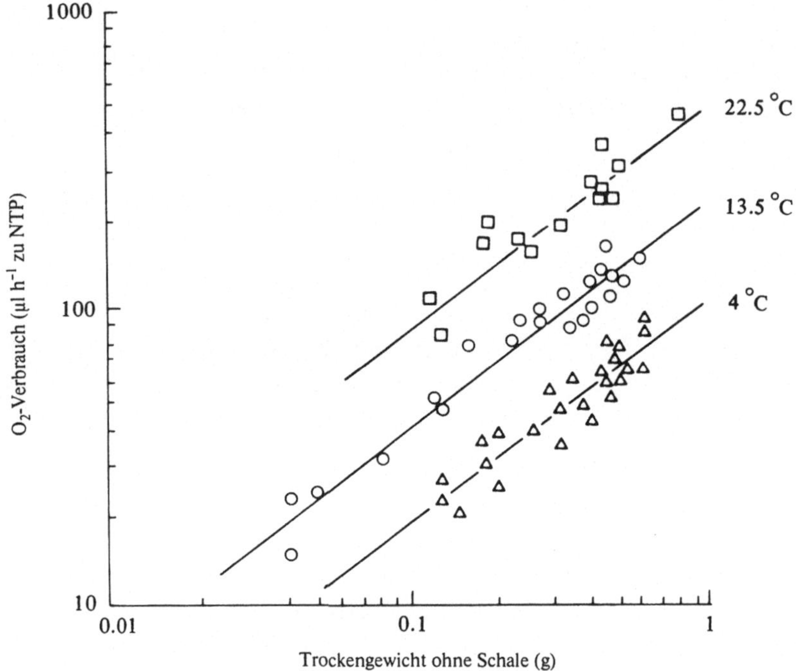

Abb. 11.7. Sauerstoffverbrauch von *Scrobicularia plana* in einem Durchfluß-Respirometer (nach HUGHES, 1970)

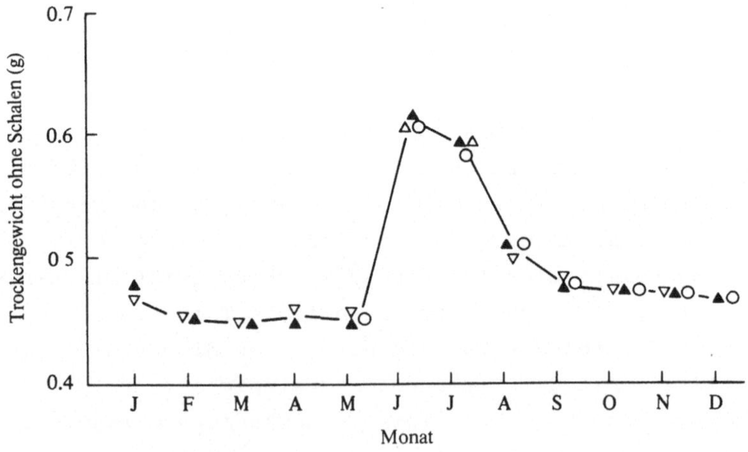

Abb. 11.8. Jahreszeitliche Schwankungen des Fleisch-Trockengewichts von *Scrobicularia plana* mit einer Schalenlänge von 40 mm. O, 1966; Δ, 1967; ▲, berechnet aus einer Regressionsgeraden mit einer festgesetzten Steigung von 3,0 (nach HUGHES, 1970)

Den Teil der Energie, der in die Gametenproduktion geht, zu bestimmen ist schwer, weil es im Labor nicht möglich ist, das Ablaichen künstlich zu induzieren. (Wäre dies möglich, könnte man einfach den Energiegehalt der Laichproduktion direkt bestimmen.) Bei diesem Beispiel wurde der Abfall im Trockengewicht des Körpergewebes direkt nach dem Laichen bestimmt und mit dem Energiegehalt des Fleischkörpers multipliziert. (Abb. 11.8). Energieverluste durch Exkretabgabe konnten nicht bestimmt werden, und gewöhnlich wird diese Komponente des Energiebudgets bei meereskundlichen Untersuchungen vernachlässigt. Kotpillen wurden dagegen von Tieren verschiedener Größe über das ganze Temperaturspektrum des Jahres gesammelt. Mit diesen Daten wurde der monatliche Energieverlust bei der Kotabgabe für die gesamte Population berechnet. Tatsächlich variierte der Energiegehalt der Kotpillen nur geringfügig im Jahresverlauf.

HUGHES untersuchte zwei Populationen. Eine lebt nah an der Küste, die andere weiter von ihr entfernt. Die beiden getrennten Energiebudgets und ein kombiniertes, gemitteltes Budget lauteten folgendermaßen (in kJ m^{-2}):

Küstenferne Population: $C = P + R + G + U + F$,
$C = 519 + 1993 + 268 + \text{n.d.} + 1624$
$C = 4404$;

küstennahe Population: $C = 73 + 228 + 17{,}6 + \text{n.d.} + 198$
$C = 516{,}6$;

gemittelt: $C = 296 + 1110 + 143 + \text{n.d.} + 911$,
$C = 2460$.

Als Gegenprobe wurde auch die Konsumption über den Energiegehalt desjenigen Sediments bestimmt, das von *Scrobicularia* aufgenommen wurde. Außerdem wurde eine Korrektur für die erzeugten Pseudofaeces angebracht und dann als Energieverlust durch Kotabgabe abgezogen. In diesem Falle ergaben die Zahlen Folgendes: (in kJ m^{-2}): landfern 3562, landnah 436, gemittelt 1999. Die Unterschiede zwischen dem angegebenen Zahlensatz und dem korrigierten betragen dann 20%, 16% und 19%.

Ein erstaunlich hoher Anteil der Energie geht in die Gametenproduktion (31% in der küstennahen Population und 52% in der küstenfernen). Der Energieverlust durch Atmung beträgt im Durchschnitt 45% der aufgenommenen Energie. Die relative Größe der einzelnen Komponenten wird aber gewöhnlich in Form der Effizienz verglichen (siehe Tabelle 11.4). Da es keine Angaben über die Exkretabgabe gibt, wird Assimilation als $A = C - F$ definiert, d.h. $4404 - 1624 = 2512$ in der küstenfernen Population.

Tabelle 11.4. Effizienzen für verschiedene Teile des Energiebudgets von *Scrobicularia plana*

	Assimilation Bruttoproduktion ($kJ\ m^{-2} a^{-1}$)	Produktion ($kJ\ m^{-2} a^{-1}$)	Respirations Effizienz ($R \times 100/A$)	Assimilations Effizienz ($A \times 100/C$)	Netto Wachstums Effizienz ($P \times 100/A$)
Küstennah	2780	519	72	63	22.9
Küstenfern	318.6	73	72	62	18.7
Durchschnitt	1549.3	296	72	63	19.1

Daten aus HUGHES (1970)

11.5 Elementarbilanzen

Die aufgeführten Bilanzen im vorangegangenen Abschnitt wurden in Energieeinheiten berechnet, als $kJ\ m^{-2}\ a^{-1}$. Es ist aber ebenfalls möglich, ein Budget auf der Grundlage chemischer Elemente aufzubauen. Der Unterschied liegt darin, daß Energie nur einmal genutzt wird und daher als gerichteter Fluß durch das System geht (mit Ausnahme der Energie, die als Wärme bei der Atmung verloren geht) während Elemente wieder verwendet werden. Dieser Unterschied wurde schon in Abb. 11.1 dargestellt.

Der größte Teil der gesamten organischen Substanz in Ökosystemen tritt gewöhnlich als Detritus auf. Dieser Detritus wird von Mikroorganismen aufgeschlossen und die Elemente können wieder neu in den Kreislauf gehen. Bislang wurde Kohlenstoff oft in Elementarbilanzen verwendet, Vorteile bietet aber auch Stickstoff. Stickstoffwerte geben die Menge der Exkrete an und außerdem ist Stickstoff oft limitierender Faktor für die Primärproduktion im Meer. Berechnet man die Stickstoffbilanz für eine Art oder ein ganzes Ökosystem, so gewinnt man Werte, die einen direkten Bezug zur Funktion des Systems besitzen.

Einzelne Elemente werden von Tieren leichter aufgenommen als die organische Substanz als Ganzes. Daher ergeben Elementarbilanzen auch andere Effizienzen verglichen mit Energiebudgets. Das beste Bild von den trophischen Beziehungen einer Art erhält man, wenn man sowohl ein Energiebudget als auch eine Elementarbilanz aufstellt, so daß man zusätzlich zum Energiefluß mit dem Kohlenstoffbudget die Atmung (als produziertes Kohlendioxid) bestimmen kann und mit der Stickstoffbilanz das Wachstum (als Eiweißabbauprodukt) und die Exkretion bestimmen. Dies wurde aber bislang für keine Art durchgeführt und wäre auch sehr aufwendig.

Elementarbilanzen gibt es gewöhnlich für Kohlenstoff, Stickstoff, Phosphor und Schwefel. Ich nehme als Beispiel das Kohlenstoffbudget für einen Harpacticoiden der Meiofauna, *Asellopsis intermedia* heraus. Er wurde an der Westküste von Schottland von LASKER, WELLS und McINTYRE (1970) untersucht. Das Wachstum wurde mit Hilfe traditioneller Methoden, wie Längenhäufigkeitsdiagrammen und Trockengewichten bestimmt, und der Gehalt an organischem Kohlenstoff ebenfalls mit Standardmethoden gemessen. Da ein beträchtlicher Teil des Kohlenstoffs bei der Häutung als Exuvien verloren geht, wurde auch deren Kohlenstoffgehalt bestimmt. Wegen der geringen Größe des Tieres (0,6 mm lang) mußten auch besondere Methoden bei der Respirationsmessung verwendet werden, in diesem Fall ein hochempfindliches Ultramicro-Respirometer. Auch hier gab es keine Abschätzung der Exkretion. Tabelle 11.5 zeigt die Ergebnisse, aus denen ersichtlich ist, daß bemerkenswert wenig Energie in die Produktion geht. Untersucht man stattdessen die Stickstoffbilanz, so kann man auch die Exkretion abschätzen. HARRIS (1973) untersuchte die Stickstoffbilanz eines anderen harpacticoiden Copepoden, *Tigriopus brevicornis*, der in Felstümpeln vorkommt. Um die Exkretion zu bestimmten, wurden große Anzahlen von jedem Lebensstadium getrennt in Bechergläsern gehältert, nachdem sie über Stunden beliebig fressen konnten. Die Menge an Stickstoff, die über vier bis zehn Stunden im Dunkeln ausgeschieden wurde, wurde direkt im Hälterungswasser gemessen. HARRIS fand, daß über 75% des Stickstoffs als Ammonium (NH_4^+) und bis zu 30% des Körperstickstoffs pro Tag ausgeschieden wurden (durchschnittlich 27,2 µg N mg^{-1} Trockengewicht). An diesem Beispiel wird deutlich, daß die Exkretion tatsächlich einen bedeutenden Energieverlust darstellen kann, der keineswegs als trivialer Teil der Energiebilanz vernachlässigt werden darf.

Tabelle 11.5. Elementarbilanz der harpacticoiden Copepoden *Asellopsis intermedia* (in Kohlenstoffeinheiten)[a] und *Tigriopus brevicornis* (in Stickstoffeinheiten)[b]

	Aufnahme des Elements (%)			
	Produktion	Respiration	Gameten	Exuvien
A. intermedia				
Male	7	90	0.2	2.8
Female	5.3	81.6	11.4	1.7
T. brevicornis	3.9	72.9	22.6	0.4

[a]Daten aus LASKER et al. (1970)

[b]Daten aus HARRIS (1973)

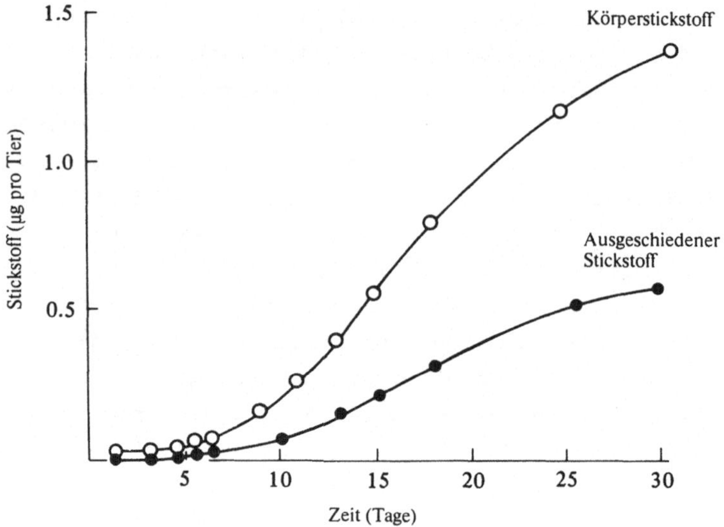

Abb. 11.9. Wachstum und Exkretion in Stickstoffeinheiten bei *Tigriopus brevicornis* (modifiziert nach HARRIS, 1973)

Abb. 11.9 zeigt Stickstoffdaten aus dem Körper und Exkretionsdaten über die Zeit gesehen. Durch Subtraktion des Anfangswertes vom Endwert für Körperstickstoff, wurde der Stickstoffbedarf für das Wachstum auf 1,1829 µg N bestimmt. HARRIS berechnete auch den Bedarf an Stickstoff für den "Stoffwechsel". Er definierte diesen Bedarf als die Fläche unter der Stickstoffexkretionskurve in Abb. 11.9.9 Hier ergab sich ein Wert von 5,5 µg N.

Tab. 11.5 faßt diese zwei Elementarbilanzen zusammen und zeigt die als Energie verbrauchten Prozentanteile der gesamten Kohlenstoff- bzw. Stickstoffmenge, die mit der Nahrung aufgenommen wurde. Sie zeigen eine bemerkenswerte Übereinstimmung. Die auftretenden Unterschiede spiegeln einmal die verschiedenen Tierarten wieder (die kleinere *Asellopsis* verbraucht mehr Energie für die Atmung), zum anderen stehen sie auch für methodische Unterschiede.

Ich kenne keine anderen Elementarbilanzen für sedimentbewohnende Arten. Für *Modiolus dimissus* wurde ein Phosphorbudget erstellt. Diese Art ist aber kein echter Sedimentbewohner. Es gibt hier also noch ein weites Feld für vielversprechende Forschung.

11.6 Gemeinschafts-Stoffwechsel

Es wäre eine sehr komplexe Aufgabe, Energiebudgets für jedes einzelne Mitglied in einer Gemeinschaft aufzustellen. Die Alternative wäre ganzheitlicher Ansatz mit der Messung des Stoffwechsels der gesamten Gemeinschaft. Wenn die untersuchte Gemeinschaft generell als aerob anzusehen ist, ergeben sich keine großen methodischen Probleme, da dann der Stoffwechsel als Sauerstoffaufnahme gemessen werden kann.

11.6.1 Sauerstoffaufnahme

TEAL und KANWISHER (1961) nahmen an, daß die Sauerstoffaufnahmerate der Sedimentoberfläche ein integriertes Maß für den aeroben und anaeroben Stoffwechsel ist. Die Messungen wurden in schwarzen "Glocken" durchgeführt, die über das Sediment gestülpt wurden oder mit Sondensystemen, welche die Sauerstoffaufnahme direkt überwachen konnten. Diese Technik wurde vom Gezeitenbereich bis hinunter auf 180 m angewendet, wo die Versuchsglocken mit Hilfe von Unterwasserfernsehen in Position gebracht wurden. Tabelle 11.6 zeigt Ergebnisse von PAMATMAT und BANSE (1969) vom Meeresboden im Puget Sound, USA. Es ergab sich keine Verbindung zwischen Sauerstoffaufnahme und Korngrößenverteilung oder dem Anteil der Silt/Ton-Fraktion, auch nicht mit dem Gehalt an organischer Substanz oder dem organischen Stickstoff und auch nicht mit dem aschefreien Trockengewicht der Makrofauna. Die Temperatur hatte allerdings einen Einfluß: Bei höheren Temperaturen ergaben sich auch höhere Sauerstoffaufnahmeraten. Die fehlende Korrelation zwischen Sauerstoffaufnahme und organischer Substanz scheint ein generelles Phänomen zu sein. Man nimmt daher an, daß der größte Teil der organischen Substanz im Sediment schwer oxidierbar ist, und es ist wohl unwahrscheinlich, daß organische Substanz noch oxidiert wird, nachdem sie in tiefen Schichten sedimentiert ist. Es ist wahrscheinlich,

Tabelle 11.6. Beziehungen zwischen Sauerstoffaufnahme und verschiedenen Umweltfaktoren auf dem Meeresboden im Puget Sound, USA

Station	Mittlere Korngröße (phi)	Silit/Ton-Fraktion (%)	Organische Substanz Total (% dry wt)	Organische Substanz Stickstoff (% TG) (% dry wt)	Makrofauna (AFDW) (ash-free dry wt)	Mittlerer O_2-Verbrauch (ml $m^{-2}h^{-1}$)
4	4.0	36.9	2.78	0.059	10.6	33
5	4.3	42.8	3.92	0.083	31.4	25
6	3.4	14.6	2.45	0.046	4.6	19
7	1.8	70.0	6.87	0.162	19.6	17
10	5.6	72.3	6.45	0.148	9.3	35
11	1.2	6.3	1.43	0.023	6.6	35

Daten aus PAMATMAT & BANSE (1969)

daß die Sauerstoffaufnahme mit jahreszeitlichen Änderungen der Ablagerungsraten von organischer Substanz zusammenhängt, wie z.B. absinkenden Partikeln aus dem Plankton. DAVIES (1975) fand in einem schottischen Fjord, daß die Sauerstoffaufnahme equivalent zur Kohlenstoffablagerung war.

Der Einfluß der Fauna auf die Sauerstoffaufnahme ist erstaunlich gering. Ein möglicher Weg, um die relative Bedeutung der bakteriellen und tierischen Sauerstoffaufnahme abzuschätzen, besteht darin, die Sauerstoffzehrung unter einer Versuchsglocke vor und nach der Injektion von Antibiotika zu messen. Man nimmt an, daß Antibiotika nur Bakterien hemmen und andere Tiere nicht beeinflussen und somit eine Abschätzung der bakteriellen Atmung möglich ist. In der Praxis ist diese Hemmung aber selten mehr als 90%, und es gibt Fälle, in denen die Sauerstoffaufnahme ansteigt, weil eine Bakterienart nicht getötet wird und wegen fehlender Konkurrenz sehr schnell anwächst. Nach Messung der bakteriellen Atmung kann man den chemischen Sauerstoffbedarf bestimmen, indem man die Fauna mit Formalin abtötet. Bei ihrer Untersuchung der Fauna von Korallenkarbonatsedimenten auf Bermuda bestimmten SMITH, BURNS und TEAL (1972) die Respirationsraten der Makrofauna im Labor. Unter Verwendung von Schätzwerten für die Meio- und Mikrofaunarespiration konnten sie die Gemeinschaftsrespiration aufteilen (Tab. 11.7). Es ist natürlich möglich, daß in der Natur viele Organismen höhere Respirationsraten haben als in Laborexperimenten mit sauerstoffreichem Wasser. Die Verwendung von Labordaten bei der Interpretation von _in-situ_ Gemeinschaftsstoffwechsel-Daten bedarf daher äußerster Vorsicht. SMITH et al. konnten keinen chemischen Sauerstoffbedarf ermitteln. Der Korallensand auf Bermuda ist aber sehr untypisch, weil die Porenweite sehr groß ist, die Sedimente gut be-

Tabelle 11.7. Aufteilung (%) des Gemeinschaftsstoffwechsels, abgeschätzt nach Glockenversuchen _in situ_

(a) Korallensand, Bermuda	
Bacterien	35.5
Mikroflora-Mikrofauna	60.2
Meiofauna	1.6
Makrofauna	2.6
(b) Schlickwatt, Washington	
Mikroflora	47
Bakteria/Mikrofauna plus Meiofauna	33
Makrofauna	20

Daten für Mai, aus (a) SMITH et al. (1972 und (b) PAMATMAT (1968)

lüftet sind und bakterielle Respiration ungewöhnlich niedrig ist. PAMATMAT (1968) bestimmte für ein Schlickwatt in Washington, USA, nicht nur die Aufteilung der Gemeinschaftsrespiration zwischen Mikrofauna und Bakterien/Mikrofauna plus Meiofauna, sondern auch den Beitrag der Benthos-Algen (Mikroflora, Mikrophytobenthos). Er verwendete dunkle und lichtdurchlässige Flaschen zur Bestimmung der Bruttoproduktion von Mikroalgen und maß so den verbrauchten Sauerstoff. Die Aufteilung des Sauerstoffbedarfs (Tab. 11.7) zeigte, daß die bakterielle Respiration weit höher war als die der Meiofauna. Selten hat die Makrofauna einen Anteil von mehr als 20% an der Gemeinschaftsrespiration, während Bakterien gewöhnlich einen Anteil von 50 bis 80% haben. Die Rolle der Meiofauna und Mikrofauna ist sicher nicht konstant und es ist anzunehmen, daß sie etwa soviel Sauerstoff verbrauchen wie die Makrofauna. Im Sediment leben aber auch fakultative Anaerobier und die meisten der Bakterien des Schwefelzyklus sind obligate Anaerobier. Bei anaerober Atmung kann der Akzeptor NO_3^-, SO_4^{2-}, CO_2 oder Fe^{3+} sein, wobei das reduzierte Endprodukt dann H_2S, CH_4, Fe^{2+} ist. Die Daten aus diversen Untersuchungen über Sauerstoffnahme von Sedimenten sind möglicherweise Unterschätzungen des Gemeinschaftsstoffwechsels, da die anaeroben Wege nicht beachtet wurden.

Die ideale Methode zur Messung des Gemeinschaftsstoffwechsels wäre die Messung der Wärmeproduktion, da Wärme sowohl ein Produkt anaerober als auch aerober Respiration ist.

11. 6.2 Biochemische Methoden zur Messung des Gemeinschaftsstoffwechsels

Alle Organismen - seien es Aerobier, Anaerobier oder Fermentierer - ähneln sich insofern, als ihr Stoffwechsel nicht nur Wärme, sondern auch Wasserstoff und Elektronen produziert (durch Dehydrierung). Außer bei den fermentierenden Bakterien (von denen man annimmt, daß sie kein Elektronentransfersystem besitzen) werden der Wasserstoff und die Elektronen auf den letzten Akzeptor in der Elektronentransportkette übertragen. Daher kann der gesamte Gemeinschaftsstoffwechsel von Makrofauna, Meiofauna, Mikrofauna und Bakterien in Form von Transferraten von Wasserstoff und Elektronen auf diese Akzeptoren gemessen werden, was andersherum auch anhand der Aktivität eines katalysierenden Enzyms für diesen Transfer, der Hydrogenase bestimmt werden kann. Die traditionell verwendete Methode ist hier die Messung der Transferrate von Elektronen auf einen künstlichen Elektronenakzeptor.

Die Dehydrogenaseaktivität wird gewöhnlich über die Reduktion von 2, 3, 5 Triphenyltetrazolinchlorid (TTC) zu Formazan gemessen. Das Enzym wird extrahiert, gelöst und seine ursprüngliche und derzeitige Aktivität nach Zugabe von überreichlich Substrat (d.h. Elektronenakzeptor) gemessen. Diese Technik ist möglicherweise ein Maß für das Stoffwechselpotential, aber nicht unbedingt für Stoffwechselraten *in situ*.

Die möglichen Ergebnisse werden in Abb. 11.10 illustriert, die Dehydrogenaseaktivität in Sedimentkernen aus einem Sandboden im Gezeitenbereich von Bermuda zeigt. Weitere Studien zeigen, daß zwischen 80 und 90% der Aktivität mit der Oberfläche von Sandkörnern assoziiert ist, was auf bakterielle Aktivität und die von Mikroflora und -fauna zurückgeführt wird. Dies ist in guter Übereinstimmung mit den Daten von SMITH et al. (Tab. 11.7) von Bermuda, wo über 90% des Stoffwechsels diesen Gruppen zugeschrieben wurde.

Die Messung der Dehydrogenaseaktivität ist einfacher als die Messung von *in situ* Sauerstoffaufnahme und ist daher ein sehr vielversprechender Ansatz. Doch neueste Ergebnisse aus westnorwegischen Fjorden (WASSMANN, pers. Mitteilung) mit reduzierten Sedimenten ergaben, daß hier eine Anwendung unpraktisch ist.

11.7 Faktoren, die den Gemeinschaftsstoffwechsel regeln

Im vorhergehenden Absatz wurde erwähnt, daß die Sauerstoffaufnahme des Gesamtsediments nicht mit dem gesamten organischen Gehalt des Sediments korreliert ist, sondern nur mit der oxidierbaren Fraktion derselben. Dies beruht auf der Tatsache, daß große Teile der organischen Substanz im Sediment begraben sind und so große Lager (pools)

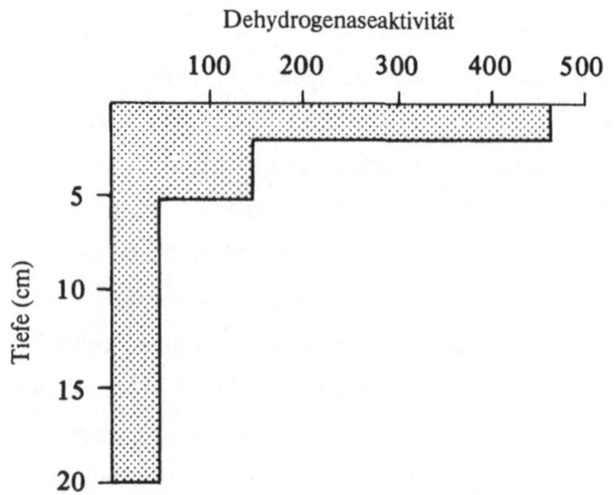

Abb. 11.10. Vertikalverteilung der Dehydrogenase-Aktivität (gemessen als µmol reduziertes Formazan h^{-1} g^{-1} Trockensediment) in Stechrohren von einer sandigen Küste auf Bermuda (nach WIESER & ZECH, 1976)

an nichtabgebauter organischer Substanz bilden. Im Sediment selbst produziert der anaerobe Stoffwechsel Sulfide, die dem Sediment eine schwarze Färbung geben und oft mit einem Geruch nach Schwefelwasserstoff einhergehen. In Gegenden mit Eutrophierungsproblemen, wie z.B. im inneren Teil des Oslofjordes, verbraucht das Überangebot der herabsinkenden organischen Substanz allen Sauerstoff und führt zu anaeroben Verhältnissen, unter denen der schwarze Schlick an der Sedimentoberfläche zutage tritt. Solche Sedimente sind gewöhnlich ohne lebende Fauna.

Normalerweise hat das Sediment unter aeroben Bedingungen eine braune Oberfläche. Die anaerobe Schicht wird erst darunter gefunden, wobei deren Tiefe von der Korngröße, Wasserbewegung etc. abhängt (s. Kap. 2). Man nimmt gewöhnlich an, daß das Ausmaß dieser braunen Schicht durch die Sauerstoffdiffusionsrate ins Sediment begrenzt und die Oxidationsrate der absinkenden organischen Substanz von der Temperatur bestimmt wird. Ich vermute, daß die Wühlaktivität der meisten Sedimentfresser, durch die Sediment aus der Tiefe wieder an die Oberfläche gebracht wird, eine wichtigere Rolle spielt, als die Diffusion. Solche Wühlaktivitäten werden von RHOADS (1974) zusammenfassend dargestellt. Generell gibt es aber wenig quantitative Daten zu diesem Thema, so daß hier ein vielversprechendes Forschungsgebiet vorliegt.

Auch können Röhrenbauer eine wichtige Rolle beim Abbau organischer Substanz spielen, da die meisten Röhrenbauer aerob atmen und den benötigten Sauerstoff aktiv ins Sediment pumpen. Dies wird oft sichtbar durch braune oxidierte Bereiche um ihre Röhren herum, die ansonsten im schwarzen Schlick stecken. Auch hier gibt es noch wenig quantitative Angaben.

Aus dem Vorhergehenden wird klar, daß die Korrelation zwischen Sauerstoffaufnahme des Sediments und der Temperatur ein komplexes Problem ist, da nicht nur die Diffusionswerte mit der Temperatur ansteigen, sondern auch die biologische Wühl- und Pumpaktivität positiv mit der Temperatur korreliert sind.

Die Sauerstoffaufnahme von Benthos-Gemeinschaften ist offenbar proportional zum Nachschub von sedimentierendem Material aus der euphotischen Zone. Die Untersuchungen von PAMATMAT (1968) im Puget Sound zeigen, daß es eine deutliche Beziehung zwischen benthischer Respiration, chemischer Oxidation und Primärproduktion gibt. Dies wird unterstützt durch die Ergebnisse von DAVIES (1975), die besagen, daß die benthische Respiration mit der Menge an sedimentierendem organischen Kohlenstoff ansteigt. HARGRAVE (1977) formuliert diese Beziehung folgendermaßen:

$$C_o = 55 \left(\frac{C_s}{Z_m} \right)^{0,39}$$

wobei C_o die benthische Sauerstoffaufnahme (1 $O_2 m^{-2} a^{-1}$), Zm die Tiefe der durchmischten Zone (Tiefe der Thermokline in m während der Zeit der Wasserschichtung) und C_s der jährliche Kohlenstoffnachschub (Primärproduktion plus allochthones Material) (g C $m^{-2} a^{-1}$) ist. HARGRAVE untersuchte 13 verschiedene Datensätze, um auf die obige Gleichung zu kommen. Sauerstoffaufnahmeraten von Tiefseesedimenten sind etwa ein bis zwei Größenordnungen niedriger als solche aus Küstengewässern, für die HARGRAVEs Gleichung gilt. Es wird darüber hinaus angenommen, daß die in der Tiefsee ankommende organische Substanz auf dem Weg in die Tiefe vollständig re-mineralisiert wurde, und keine eindeutige Beziehung im obigen Sinne erwartet werden kann. Bei hoher Primärproduktion wird entsprechend weniger Sauerstoff an der Sedimentoberfläche verbraucht, da das Material eingearbeitet wird und der anaerobe Stoffwechsel zum Tragen kommt. Die Tatsache, daß in dem von DAVIES untersuchten Fjord der gesamte sedimentierte Kohlenstoff verbraucht wurde, läßt den Schluß zu, daß in diesem Falle das absinkende Phytoplankton sich leicht oxidieren ließ. In anderen Gegenden, wo der Anteil an terrigenem Material höher ist, wurden nur 23% des vorhandenen organischen Materials oxidiert. Der Ursprung des sedimentierten Materials spielt also eine große Rolle für das Ausmaß der aeroben Umwandlung. Andererseits kann es vorkommen, daß die absinkende organische Substanz nicht immer ausreicht, um den Sauerstoffbedarf des Sediments zu decken. In solchen Gebieten ist es wahrscheinlich, daß die von benthischen Algen _in situ_ produzierte organische Substanz dieses Defizit ausgleicht. Dies war z.B. der Fall in PAMATMATs Untersuchungen am Schlickwatt in Washington. In Salzmarschen kann die Gemeinschaftssauerstoffaufnahme der Gesamtgemeinschaft etwa die Hälfte der organischen Substanz betragen, die in den Marschsedimenten produziert wird. Die Stoffwechselaktivität des Sediments ist daher allgemein eng mit der Menge an sedimentierender organischer Substanz verknüpft, besonders der aus dem Plankton.

Sedimentierendes Material stammt teilweise von absinkenden Phytoplanktonblüten und Zooplanktonkot, aber auch von zerfallenden Großalgen und Seegras. Hinzu kommt terrigenes Material, welches hauptsächlich durch Flüsse in die Küstengewässer gelangt. Alles dieses Material stellt den Detritus und damit einen Großteil der Nahrung für viele der Suspensions- und Sedimentfresser. Neueste Ergebnisse zeigen, daß ein großer Teil der ersten Frühlingsblüte des Phytoplanktons in Küstengewässern der gemäßigten Breiten auf den Meeresboden sinkt. Obwohl dieses Material unmittelbar als Nahrung für das Benthos verwendbar ist, muß nicht jede Art von Detritus so beschaffen sein.

TENORE (1977, a, b) kultivierte den Polychaeten *Capitella capitata* mit schwer abzubauendem Detritus (Marschgras, Seegras) bzw. leicht abzubauendem Detritus (*Fucus* und *Gracilaria*) als Nahrung. Er fand heraus, daß die neugebildete Polychaeten-Biomasse proportional zum Stickstoffgehalt der Nahrung war, und zwar bis zu einem kritischen Niveau von 3 bis 5%, über das hinaus der Stickstoffgehalt nicht mehr wichtig war. Stickstoff ist also ein kritischer Faktor für die Qualität von Detritus und daher ist wohl auch das Wachstum vieler Invertebraten-Arten stickstofflimitiert. Weitere Untersuchungen von TENORE et al. (1977) zeigten, daß Detritus von der schnell abzubauenden Alge *Gracilaria* mit einer maximalen Rate von 91 µg Trockengew. mg^{-1} $Wurm^{-1}$ Tag^{-1} nach 14 Tagen aufgenommen wurde, während *Zostera*-Detritus erst nach 180 Tagen maximal inkorporiert wurde. TENORE glaubt, daß der *Gracilaria*-Detritus sehr schnell von Bakterien abgebaut wird und der Kohlenstoff zu CO_2 umgewandelt wird, bevor er aufgenommen werden kann, während bei *Zostera* eine langsamere Abbaurate für *Capitella* vorteilhafter ist. Eine Kombination von schnell und langsam abzubauendem Detritus scheint in Küstengebieten die Regel zu sein. Sedimentfresser nehmen nicht nur den Detritus selbst auf, sondern auch die abbauenden Mikroorganismen. Tatsächlich glaubt man, daß der größte Teil des Nährwertes auf diesen Bakterien beruhte, eine Auffassung, die aber kürzlich von CAMMEN (1980) als nicht immer zutreffend relativiert wurde.

Man nimmt weiterhin an, daß Bakterien den Detritus remineralisieren. Dies könnte ein Irrtum sein, denn erst kürzlich wurden durch direkte Färbung mit Akridinorange Informationen über Anzahl und Biomasse von Bakterien in Sedimenten gewonnen. Die Information über Abbauraten von Detritus sind noch spärlicher. Dennoch gibt es Anzeichen, daß die bakterielle Assimilationseffizienz bei Kohlenstoffmaterial zwischen 10 und 80% schwankt (AZAM et al. 1982). Es gab Meinungsverschiedenheiten über die Gründe, warum diese Raten so stark schwanken. Die Antwort könnte mit dem Stickstoffgehalt zusammenhängen. Sind die Stickstoffwerte hoch, so ist auch die Effizienz der Kohlenstoffaufnahme entsprechend hoch, ist der Stickstoffgehalt jedoch gering, dann wird der Kohlenstoff einfach beim Abbau von Eiweiß als CO_2 veratmet um an den benötigten Stickstoff zu gelangen. Stickstoff ist demzufolge ein Schlüsselnährstoff in marinen Sedimenten. Deshalb dürfte auch die Untersuchung von Stickstoffbilanzen anstelle von Energie- oder Kohlenstoffbudgets ein lohnendes Forschungsgebiet sein.

Da Stickstoff bevorzugt von Bakterien aufgenommen wird, sind sie selbst keine Remineralisierer. Man nimmt an, daß die Freigabe von Nährstoffen hauptsächlich auf der Aktivität von Ciliaten beruht, die große Mengen an Stickstoff und Phosphor ausscheiden und möglicherweise auf der Aktivität von Meiofauna. Es gibt Anzeichen, daß Ciliaten und Flagellaten für 80% der Nährstoffregenerierung und Makro- und Meiofauna nur für 20% verantwortlich sind. Zur Zeit sind die Daten noch zu spärlich. In Bakterien inkorporierter Stickstoff wird von Detritusfressern aufgenommen, aber die relative Bedeutung von Meio- gegenüber Makrofauna ist auf dieser Stufe noch ungeklärt (s. Kapitel 12).

Nicht alle organischen Substanzen werden von Heterotrophen umgewandelt. Ein Teil wird in das Sediment eingegraben, ein weiterer großer Teil wird von Eisenverbindungen adsorbiert, um eventuell später unter reduzierenden Bedingungen freigesetzt zu werden.

Die remineralisierten Nährstoffe gelangen einmal durch Advektions- und Diffusionsprozesse aus dem Sediment wieder heraus, wie auch durch aktives Pumpen von Organismen. Durch Versuche mit Glocken auf dem Sediment wurde der Stickstofffluß untersucht. Die Untersuchungen von NIXON et al. (1976 in der Narragansett Bay, Rhode Island) sind in diesem Zusammenhang besonders wichtig.

Hauptbestandteil des Stickstoff-Flusses war NH_4^+ das in den anaeroben Schichten gebildet wird. Die Transportrate variiert mit der Temperatur. Mit Simulationsversuchen konnte gezeigt werden, daß über die Hälfte des Stickstoffbedarfs des Phytoplanktons aus dem Sediment gedeckt werden muß. Diese Stickstoffquelle ist besonders im Winter wichtig. Andere Untersuchungen zeigen, daß die benthische Ammonium- und Nitrat-Regeneration in küstennahen Gewässern 100% des Bedarfs von Phytoplankton deckt, während es etwa 50% in küstenfernen Gebieten der Nordsee sind. Bei größeren Wassertiefen ist die Koppelung von Plankton und Benthos natürlich lockerer und der Beitrag der benthischen Nährstoffregeneration entsprechend klein. Die Beziehung zwischen Benthos und der Wassersäule ausgedrückt in Energieflußbilanzen wird im letzten Kapitel behandelt werden, das sich mit Ökosystemmodellen befaßt. Aus dem Vorausgesagten sollte aber deutlich geworden sein, daß Stickstoffbilanzen von Systemen wahrscheinlich ein höchst interessantes Forschungsgebiet sind.

12 Das Benthos in Ökosystemen

Bis jetzt habe ich das Benthos isoliert betrachtet, lediglich im vorherigen Kapitel wurde die Verknüpfung zwischen Primärproduktion und Eintrag von organischer Substanz ins Sediment erwähnt. In diesem letzten Kapitel werde ich versuchen, das Benthos in das Gesamtökosystem zu integrieren. Im Vorangegangenen wurde vielfach der traditionelle Weg der Wissenschaft beschritten, nämlich der des Reduktionismus, indem ein Problem in kleinere, handhabbare Einheiten aufgespalten wird. Seit nicht allzulanger Zeit gibt es aber eine Wende zu ganzheitlichen Studien, in denen das Verhalten von Gesamtsystemen untersucht wird ohne den Anspruch, das Funktionieren aller Teile zu verstehen. Man tut dies gewöhnlich durch die Aufstellung eines Modells.

Was ist aber ein Modell und was können wir von Modellen erwarten? Ein Modell ist die Vereinfachung eines Systems und liefert nur ein eingeschränktes Bild vom Verhalten des gesamten Systems. Ein Modell soll aber die wichtigen funktionellen Eigenschaften des wirklichen Systems besitzen. Diese ausgewogene Balance zwischen Realität und Abstraktion zu erreichen, fordert die ganze Kunst des Modellbauers. Die ersten Studien des Modellbauens beinhalten eine Darstellung des logischen Konzepts des Systems (conceptualised system) in Diagrammform. Gewöhnlich ist dies ein Blockdiagramm, in dem die Einheiten des Systems als Kompartments dargestellt werden, die durch Pfeile miteinander verbunden sind, die wiederum z.B. Energieflüsse repräsentieren können. Der Inhalt eines Kompartments wird als Variable und der Eintrag in dieses Kompartment als treibende Kraft (forcing function) bezeichnet.

Oft hat man ein reiches Datenmaterial über Umweltparameter in einer bestimmten Gegend, über Veränderungen der Organismenzahlen und der Biomasse abhängig von der Zeit angehäuft. Anhand von Korrelationen zwischen diesen Variablen und den Abundanzen findet man vielleicht bestimmte Beziehungen und kann ein einfaches mathematisches

Modell errichten und mit neuen Daten testen. Ein Ziel des Modellierens ist also, die Beziehungen zwischen verschiedenen Feldmessungen zu formalisieren und zu prüfen, ob Annahmen richtig sind oder nicht. Weiß man mehr über die Beziehungen zwischen einzelnen Teilen des Systems, dann kann man sie zu einem komplexeren Modell kombinieren. Läßt man dies auf einem Computer laufen, so können sogenannte immanente Eigenschaften auftauchen, die zuvor bei der Behandlung einzelner Einheiten nicht deutlich wurden. Der zweite wichtige Aspekt des Modellierens ist also, daß man damit auch Hypothesen erstellen kann.

Ist ein Modell erst einmal realistisch und stimmt es gut mit gemessenen Daten überein, dann eröffnet sich die Möglichkeit, Voraussagen über zukünftige Zustände des Systems zu machen. Im Feld ist es oft unmöglich, so viele Variablen zu verändern, wie es vielleicht wünschenswert wäre, mit dem Computer hingegen ist es ein leichtes, komplexe Umweltveränderungen zu simulieren. Voraussagen sind also eine dritte Möglichkeit der Ökosystemmodelle.

Beim Modellieren ist man nicht so sehr an einer Beschreibung der Beziehungen zwischen einzelnen Variablen, sondern mehr an den beteiligten Mechanismen interessiert. Es ist zum Beispiel relativ einfach nachzuweisen, daß die Temperatur nur ein indirektes Maß für die wahre mechanistische Beziehung zwischen einem biologischen Prozeß und der Umwelt ist. Um den modellierenden Ansatz zu illustrieren, will ich zwei Beispiele verwenden, nämlich STEELEs Nordseemodell und das Ostseemodell von B.O. JANSSON.

12.1 Das Nordseemodell

Das Nordseemodell betrifft hauptsächlich die Planktondynamik, hat aber auch eine Benthos-Komponente. Der erste Schritt war die Errichtung eines Kompartment-Modells, in das versucht wurde, den Energiefluß einzufügen. (Abb. 12.1).

STEELE (1975) nimmt 90 g C m^{-2} als vernünftige Schätzung der partikulären Substanz aus der Primärproduktion an, was 3768 kJ $m^{-2}a^{-1}$ (1 g Kohlenstoff entspricht 41,868 kJ). Das Zooplankton frißt in dem Modell das gesamte Phytoplankton und scheidet etwa 30% als Kotpillen wieder aus (1256 kJ $m^{-2}a^{-1}$), die auf den Meeresboden sinken. Dabei produziert es 732 kJm^{-2}, was 19% der Primärproduktion entspricht und ein ziemlich hoher Effizienzwert ist. Andere Daten besagen aber, daß von Invertebraten in marinen Systemen Effizienzwerte von 20% durchaus erreicht werden können und nicht so niedrig sind, wie die für terrestrische Systeme angenommenen 10%.

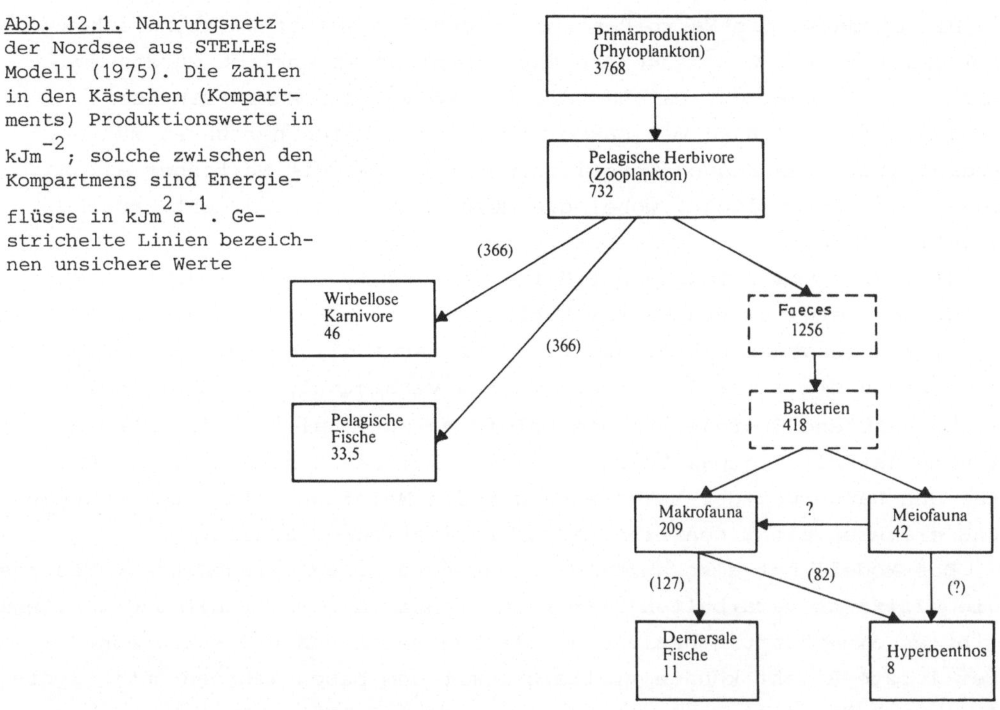

Abb. 12.1. Nahrungsnetz der Nordsee aus STELLEs Modell (1975). Die Zahlen in den Kästchen (Kompartments) Produktionswerte in kJm^{-2}; solche zwischen den Kompartmens sind Energieflüsse in $kJm^{2}a^{-1}$. Gestrichelte Linien bezeichnen unsichere Werte

Die Hälfte der Herbivoren werden wahrscheinlich von invertebraten Räubern, wie Rippenquallen, Larven von Hydrozoen und anderen Quallen gefressen, die andere Hälfte von pelagischen Fischen. Die Fischbestände sind recht gut bekannt und die durchschnittliche Menge (in Tonnen) an pelagischen Fischen in der Nordsee wird auf 4×10^{6} Tonnen geschätzt. Dies ergibt einen Gesamtertrag für pelagische Fische von 8,0 g Feuchtgewicht m^{-2} oder 33,5 kJ m^{-2}, was einer Konversionseffizienz vom herbivoren Ernährungsniveau zum karnivoren Ernährungsniveau von 10% entspricht. Dies ist ein vernünftiger Wert, der zeigt, daß der Energieeintrag von den Herbivoren in der richtigen Größenordnung liegt.

Die 1256 kJ m^{-2}, die sich als Zooplanktonkot absetzen, sind verantwortlich u.a. für die gesamte Bodenfischproduktion von $1,3 \times 10^{6}$t, was 2,6 g Feuchtgewicht pro m^{2} oder 11 kJ m^{-2} entspricht. STEELE nimmt an, daß das organische Material zuerst in verdauliches Material aufgespalten werden muß. Bakterien haben eine Effizienz von höchstens 30%. Wenn also alles Material zuerst durch Bakterien gehen muß, bevor es vom Benthos verwertet werden kann, bleiben nur noch 418 kJ m^{-2} von den ursprünglichen 1256 kJ m^{-2}.

Die Biomasse des Makro-Benthos in der Nordsee schwankt zwischen 0,6 und 1,6 org. C m^{-2} und die Makro-Benthos-Produktion würde etwa 209 kJ m^{-2} benötigen. Da aber die 209 kJ m^{-2} der Makro-Benthos-Produktion von 418 kJ m^{-2} bakterieller Produktion herrühren müßten, ergäbe sich eine Konversionseffizienz von 50%, die weit über allen bekannten Werten liegt, wobei die Meiofauna noch gar nicht berücksichtig wurde.

Die Meiofauna-Biomasse beträgt etwa 8 kJ m^{-2}, der Produktionswert liegt aber etwa um den Faktor 5 höher bei 42 kJ m^{-2}. Da wir aber bereits angenommen haben, daß die Makrofauna die gesamte Bakterienproduktion mit einer Effizienz von 50% verbraucht hat, gibt es einfach nicht genügend Energie, um die Meiofauna zu erhalten. Die Makrofauna könnte natürlich etwas Energie aus der Meiofauna beziehen. Die Daten für den Raubdruck der Makrofauna auf die Meiofauna sind aber ungenau und erlauben nicht den Einsatz von realistischen Zahlen.

Das Modell hat also auf zwei unbekannte Größen hingewiesen. Erstens, wie effizient verarbeiten Bakterien organisches Material? und zweitens, gibt es eine Nahrungsbeziehung zwischen Meiofauna und Makrofauna? Der letzte Aspekt könnte vielleicht mit dem beschriebenen Antikörper-Antigen-Präzipitat-Test untersucht werden (S. 45).

Eine weitere Komplikation beim Ausbalancieren des Modells liegt darin, daß sich Bodenfische in Wirklichkeit nicht nur von Makro-Benthos ernähren, sondern auch das Hyper-Benthos, d.h. decapode und amphipode Krebse, die über dem Meeresboden leben, ausbeuten. Angenommen, es werden nur 10% des Hyper-Benthos von Fischen gefressen, dann gleicht der Energiebedarf des Hyper-Benthos dem der demersalen Fische! Es fehlt einfach an Energie.

STEELE betont, daß die von ihm verwendeten Werte vorläufig seien und dazu dienen, eher ein Problem zu definieren, als schlüssige Antworten zu geben. Dies ist häufig das Ziel derartiger Modelle. Transfereffizienzen von etwa 20% werden benötigt, um dem Modell der Nahrungskette einigermaßen realistische Züge zu verleihen, aber selbst dann bleibt noch ein unerklärbarer Energiebedarf für das Benthos übrig. Natürlich müssen wir noch weit mehr über die Benthos-Systeme der Nordsee wissen, obwohl sie im Vergleich mit anderen Meeresgebieten der Welt gut untersucht worden ist. Insbesondere ist die Effizienz und Ausnützung der organischen Materie durch Bakterien nach wie vor Mutmaßung, wie auch der Energiebedarf des Hyper-Benthos und Produktionswerte für Meiofauna fehlen, und die Verknüpfung von Makrofauna und Meiofauna ist ziemlich unbekannt. Diese Fragen sind Legion.

Wir haben hier ein Beispiel, wie ein einfaches Modell eine Reihe von Schlüsselfragen hervorgebracht hat, die beantwortet werden müssen. Diese Fragen sind Teil eines ungeheuer wichtigen Problems, nämlich dem der Aufstellung einer vernünftigen Fischereipolitik für die Nordsee.

STELLEs Modell betrifft hauptsächlich die Dynamik des pelagischen Systems, und er versuchte durch verschiedene Simulationen nachzuweisen, daß die wichtigste kontrollierende Verknüpfung im Plankton zwischen der Primärproduktion und den Herbivoren liegt. Diese Annahme stimulierte einen Wirbel von Untersuchungen und Argumenten und den Hinweis, daß die entscheidende Verknüpfung eher zwischen den Herbivoren und den Karnivoren liegt. Das von STEELE verwendete Modell war ein komplexes, dynamisches, während das hier dargestellte Beispiel nur ein einfaches Kompartment-Modell ist. Die Datenbasis war einfach nicht ausreichend, um Simulationen für das Benthos-System durchzuführen.

Ein etwas komplexeres Benthos-Modell wurde für die Ostsee aufgestellt JANSSON (1978), JANSSON und WULFF (1977). Die Ostsee ist ein Brackwassermeer mit einer sehr verarmten marinen Fauna. Dieser Umstand gereichte JANSSON zum Vorteil, da er ein weit einfacheres Modell ermöglichte, als es für einen typischen marinen Lebensraum mit viel mehr Arten nötig gewesen wäre.

12.2 Das Ostseemodell

Die Ostsee ist das größte Brackwassergebiet der Erde. Sie bedeckt 365 000 km^2 und hat einen durchschnittlichen Salzgehalt von 6-7 $^{o}/oo$. Der erniedrigte Salzgehalt bewirkt eine allmähliche Abnahme der Artenzahl hinter der Schwelle im Øresund bei Kopenhagen, die im Bottnischen Meerbusen bis auf 10% fällt. Der niedrige Salzgehalt wird durch Süßwasserzufuhr aus Flüssen aufrecht erhalten. Es gibt aber auch einen kontinuierlichen Einstrom von salzreichem Nordseewasser in Bodennähe, der im Herbst und Winter periodisch zunehmen kann. Es gibt in der Ostsee keine Gezeiten, als Folge davon sind die Salinitätsverhältnisse stabil und das Wasser ist geschichtet. Die mittlere Verweildauer des Wassers in der Ostsee beträgt 25 bis 40 Jahre. Die wichtigsten ökologischen Subsysteme sind die Primärproduzenten im Pelagial oberhalb der Sprungschicht, das Phytalsystem, welches die felsigen Schärengebiete bedeckt und die Fauna im Weichboden. Es gibt einen deutlichen biologischen Jahres-Zyklus, der mit niedrigen Werten im Dezember/Januar beginnt, wenn die Schichtung weniger ausgeprägt ist und anorganische Nährstoffe in die Oberflächenschicht gelangen können. Wenn das Eis im Frühling schmilzt, führt starke Sonneneinstrahlung zu einer ausgeprägten Frühjahrsblüte des Phytoplanktons, die z.B. in großen Mengen aus Diatomeen bestehen kann. Dieser Blüte folgt typischerweise eine Zooplanktonblüte. Die Nährstoffe in der Oberflächenschicht stimulieren auch das Algenwachstum an Felsküsten, wo *Cladophora* und *Fucus* schnell wachsen und als "Kinderstube" für viele Tierarten dienen. Das Phytoplankton bewirkt einen großen Eintrag an absinkender organischer Substanz. Hat diese den Boden erreicht, wird sie erst von Ciliaten aufgeschlossen, um dann endgültig von Bakterien verarbeitet zu werden. Im Herbst werden bei Stürmen große Mengen von *Fucus* und *Cladophora* abgerissen, sinken zu Boden und werden von Strömungen abtransportiert.

Eine schwedische Forschergruppe der Universität Stockholm war in Askö, ihrer Feldstation, bei Untersuchungen der Ostsee besonders mit einem wichtigen Problem befaßt, dem zunehmenden Eintrag von organischem Material aus Flüssen und Abwässern als Folge der Industrialisierung und des Bevölkerungszuwachses in allen Ostseeanrainerstaaten. Das weitgehend stagnierende Wasser der tiefen Becken in der Ostsee kann nicht mit zusätzlicher organischer Belastung fertig werden. Als Folge davon wurde der gesamte Sauerstoff aufgebraucht, und es wurden sauerstofffreie Zonen geschaffen, in denen Schwefelwasserstoff auftritt. Daten, die über viele Dekaden erhoben wurden, machen deutlich, daß sich das Problem verschlimmert und daß der gelegentliche Einstrom von Nordseewasser nicht mehr ausreicht, um die tiefen Becken vollständig zu sanieren. Über ein Viertel des Ostseebodens (100 000 km^2) ist anoxisch und ohne tierisches Leben. Hier erhebt sich ganz deutlich ein Problem von großer Bedeutung: Welche zusätzliche organische Belastung kann das Ostsee-Ökosystem noch vertragen, bevor es endgültig umkippt? Könnte man die Prozesse, die den Abbau organischer Substanz regeln, besser verstehen, dann wäre für ein umsichtiges Management eine bessere Basis gegeben.

Wie STEELE, begannen die Schweden auch mit einem einfachen Modell, das alle bekannten Daten enthielt, um festzustellen, welche wesentlichen Daten fehlten. Die schwedische Gruppe um BENGT-OWE JANSSON entschied sich für ein Energiekreislauf-Modell, wie es HOWARD T. ODUM von der Universität Florida bahnbrechend entwickelt hatte.

In diesem Modelltyp repräsentieren besondere Symbole einzelne Prozesse. ODUM war überzeugt, daß es zu komplex wäre, jeden Schritt durch einen Satz von Differentialgleichungen darzustellen. Die Symbole selbst basieren auf der Thermodynamik. Drei fundamentale Dinge muß man hierbei verstehen. Das System muß dem ersten Hauptsatz der Thermodynamik entsprechen, der besagt, daß Energie zwar umgewandelt, aber nicht vernichtet werden kann. Zweitens sind Rückkoppelung und andere Wechselwirkungen von großer Bedeutung für das Funktionieren des Systems; und drittens ist die verwendete Symbolsprache einförmig durch die Verwendung grundlegender physikalischer und biologischer Prinzipien. Die Symbole sind Weiterentwicklungen der Kompartments, die als Kästen in den vorherigen Modellen verwendet wurden, und haben den zusätzlichen Vorteil, daß man sie leicht in Computersprachen übersetzen kann.

Abb. 12.2 zeigt ein Diagramm der wichtigsten beteiligen Prozesse, die als Kompartments in diesem Modell unterschieden werden. Die Energiequelle, in diesem Fall die Sonne, wird als antreibende Kraft angesehen, da sie die Photosynthese in der Pflanze "antreibt". Ein Wärmeabfluß ist ein Nebenprodukt der geleisteten Arbeit, wie z.B. des Erhaltungsstoffwechsels, und repräsentiert die während des Prozesses in Wärme verwandelte Energie. Ein Speicher-Symbol (storage) steht für eine Variable, mit der ohne Energieverbrauch Energie oder Materie in einen Speicher oder aus ihm heraus (z.B. der Fluß von Nitrat in das Meer) bewegt werden kann. Ein Arbeitsschranken (workgate) -Symbol wird für einen Energie- oder Materiefluß verwendet, auf den ein anderer Faktor (steuernd) einwirkt (z.B. die Wirkung der Stickstofflimitierung auf Pflanzenproduktion). Das Konsumenten-Symbol ist

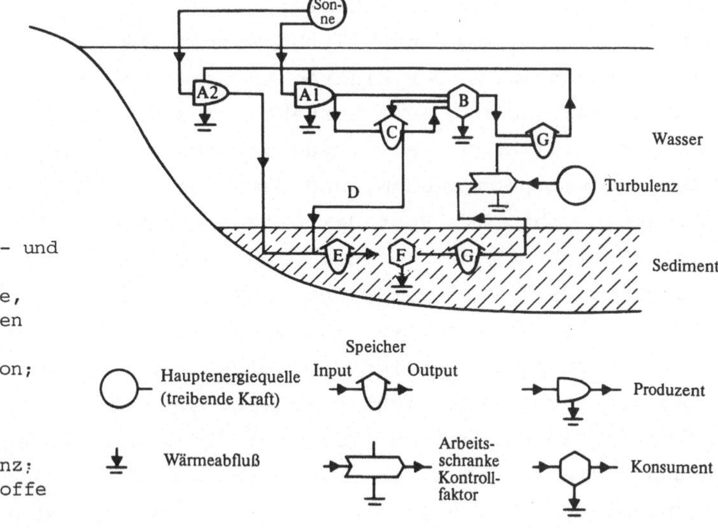

Abb. 12.2 A-G. Energie- und Materie-Fluß in einem Küstengebiet der Ostsee, dargestellt mit Symbolen der Energiesprache von Odum. A Primärproduktion; B Sekundärproduktion; C Organische Substanz; D Sedimentation; E Sedimentierte Substanz; F Bodenfauna; G Nährstoffe (nach JANSSON, 1978)

die Kombination eines Speichers und einer Arbeitsschranke. Hier wird Energie entgegen einem Gradienten gespeichert und dient der Selbsterhaltung (z.B. für einen Organismus oder eine Organismengruppe, die Energie verbraucht, um Nahrung zu erhalten und umzuwandeln). Das Produzentensymbol steht für die grünen Pflanzen, die Energie von der Sonne einfangen und damit energiereichen, reduzierten Kohlenstoff herstellen. Da diese Energie aber während der Atmung reoxidiert wird, ist das Produzentensymbol das eines "cycling-receptor". Diese Symbole werden dann entsprechend der Flüsse miteinander verbunden. In Wirklichkeit ist das Ostsee-Modell aus einer Serie von integrierten Untermodellen aufgebaut, dem pelagischen System, dem Algengürtel, den Hartböden und den Weichböden. Ich werde hier nur das Weichbodenmodell diskutieren.

Zu Beginn des Projekts wurde ein Diagramm aus Kompartments entworfen, um Faktoren, für die es noch keine quantitativen Daten gab, klar sehen zu können. Viel Mühe wurde auf die Gewinnung von quantitativen Makro- und Meiofaunadaten verwandt, die aus einem Gebiet von 128 km^2 gewonnen werden. Dieses Gebiet wurde in fünf Untergebiete aufgeteilt und die Sammelstationen zufällig in diesen Untergebieten verteilt. Insgesamt wurden 38 Makrofauna- und 36 Meiofaunastationen bearbeitet. Daten wie Korngröße, organischer Gehalt, Bakterienzahlen wurden zusammen mit der Anzahl und Biomasse aller Makro- und Meiofaunaarten gewonnen. Makrofaunaproben wurden das ganze Jahr über gewonnen, um so zu einer mittleren Biomasse zu kommen, während die Meiofauna nur im Sommer besammelt wurde und dieser Wert als mittlerer Biomassewert angenommen wurde. Abb. 12.3 zeigt SVEN ANKARs Energieflußmodell für das gesamte Gebiet.

Im Modell wird eine natürliche Sterblichkeit (ohne Räuber) von etwa 30% angenommen. Der Eintrag an organischer Substanz in das Sediment (2423 kJ m^{-2} a^{-1}) besteht nur zum geringen Teil aus Zooplanktonkot (91 kJ m^{-2} a^{-1}), zum größten Teil aber aus Seston, während STELLEs Modell noch annahm, daß das gesamte Phytoplankton durch das Zooplankton geht. Der Rest der organischen Substanz auf dem Sediment vereinigt sich mit dem Kot der Fauna und der Fische (388 kJ $m^{-2}a^{-1}$). Ein kleiner Teil wird vergraben (212 kJ $m^{-2}a^{-1}$) und geht dem System verloren. Alle Konsumenten produzieren Wärmeenergie, die für den Kreislauf verloren ist. Dies ist die aufgebrachte Energie für die Atmung. Die Respiration wurde nicht gemessen, sondern aus Literaturdaten abgeschätzt. Die Produktion wurde nur für einige Arten gemessen und die meisten Werte wurden durch Multiplikation der mittleren Biomasse mit der Anzahl der Generationen pro Jahr gewonnen. Daher sind die

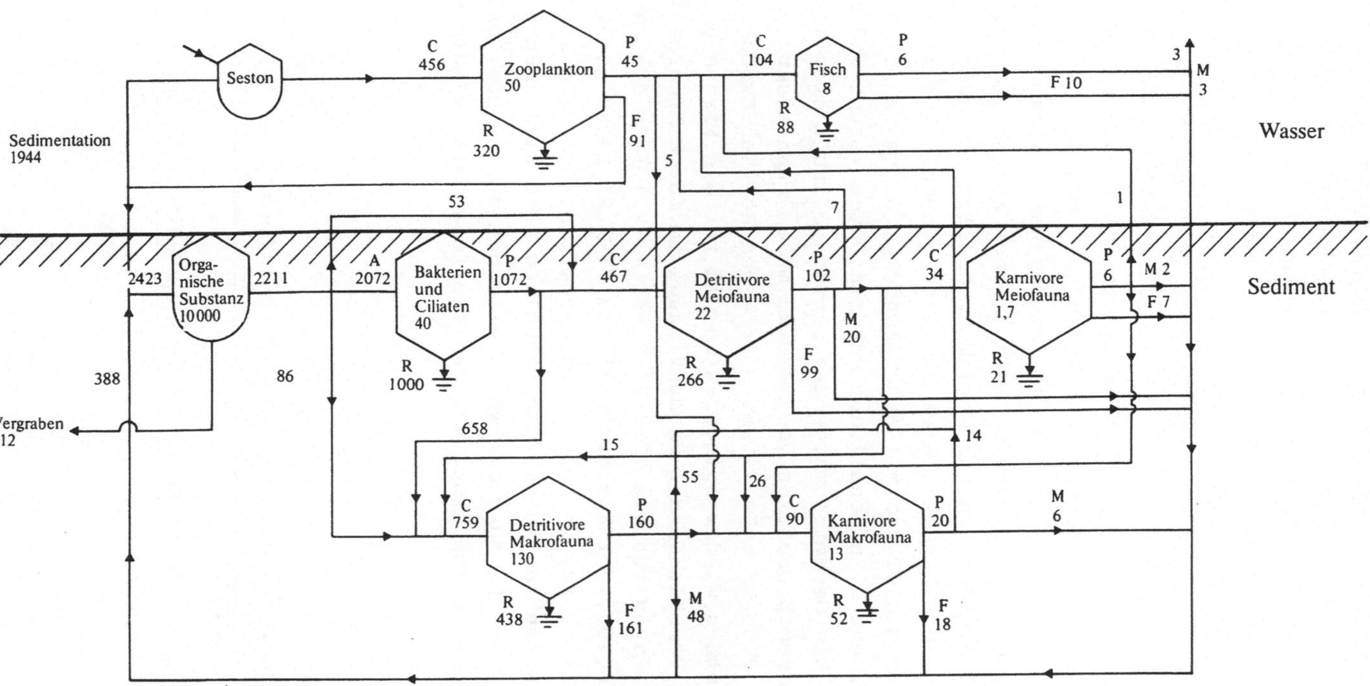

Abb. 12.3. Spekulatives Energie-Kreislauf-Modell des Weichbodenökosystems vor Askö-Landsort, Ostsee. Die Energieflüsse sind in kJ $m^{-2}a^{-1}$ und die Speicher in kJ m^{-2} dargestellt. A Assimilation; C Konsumption; F Faeces; R Respiration; M natürliche Sterblichkeit (festgesetzt auf 30%) Seston ist Phytoplankton und partikuläre organische Substanz. Andere Zahlen bezeichnen Räuber/Beute-Verbindungen, wenn nicht anders angegeben. (Verändert nach ANKAR, 1977)

Produktionswerte Approximationen von Approximationen. Die Bakterienbiomasse wurde errechnet durch Multiplikation einer Zahlenschätzung mit dem angenommenen Gewicht eines Bakteriums. Die Effizienz der Bakterien lag in diesem Modell bei 50%, da 1072 kJ in m^{-2} aus aufgenommenen 2082 kJ m^{-2} produziert wurden.

Die Meiofaunadaten wurden in einer intensiven und gründlichen Studie gewonnen und stellen möglicherweise die besten Zahlen über Effizienzen dar, die man z.Zt. aus der Literatur entnehmen kann. Die Detritusfresser der Meiofauna konsumieren 467 kJ m^{-2} und produzieren 102 kJ m^{-2}, wobei 99 kJ m^{-2} als Kot anfallen. Im Gegensatz dazu ist die karnivore Meiofauna relativ unwichtig bei einer Konsumption von 34 kJ m^{-2} und einer Produktion von nur 6 kJ m^{-2}. Ähnlich ist auch die detritivore Makrofauna ein bedeutenderer Energiekonsument (759 kJ m^{-2}) als die karnivore Makrofauna mit einer Konsumption von 90 kJ m^{-2}. ANKAR räumt ein, daß sein Modell auf mageren Daten beruht und ziemlich spekulativ ist. Die Gesamtbiomasse des Benthos beläuft sich auf 260 kJ m^{-2} mit einer Gesamtproduktion von 1400 kJ $m^{-2}a^{-1}$ und einer Gesamtrespiration von 2100 kJ $m^{-2}a^{-1}$. Das meiste der Benthos-Produktion wird auch im Benthos wieder aufgefressen und für die Fische bleibt wenig über. Das Verhältnis der Produktionswerte für Mikroorganismen: Meiofauna: Makrofauna ist wie 10:1:2. Tabelle 12.1 faßt die Daten der Askø-Landsort Region, der Kieler Bucht und STEELEs Daten zusammen. Die Primärproduktion ist in der Ostsee doppelt so hoch wie in der Nordsee. Die anderen Zahlen sind aber ähnlich. Die Kieler Bucht hat generell eine höhere Produktion, was vielleicht durch ihre geringere Tiefe und eine engere Koppelung der Nährstoffe an die Primärproduktion zu erklären ist.

Tabelle 12.1. Vergleich von drei Energiefluß-Modellen (in kJ $m^{-2}a^{-1}$)

	Ostsee (Askö-Landsort)[a]	Nordsee[b]	Kieler Bucht[c]
Primärproduktion	6000	3600	9200
Sedimentation	2400	1200	4900
Sekundärproduktion			
Mikroorganismen	1000	?	?
Meiofauna	100	80	?
Makrofauna	200	200	440
Karnivore	20	8	20
Demersale Fische	5	10	30

Daten aus: [a]ANKAR (1977); [b]STEELE (1975); [c]ARNTZ & BRUNSWIG (1976)

STEELE hatte große Probleme, die hohe tierische Biomasse in der Nordsee mit der Energie des absinkenden organischen Materials in Einklang zu bringen. In ANKARs Modell (1977) wird deutlich, daß der größte Teil des organischen Materials im benthischen Subsystem wiederverwendet wird. Die grobe Abschätzung des Energieflusses besagt, daß die sedimentierende organische Substanz generell ausreicht, das Energiebudget auszugleichen und daß die Ostsee vorherrschend ein System ist, das auf Sedimentfressern basiert. Die Bakterien spielen eine so große Rolle in der Energiebilanz des Weichbodensystems, daß wesentlich mehr Aufwand zu ihrer Untersuchung angemessen wäre. Die Näherungen in diesem Modell müßten durch genauere Zahlen ersetzt werden. Dieses Modell ist aber umfassender als STEELEs Modell, was die Benthoskomponenten betrifft und weist den Weg zu zukünftigen Benthos-Modellen.

Beide der angesprochenen Modelle drücken dynamische Eigenschaften eines Systems durch statische Zahlen wie $kJ\ m^{-2}a^{-1}$ aus. Die Aussagekraft solcher Modelle im Hinblick auf Lücken unserer Wissens konnte klar gezeigt werden, als Modell sind sie aber bislang nur ein erster Schritt. Der nächste Schritt wäre eine mathematische Ausformulierung des Modells, so daß man auf einem Computer das Verhalten des ganzen Ökosystems simulieren könnte. Z.B. würde man sich beim Ostsee-Modell fragen, was geschehen würde, wenn die Sauerstoffkonzentration im Benthos-System zurückginge und alle anderen Variablen konstant blieben. Wenn man die Werte für wichtige antreibende Kräfte, wie in diesem Falle die Sedimentation (J_1), die Diffusionsturbulente des Sauerstoffs (J_2) und Speicherungswerte kennen würde, könnte man diesen Vorgang auf einem Computer simulieren. Feldexperimente dieser Art wären natürlich enorm teuer und zeitaufwendig.

ODUMs Energiekreislauf-Symbolsprache ist ideal geeignet für eine direkte Übertragung auf einen Analogcomputer. Ein Analogcomputer ist ein einfaches System in dem Differentialgleichungen elektronisch mit Hilfe von Widerständen und Kondensatoren etc. gelöst werden können. Modelle müssen zum Simulieren in einer Reihe von Differentialgleichungen ausgedrückt sein. Die verschiedenen Komponenten können im Computer simuliert, interpretiert und multipliziert werden, und es gibt hier nur eine unabhängige Variable, die Zeit, und eine abhängige Variable, die Spannung in Volt. Integrationen werden z.B. mit einem Kondensator durchgeführt, der elektrische Ströme addiert oder subtrahiert. Die Verknüpfung der Komponenten auf einer Schalttafel mit Steckern ist analog zur Programmierung eines Digitalcomputers.

Die Details der Verknüpfungen und die Gleichungen, die sie repräsentieren, sind hier nicht wichtig. Daher zeigt Abb. 12.4 nur ein einfaches Modell des Energieflusses und der -speicherung. Q_1 ist die Sauerstoffkonzentration, Q_2 der Detritus und Q_3 die Benthos-Biomasse. Die Gleichungen der Energieübertragung wurden nur in ein analoges Diagramm übersetzt und die Simulation nach einer Skalierung des Potentiometers (damit der höchste beobachtete Wert der ganzen Skala entspricht) durchgeführt. Wird das Sauerstoffangebot reduziert, sammelt sich Detritus an, da die Konsumptionsrate der Tiere abnimmt und die Biomasse der Tiere sich auf einen niedrigeren Gleichgewichtswert als zu Beginn des Experiments einpendelt.

Dies war eine sehr einfache Simulation, die nur anzeigen kann, welche Art Ergebnisse man erhalten kann. Aufgrund einer breiter angelegten Simulation des Ostsee-Modells fanden JANSSON und WULF (1977) heraus, daß wirklich kritische Faktoren für das Verhalten des Systems die Austauschprozesse zwischen Kattegat und Ostsee sind. Auch bei dieser Simulation wurden wiederum Gebiete, wo mehr Information benötigt wird, aufgezeigt.

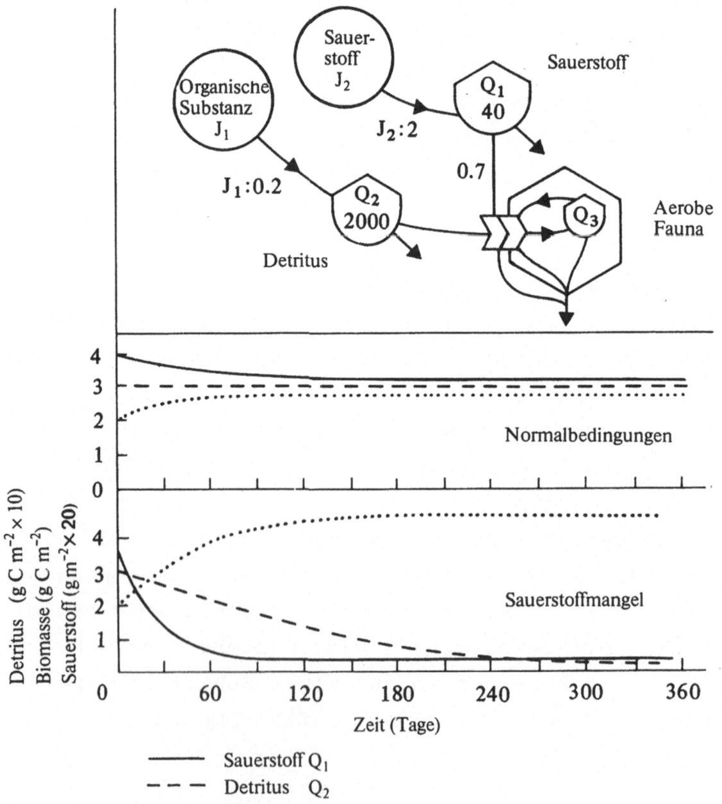

Abb. 12.4. Analog-Computer Simulation des Benthos der Ostsee unter normalen Bedingungen und unter Sauerstoffmangel. (Vereinfacht nach JANSSON & WULFF, 1977)

Die obigen Simulationen wurden auf einem Analogcomputer durchgeführt, den heutzutage kaum ein Wissenschaftler verwendet. Analogmaschinen werden für kontinuierliche Daten verwendet, während Digitalcomputer diskrete numerische Informationen verarbeiten. Da die meisten Daten aber diskret sind und die Analysenmöglichkeiten auf Digitalcomputer nicht auf Differentialgleichungen beschränkt sind, haben Digitalcomputer den Vorzug und werden häufig verwendet. Sie benötigen aber spezielle Sprachen, wie z.B. FORTRAN, um die Informationen der Maschine zu übermitteln. Erklärungen der FORTRAN-Programme, die man bei Simulationsuntersuchungen von Benthos-Systemen verwendet hat, sind jenseits der Ziele dieses Buches. FORTRAN ist die meistbenutzte der heutigen Programmiersprachen. Sie ist aber über 20 Jahre alt und immer mehr Leute wechseln zu moderneren, einfacheren Sprachen, wie z.B. SIMULA. Mit Digitalmaschinen kann man höchst komplexe Simulationen durchführen.

Die Blockdiagramm-Modelle der Nordsee und der Ostsee verwenden hauptsächlich summierte Werte des Eintrags an organischer Substanz über das Jahr, bzw. Produktions- oder Respirationswerte auf ein Jahr hochgerechnet, simulieren aber nicht die Variabilität von Tag zu Tag oder auch nur von Monat zu Monat. Die Simulation in Abb. 12.4 zeigt ein Beispiel der Veränderung einer Variablen, des Sauerstoffs, und macht deutlich, welche Konsequenzen dies für das Benthos hat. Sie basiert auf einfachen Gleichungen, die von Feldbeobachtungen abgeleitet werden. Soll das gesamte Benthos-System der Ostsee (Abb. 12.2) simuliert werden, so muß jede Verknüpfung mit einer Differentialgleichung ausgedrückt werden. Eine solche Analyse (Flußanalyse) wurde für das marine Ökosystem der Antarktis durchgeführt (PATTEN und FINN 1979). Der ganze Satz an Gleichungen gibt zusammen eine komplexe Hypothese, wie das System funktioniert, und jede Gleichung allein ist eine Unterhypothese, die unabhängig geprüft und verändert werden kann. Um aber die Rechnung zu vereinfachen, nimmt man oft lineare Abhängigkeiten zwischen Variablen an, obwohl sie in Wirklichkeit meist nicht linear sind. Obwohl ein komplexes Simulationsmodell für ein Ökosystem eine ungeheure Menge an Informationen benötigt, sind die verwendeten mathematischen Annahmen große Vereinfachungen des wirklichen Systems. Aus diesem Grunde haben sich viele erfahrene Systemökologen von der Idee abgewandt, ein komplexes, dynamisches Ökosystem-Modell zu simulieren. Der grundsätzliche Ansatz solcher Untersuchungen ist nämlich reduktionistisch: Das System wird in kleinere Einheiten aufgegliedert, deren Dynamik man leichter und genauer feststellen kann, um dann am Ende alle Subsysteme zusammenzufassen und das Modell als Ganzes zu testen. Es kommen aber Zweifel auf, ob man jemals das System aus kleineren Einheiten wieder zusammensetzen kann, und ob der "Test" jemals durchgeführt werden kann. Der mechanistische Ansatz der Systemökologie, d.h. der Aufbau eines Ganzen aus Teilen, hat bislang keine realistischen und anwendbaren Ökosystem-Modelle hervorgebracht. Zu viel Aufmerksamkeit wurde den einzelnen Prozessen auf dem Niveau der Komponenten und mathematischen Finessen gewidmet und zuwenig einem phänomenologischen Verständnis auf dem Gesamtsystemniveau (PATTEN in PATTEN und FINN, 1979). Damit es nicht so aussieht, als ob PATTEN den systemanalytischen Ansatz völlig zerreißt, möchte ich hier besonders betonen, daß dies nicht der Fall ist. Er ist gegen die Praxis der Reduktionisten, die Systeme aus Einzelteilen wieder aufbauen wollen. Dagegen will er, daß bessere Theorien für ganze Ökosysteme entwickelt werden. Auf dieser Ebene sind grobe Muster wie die Beziehungen zwischen $P/\bar{B}$ und der Lebensgeschichte von Interesse.

Die Suche nach Strukturen in Benthos-Systemen war das Hauptanliegen dieses Buches. Sie betraf Verteilungsmuster der Individuen zwischen den Arten ebenso wie Diversitätsmuster und schließlich den Energiefluß durch die gesamte Benthos-Gemeinschaft. Hier treffen sich alle Zweige der Ökologie, so daß die marine Benthos-Ökologie nicht länger abseits steht als ein zurückgebliebener, hauptsächlich beschreibender Wissenschaftszweig, sondern in die ökologische Wissenschaft als Ganzes integriert werden kann.

Literatur

Anger, K. (1975). On the influence of sewage pollution on inshore benthic communities in the south of Kiel Bay. II. Quantitative studies on community structure. *Helgoländer Wissenschaftliche Meeresuntersuchungen,* 27, 408-38.

Ankar, S. (1977). The soft bottom ecosystem of the Northern Baltic proper with special reference to the macrofauna. *Contributions from the Askö Laboratory, University of Stockholm, Sweden,* 19, 1-62.

Arntz, W.E. & Brunswig, D. (1976). Studies on structure and dynamics of macrobenthos in the western Baltic carried out by the joint research programme 'Interaction sea-sea bottom'. In *Proceedings of the. 10th European Symposium on Marine Biology* (Ostend), vol. 2, ed. G. Persoone & G. Jaspers, pp. 17-42. Wettern, Belgium: Universa Press.

Arntz, W.E. 1977. Results and problems of an 'unsuccessful' benthos cage predation experiment (western Baltic). In: Biology of benthic organisms, B.F. Keegan, P. O'Ceidigh + P.J.S. Boaden (Eds.) Pergamon Press, Oxford, pp. 31-44.

Bayne, B.L. (1980). Physiological measurements of stress. In *Biological Effects of Marine Pollution and the Problems of Monitoring,* ed. A.D. McIntyre & J.B. Pearce. *Rapport et procès-verbaux des réunions Conseil permanent international pour l'exploration de la mer, in press.*

Bliss, C.I. (1966). An analysis of some insect trap records. In *Proceedings of an International Symposium on Classical and Contagious Distributions* (Montreal, 1963), ed. G. Patil, pp. 385-97. Calcutta: Statistical Publishing Co.

Bliss, C.I. (1970). *Statics in Biology,* vol. 2. New York: McGraw-Hill. 639 pp.

Boysen-Jensen, P. (1919). Valuation of the Limfjord: I. *Report of the Danish Biological Station,* 26, 1-24.

Briggs, D. (1977). Sources and methods in geography: Sediments. London: Butterworth, 190 pp.

Buchanan, J.B. (1971). Measurements of the physical and chemical environment. In *Methods for the Study of Marine Benthos,* ed. N. Holme & A.D. McIntyre, *IBP Handbook 16,* pp. 30-58. Oxford: Blackwell Scientific Publications.

Buchanan, J.B. & Longbottom, M.R. (1970). The determination of organic matter in marine muds: the effect of the presence of coal and the routine determination of protein. *Journal of Experimental Marine Biology and Ecology*, 5, 158-69.

Buchanan, J.B., Sheader, M. & Kingston, P.R. (1978). Sources of variability in the benthic macrofauna of the south Northumberland coast, 1971-6. *Journal of the Marine Biological Association of the United Kingdom*, 58, 191-210.

Burke, M.V. & Mann, K.H. (1974). Productivity and production: biomass ratios of bivalve and gastropod populations in an Eastern Canadian estuary. *Journal of the Fisheries Research Board of Canada*, 31, 167-77.

Calow, P. 1982. Homeostasis and fitness. Am.Nat. 120, 416-419.

Cammen, L.M. (1980). The significance of microbial carbon in the nutrition of the deposit feeding polychaete *Nereis succinea*. Mar. Biol. 61, 9-20.

Christensen, F.B. & Fenchel, T. (1979). Evolution of Marine Invertebrate Reproductive Patterns. Theor. Popn. Biol. 16, 267-282.

Clifford, H.T. & Stephenson, W. (1975). *An Introduction to Numerical Classification*. New York: Academic Press. 224 pp.

Crisp, D.J. (1971). Energy flow measurements. In *Methods für the Study of Marine Benthos*, ed. N.A. Holme & A.D. McIntyre, *IBP Handbook 16*, pp. 197-279. Oxford: Blackwell Scientific Publications.

Cushing, D.M. (1975). *Marine Ecology and Fisheries*. London: Cambridge University Press. 278 pp.

Davies, J.M. (1975). Energy flow through the benthos in a Scottish sea loch. *Marine Biology*, 31, 353-62.

Dayton, P.K. & Hessler, R.R. (1972). Role of biological disturbance in maintaining diversity in the deep sea. *Deep-Sea Research*, 19, 199-208.

Dörjes, J. & Howard, J.D. (1975). Estuaries of the Georgia Coast, USA: sedimentology and biology. IV. Fluvial-marine transition indicators in an estuarine environment, Ogeechee River-Ossabow Sound. *Senckenbergiana maritima*, 7, 137-9.

Doyle, R.A. (1979). Ingestion rate of a selective deposit feeder in a complex mixture of particles: testing the energy optimization hypothesis. Limnol. Oceanogr. 24, 867-874.

Eagle, R.A. & Hardiman, P.A. (1977). Some observations on the relative abundance of species in a benthic community. In *Biology of Benthic Organisms*, ed. B.F. Keegan, P. O'Ceidigh & P.J.S. Boaden, *11th European Symposium on Marine Biology* (Galway, 1976), pp. 197-208. Oxford: Pergamon Press.

Elliot, J.M. (1971). *Some Methods for the Statistical Analysis of Samples of Benthic Invertebrates. FBA Scientific Publication* 144 pp. 25. Ambleside: Freshwater Biological Association.

Elton, C.S. (1966). *The Pattern of Animal Communities. London:* Methuen. 181 pp.

Feller, R.J., Taghon, G.L., Gallagher, E.D., Kenny, G.E. & Jumars, P.A. (1979). Immunological methods for food web analysis in a soft-bottom benthic community. *Marine Biology*, 54, 61-74.

Fenchel, T. (1975). Character displacement and coexistence in mud snails (Hydrobiidae). *Oecologia* (Berlin), 20, 19-32.

Fenchel, T. (1978). The ecology of micro- and meiobenthos. *Annual Review of Ecology and Systematics*, 9, 99-121.

Fenchel, T. & Riedl, R.J. (1970). The sulphide system: a new biotic community underneath the oxidised layer of marine sand bottoms. *Marine Biology*, 7, 255-68.

Fenchel, T. & Blackburn, T.H. (1979). *Bacteria and mineral cycling*. Academic Press.

Ferguson-Wood, E.J. (1965). *Marine Microbial Ecology*. London: Chapman & Hall, 242 pp.

Folk, R.L. (1968). *Petrology of Sedimentary Rocks*. Austin: Hemphills. 170 pp.

Gerlach, S.A. (1971). On the importance of marine meiofauna for benthos communities. *Oecologia* (Berlin), 6, 176-90.

Gerlach, S.A. (1972). Die Produktionsleitung des Benthos in der Helgoländer Bucht. *Verhandlungsbericht der Deutschen Zoologischen Gesellschaft*, 65, 1-13.

Grassle, J.F. & Grassle, J.P. (1974). Opportunistic life-histories and genetic systems in marine benthic polychaetes. *Journal of Marine Research*, 32, 253-84.

Grassle, J.F. & Sanders, H.L. (1973). Life-histories and the role of disturbance. *Deep-Sea Research*, 20, 643-59.

Gray, J.S. (1965). The behaviour of *Protodrilus symbioticus* (Giard) in temperature gradients. *Journal of Animal Ecology*, 34, 455-61.

Gray, J.S. (1966a). The response of *Protodrilus symbioticus* (Giard) to light. *Journal of Animal Ecology*, 35, 55-64.

Gray, J.S. (1966b). Selection of sands by *Protodrilus symbioticus* (Giard). *Veröffentlichungen des Instituts für Meeresforschung in Bremerhaven*, 2, 105-16.

Gray, J.S. (1966c). The attractive factor of intertidal sands to *Protodrilus symbioticus*. *Journal of the Marine Biological Association of the United Kingdom*, 46, 627-45.

Gray, J.S. (1966d). Factors controlling the localizations of populations of *Protodrilus symbioticus* Giard. *Journal of Animal Ecology*, 35, 435-42.

Gray, J.S. (1974). Animal-sediment relationships. In *Oceanography and Marine Biology: An Animal Review*, ed. H. Barnes, vol. 12, pp. 223-61. London: Allen & Unwin.

Gray, J.S. (1977). The stability of benthic escosystems. *Helgoländer Wissenschaftliche Meeresuntersuchungen*, 30, 427-44.

Gray, J.S. (1978). The structure of meiofauna communities. *Sarsia*, 64, 265-72.

Gray, J.S. (1979a). Pollution-induced changes in populations, *Philosophical Transactions of the Royal Society of London Series B*, 286, 545-61.

Gray, J.S. (1979b). The development of a monitoring programme for Norway's coastal marine fauna. *Ambio*, 8, 176-9.

Gray, J.S. & Mirza, F.B. (1979). A possible method for the detection of pollution-induced disturbance on marine benthic communities. *Marine Pollution Bulletin*, 10, 142-6.

Gray, J.S. & Pearson, T.H. (1982). Objective selection of sensitive species indicative of pollution-induced change in benthic communities. I. Comparative methodology. Mar. Ecol. Progr. Ser. 9, 111-119.

Gray, J.S. & Christie, H. (1983). Predicting long-term changes in benthic communities. Mar. Ecol. Progr. Ser. 13, 87-94.

Grime, J.P. (1979). *Plant Strategies and Vegetation Processes*. New York: Wiley. 222 pp.

Hargrave, B. (1977). Benthic communities. In *Biological Oceanographic Processes*, 2nd edn, ed. T.A. Parsons, M. Takahishi & B. Hargrave, pp. 176-264, Oxford: Pergamon Press.

Harries, R.P. (1973). Feeding growth, reproduction and nitrogen utilization by the harpacticoid copepod, *Tigriopus brevicornis*. *Journal of the Marine Biological Association of the United Kingdom*, 53, 785-800.

Heip, C. (1976). The calculation of eliminated biomass. *Biologische Jahrbok Dodenaca*, 44, 217-25.

Heip,C. & Decraemer, W. (1974). The diversity of nematode communities in the southern North Sea. *Journal of the Marine Biological Association of the United Kingdom*, 54, 251-5.

Heip, C. & Herman, R. (1979). Production of *Nereis diversicolor* O.F. Müller (Polychaeta) in a shallow brackis-water pond. *Estuarine and Coastal Marine Science*, 8, 297-305.

Huckman, M. & Round, F.E. (1970). Primary production and standing crop of epipsammic and epiplic algae. *British Psychological Journal*, 5, 247-55.

Holme, N. & McIntyre, A.D. (eds.) (1971). *Methods for the Study of Marine Benthos. IBP Handbook 16*. Oxford: Blackwell Scientific Publications. 334 pp.

Hughes, R.C. & Thomas, M.L. (1971). The classification and ordination of shallow-water benthic samples from Prince Edward Island, Canada. *Journal of Experimental Marine Biology and Ecology*, 7, 1-39.

Hughes, R.N. (1970). An energy budget for a tidal-flat population of the bivalve *Scrobicularia plana* (DaCosta). *Journal of Animal Ecology*, 39, 357-81.

Hughes, R.N. (1980). Optimal foraging theory in the marine context. Oceanogr. Mar. Biol. Ann. Rev. 18, 423-481.

Hulings, N.C. & Gray, J.S. (1971). A manual for the study of meiofauna. *Southsonian Contributions to Zoology*, 78, 84 pp.

Huribert, S.N. (1971). The non-concept of species diversity, a critique and alternative parameters. *Ecology*, 52, 577-86.

Huston, M. (1979). A general hypothesis of species diversity. *American Naturalist*, 113, 81-101.

Inman, D.I. (1949). Sorting of sediments in the light of fluid mechanics. *Journal of Sedimentary Petrology*, 7, 3-17.

Jansson, B.O. (1978). The Baltic: a systems analysis of a semienclosed sea. In *Advances in Oceanography,* ed. H. Charnock & G. Deacon, pp. 131-83. New York: Plenum Press.

Jansson, B.O. & Wulff, F. (1977). Ecosystem analysis of a shallow sound in the northern Baltic. A joint study by the Askö group. *Contributions from the Askö Laboratory, University of Stockholm, Sweden,* 18, 1-160.

Jumars, P.A. (1975). Environmental grain and polychaete species diversity in a bathyal benthic community. *Marine Biology,* 30, 253-66.

King, C.E. (1964). Relative abundance of species in MacArthur's model. *Ecology,* 45, 716-27.

Kirkegaard, J.B. (1978). Production by polychaetes on the Dogger Bank in the North Sea. *Meddelelser fra Danmarks Fiskeri-og Havundersøgelser,* 7, 447-496.

Lasker, R., Wells, J.B.J. & McIntyre, A.D. (1970). Growth, reproduction, respiration and carbon utilization of the sand-dwelling harpacticoid copepod. *Asellopsis intermedia. Journal of the Marine Biological Association of the United Kingdom,* 50, 147-60.

Lassig, J. & Lahdes, E. (1980). Biological monitoring and effects studies in the Baltic Sea: a review of activities carried out in Finland. In *Biological Effects of Marine Pollution and the Problems of Monitoring,* ed. A.D. McIntyre & J.B. Pearce. *Rapport et procès-verbaux des réunions. Conseil permanent international pour l'exploration de la mer,* in press.

Levinton, J. (1972). Stability and trophic structure in deposit-feeding and suspension-feeding communities. *American Naturalist,* 106, 472-86.

Levinton, J.D. & Lopez, G.R. (1977). A model of renewable resources and limitation of deposit-feeding benthic populations. *Oecologia* (Berlin), 31, 177-90.

Lindeman, R.L. (1942). The trophic-dynamic aspect of ecology. *Ecology,* 23, 394-418.

MacArthur, R.H. (1957). On the relative abundance of bird species. *Proceedings of the National Acedemy of Sciences, USA,* 43, 293-5.

MacArthur, R.H. & Wilson, E.O. (1967). *The Theory of Island Biogeography.* Princeton: Princeton University Press, 203 pp.

McIntyre, A. D. (1969). Ecology of marine meiobenthos. *Biological Reviews,* 44, 245-90.

McIntyre, A.D. (1970). The range of biomass in intertidal sand, with special reference to the bivalve *Tellina tenius. Journal of the Marine Biological Association of the United Kingdom,* 50, 561-76.

McIntyre A.D. & Pearce, J.B. (eds.) (1980). *Biological Effects of Marine Pollution and the Problems of Monitoring Rapport et procès-verbaux des réunions. Conseil permanent international pour l'exploration de la mer,* in press.

Margalef, R. (1968). *Perspectives in Ecological Theory.* Chicago: University of Chicago Press, 111 pp.

May, R.M. (1975). Patterns of species abundance and diversity. In *Ecology and Evolution of Communities, ed. M.L. Cody & J.M. Diamond, pp. 81-120. Cambridge,* Mass: Belknap Press.

Mills, E.L. (1969). The community concept in marine zoology, with comments on continua and instability in some marine communities: a review. *Journal of the Fisheries Research Board of Canada,* 26, 1415-28.

Moore, P.G. (1973). The kelp fauna of northeast Britain. II. Multivariate classification: turbidity as an ecological factor. *Journal of Experimental Marine Biology and Ecology,* 13, 127-63.

Ottestad, P. (1979). The sunspot series and biospheric series regarded as results due to a common cause. Meld. Norge Land. 58 (9), 1-20.

Paine, R.T. (1966). Food web complexity and species diversity. *American Naturalist,* 100, 65-75.

Pamatmat, M.M. (1968). Ecology and metabolism of a benthic community on an intertidal sandflat. *Internationale Revue der gesamten Hydrobiologie,* 53, 211-98.

Pamatmat, M.M. & Banse, K. (1969). Oxygen consumption by the seabed. II. *In situ measurements to a depth of 180 m. Limnology and Oceanography,* 14, 250-9.

Patten, B.C. & Finn J.T. (1979). Systems approach to continental shelf ecosystems. In *Theoretical Systems Ecology,* ed. E. Halfon, pp. 183-212. New York: Academic Press.

Pearson, R.H. (1975). The benthic ecology of Loch Linnhe and Loch Eil, a sea-loch system on the west coast of Scotland. IV. Changes in the benthic fauna attributable to organic enrichment. *Journal of Experimental Marine Biology and Ecology,* 20, 1-41.

Pearson, T.H. & Rosenberg, R. (1978). Macrobenthic succession in relation to organic enrichment and pollution of the marine environment. *Oceanography and Marine Biology: An Annual Review,* vol. 16, pp. 229-311. Aberdeen: Aberdeen University Press.

Petersen, C.G.J. (1914). Valuation of the sea. II. The animal communities of the sea bottom and their importance for marine zoogeography. *Reports of the Danish Biological Station,* 21, 44 pp.

Petersen, C.G.J. (1915). On the animal communities of the sea bottom in the Skaggerak, the Christiania Fjord and Danish waters. *Reports of the Danish Biological Station,* 23, 3-28.

Petersen, C.G.J. (1918). The sea bottom and its production of fish food. A survey of work done in connection with the valuation of the Danish waters from 1883-1917. *Reports of the Danish Biological Station,* 25, 1-62.

Petersen, C.G.J. (1924). A brief survey of the animal communities in Danish waters. *American Journal of Science,* 7, 343-54.

Peterson, C.H. (1980). Predation, competitive exclusion and diversity in the soft-sediment benthic communities of estuaries and lagoons. In *Ecological*

Processes in Coastal and Marine Systems, ed. R.J. Livingstone, pp. 233-64. New York: Plenum Press.

Platt, T. & Denman, K.L. (1975). Spectral analysis in ecology. Ann. Rev. Ecol. Syst., 189-210.

Pielou, E.C. (1975). *Ecological Diversity,* New York: Wiley.

Preston, F.W. (1948). The commonness and rarity of species. *Ecology,* 29, 254-83.

Rachor, E. & Gerlach, S.A. (1978). Changes in a sublittoral sand area of the German Bight, 1967 to 1975. *Rapport et procès-verbaux des réunions. Conseil permanent international pour l'exploration de la mer,* 172, 418-31.

Reise, K. (1977). Predator exclusion experiments in an intertidal mud flat. *Helgoländer wissenschaftliche Meeresuntersuchungen,* 30, 263-71.

Reish, D.J. (1959). A discussion of the importance of screen size in washing quantitative marine bottom samples, *Ecology,* 40, 307-9.

Rhoads, D.C. (1974). Organism-sediment relations on the muddy sea-floor. In *Oceanography and Marine Biology: an Annual Review,* ed. H. Barnes, vol. 12, pp. 263-300. London: Allen & Unwin.

Rhoads, D.C. & Young, D.K. (1970). The influence of deposit-feeding organisms on sediment stability and community trophic structure. *Journal of Marine Research,* 28, 150-78.

Richardson, C.A., Crisp, D.J., Runham, N.W. & Gruffydd, LL.D. (1980). The use of tidal growth bands in the shell of *Cerastoderma edule* to measure seasonal growth rates under cool temperature and sub-arctic conditions. J. mar. biol. Ass. U.K. 60, 977-989.

Robertson, A.I. (1979). The relationship between annual production: biomass ratios and lifespans for marine macrobenthos. *Oecologia* (Berlin), 38, 193-202.

Sanders, H.L. (1956). Oceanography of Long Island Sound, 1952-4. X. The biology of marine bottom communities. *Bulletin of the Bingham Oceanographic Collection,* 15, 345-414.

Sanders, H.L. (1958). Benthic studies in Buzzard's Bay. I. Animal-sediment relationships. *Limnology and Oceanography,* 3, 245-58.

Sanders, H.L. (1968). Marine benthic diversity: a comparative study. *American Naturalist,* 102, 243-82.

Sanders, H.L., Hessler, R.R. & Hampson, G.R. (1965). An introduction to the study of the deep-sea benthic faunal assemblages along the Gay Head-Bermuda Transect. *Deep-Sea Research,* 12, 845-67.

Scheltema, R. (1971). Larval dispersal as a means of genetic exchange between geographically separated populations of shallow-water benthic marine gastropods. Biol. Bull. 140, 284-322.

Sibly, R.M. (1981). Strategies of digestion and defaecation. In Townsend, C.R. & Calow, P., eds. *Physiological Ecology, an evolutionary approach to resource use.* Blackwell, Oxford, pp. 109-142.

Smith, K.L., Burns, H.A. & Teal, J.M. (1972). In situ respiration of benthic communities in Castle Harbour, Bermuda, *Marine Biology,* 12, 196-9.

Steele, J.H. (1975). *The Strucutre of Marine Ecosystems.* Cambridge, Mass: Harvard University Press. 128 pp.

Stenseth, N.C. (1979). Where have all the species gone? On the nature of extinction and the Red Queen hypothesis. *Oikos,* 33, 196-227.

Stephenson, W.S. (1978). Analyses of periodicity on macrobenthos using constructed and real data. *Australian Journal of Ecology,* 3, 321-36.

Stephenson, W., Williams, W.T. & Cook, S.G. (1971). Computer analyses of Petersen's original data on bottom communities. *Ecological Monographs,* 42, 387-415.

Swedmark, B. (1964). The interstitial fauna of marine sand. *Biological Reviews,* 39, 1-42.

Taghon, G.L. (1981). Beyond selection: optimal ingestion rates as a function of food value. Am. Nat. 118, 202-214.

Taghon, G.L., Self, R.F.L. & Jumars P.A. (1978). Predicting particle selection by deposit feeders: a model and its implications. Limnol. Oceanogr. 22, 936-941.

Teal, J.M. & Kanwisher, J. (1961). Gas exchange in a Georgia salt marsh. *Limnology and Oceanography,* 6, 388-99.

Thorson, G. (1946). Reproduction and development of Danish marine bottom invertebrates with special reference to the planktonic larvae in the Sound (Øresund). Medd. Komm. Danm. Fiskeri- og Havunders. Kobh. Ser. Plankt. 4:1-523.

Thorson, G. (1950). Reproductive and larval ecology of marine bottom invertebrates. Biol. Rev. 25, 1-45.

Thorson, G. (1957). Bottom communities (sublittoral or shallowshelf). In *Treatise on Marine Ecology and Palaeoecology,* vol. I, *Ecology,* ed. J.W. Hedgpeth. *Memoirs of the Geological Society of America,* 67, 461-534.

Ugland, K.I. & Gray, J.S. (1982). Lognormal distributions and the concept of community equilibrium. Oikos 39, 171-178.

Vance, R.R. (1973a). On reproductive strategies in marine benthic invertebrates. Amer. Natur. 107, 339-352.

Vance, R.R. (1973b). More on reproductive strategies in marine benthic invertebrates. Amer. Natur. 107, 353-361.

Vandermeer, J.H. (1972). Niche theory. *Annual Review of Ecology and Systematics,* 3, 107-32.

Warwick, R.M. & Uncles, R.J. (1980). Distribution of benthic macrofauna associations in the Bristol Channel in relation to tidal stress. Mar. Ecol. Progr. Ser. 3, 97-103.

Wieser, W. & Zech, M. (1976). Dehydrogenase as tools in the study of marine sediments. *Marine Biology,* 36, 113-22.

Williams, C.B. (1964). *Patterns in the Balance of Nature and Related Problems in Quantitative Ecology.* New York: Academic Press. 324 pp.

Woodin, S.A. (1974). Polychaete abundance patterns in a marine soft-sediment environment. The importance of biological interactions. *Ecological Monographs*, 44, 171-87.

Woodin, S.A. (1976). Adult-larval interactions in dense faunal assemblages: patterns of abundance. *Journal of Marine Research*, 34, 25-41.

Young, D.K. & Rhoads, D.C. (1971). Animal-sediment relations in Cape Cod Bay, Massachusetts, I.A. transect study. *Marine Biology*, 11, 242-54.

Sachverzeichnis

H. Remmert

Ökologie

Ein Lehrbuch

2. neubearbeitete und erweiterte Auflage. 1980.
189 Abbildungen, 12 Tabellen. X, 304 Seiten
DM 48,-
ISBN 3-540-09681-7

Inhaltsübersicht: Wesen der Ökologie. - Autökologie. - Populationsökologie. - Ökosysteme. - Ausblick. - Literaturverzeichnis. - Zusammenfassende Darstellungen über der Ökologie benachbarte Gebiete. - Sachverzeichnis.

Die vorliegende 2. Auflage des erfolgreichen Lehrbuches wurde inhaltlich stark erweitert und verbessert, dabei wurden vor allem die Beziehungen zwischen Ökologie und Sinnesphysiologie stärker herausgestellt.

Aus den Besprechungen: „Die wissenschaftliche Literatur ist nicht eben arm an Versuchen, ökologische Zusammenhänge in Lehrbuchform darzustellen. Remmert's Lehrbuch jedoch besticht durch die dynamische Perspektive des Autors, den fließenden, einfachen Text und vielfach auch durch spezifische Interpretationen... Zu Recht wird der Co-Evolution der verschiedenen Mitglieder eines Ökosystems besondere Bedeutung beigemessen. Dieser Gesichtspunkt kommt in den meisten vergleichbaren Lehrbüchern zu kurz. Als allgemeingültig erkannte oder postulierte Trends werden ohne Scheu angepackt, diskutiert, formuliert und wo immer möglich durch Einzelanalysen und Fallstudien belegt und erläutert.
Hier wird auf engem Raum viel geboten und nicht nur dem Studenten, sondern auch dem gestandenen Ökologen manche interessante Anregung vermittelt."

Helgoländer wissenschaftliche Meeresuntersuchungen

„Vom Verfasser, einem der bekanntesten deutschsprachigen Ökologen, konnte man ein originelles Lehrbuch der Ökologie erwarten. Und man wird sicher nicht enttäuscht! Humorvoll und fachkompetent bietet Prof. Remmert einen zwar für Studenten entwickelten aber von jedem wirklich Interessierten ohne weiteres verwertbaren Überblick über die moderne Ökologie. ... die Art der Darstellung und die Auswahl der Beispiele sind wirklich von bestechender Originalität. Der Fachmann liest das Buch mit Vergnügen, der Student oder Laie sicher mit großem Gewinn, und dem Planer sollte es sehr zu denken geben, ..."

Anzeiger Ornithologische Gesellschaft

Springer-Verlag
Berlin
Heidelberg
New York
Tokyo

U. Zanke

Grundlagen der Sedimentbewegung

Hochschultext

1982. 188 Abbildungen, 13 Tabellen. XII, 402 Seiten
DM 58,–
ISBN 3-540-11672-9

Inhaltsübersicht: Einführung. – Das transportierende Medium (Fluid). – Das transportierte Medium (Sediment). – Dimensionslose Parameter der Sedimentbewegung. – Charakteristische Eigenschaften von Sediment in einer Strömung. – Quantitativer Sedimenttransport. – Verteilung suspendierter Sedimente. – Formen des Sedimenttransportes. – Modellkriterien. – Stabile Flüsse und Kanäle. – Kolke. – Abkürzungen. – Schrifttum. – Namenverzeichnis. – Stichwortverzeichnis.

Ziel des Buches ist es, einen Einstieg und eine Übersicht über die Grundlagen der vielschichtigen Probleme der Sedimentbewegung zu geben. Besondere Beachtung finden dabei die Themen:
Relevanz der Sedimentforschung in den Bereichen der Ingenieur- und Geowissenschaften; – Grundlagen der Strömungsvorgänge (Luft und Wasser) und der Sedimentparameter; – Charakteristische Eigenschaften von Sedimenten in Fluiden; Quantitativer Transport, Suspendierung und fliegender Transport.
Jedes Kapitel beginnt mit einem Überblick über das ältere Schrifttum. Es folgt die Behandlung der physikalischen Grundlagen und die Entwicklung von Berechnungsansätzen; viele Berechnungsbeispiele werden angeführt.
Neueste Ergebnisse und eine anschauliche Darstellung machen dieses Buch zu:

- einer unentbehrlichen Einführung für Anfänger
- einer Entscheidungshilfe für den Praktiker
- einer Grundlage für weiterführende wissenschaftliche Untersuchungen.

Springer-Verlag
Berlin
Heidelberg
New York
Tokyo